땀의 과학

나와 세상을 새롭게 감각하는 지적 모험

THE JOY OF
SWEAT
땀의 과학

사라 에버츠 지음 | 김성훈 옮김

한국경제신문

아들 퀸(Quinn)에게

THE JOY OF SWEAT

땀의 과학 **차례**

PART 3 ───

우리가 잘못 알고 있는 땀의 진실

땀 냄새로 고생한 사연부터
생명과 문명의 본질에 대한 이야기까지

과학의 목적이 꼭 그런 것은 아니지만 과학을 하다 보면 대체로 그 과학을 활용해 얻을 이익을 따지게 될 때가 아주 많다. 사실 나는 과학의 그런 점이 재미있고 또 그런 면을 좋아한다. 아닌 게 아니라 과학은 무엇이든 그렇게 이익으로 활용할 방법을 찾아줄 때가 많다.

과학의 시대 이전에 사람들은 무엇이든 사악한 것과 숭고한 것으로 나누기를 좋아했던 것 같다. 고대 시인의 시선에서는 어떤 사물은 반드시 피해야 하는 음침하고 나쁜 것이고, 어떤 사물은 누구나 좋아하는 훌륭한 것이었다. 빛은 좋은 것이고 어둠은 나쁜 것이라는 식이다. 몇 가지 기준에 따른 판단이나 중요한 사상가, 높은 사람들이 지목한 상징에 따라 어떤 사물이나 현상의 좋고 나쁨이 나뉜다.

땀을 예로 들어보자. 열심히 일하고 부지런하게 살라는 사상을 강조하는 이야기에서라면 땀은 노력과 성실의 상징이다. 땀을 많이 흘려야 건강해지고, 땀을 흘려 일해야 부유해질 수 있다. 땀을 흘려야 기분도 좋아지고 성격도 밝아진다. 이런 관점에서 보면 땀은 그저 좋은 것이다. 반대로 뽀송뽀송하고 쾌적한 감각을 중시하는 관점에서 보면 땀은 더러움의 상징이다. 땀은 땀자국을 남기고, 옷을 젖게 하고, 땀 냄새를 풍긴다. 땀 냄새가 차오르면 악취는 심해지고, 심한 악취는 불결함과 위생의 실패를 뜻한다. 또한 끈끈한 느낌은 불쾌함을 가져오고 그 감각은 짜증과 분노로 이어진다. 이렇게 보면 땀은 질병, 무기력, 우울, 다툼에 관한 이야기다.

도덕에 관한 설교라면 나쁜 땀을 멀리하고 좋은 땀을 가까이하자는 쪽으로 이야기하는 것이 흔한 결말이다. 위생적으로 살자, 더운 날씨에 짜증 난다고 남에게 짜증 내는 일은 참도록 하자, 열심히 일하는 삶의 아름다움을 느끼자고 이야기한다. 누구나 할 수 있는 이야기이고 딱히 틀린 말도 아니다. 아마 주변에서 많이 들어본 이야기이기도 할 것이다.

과학은 그보다 더 넓은 시각으로 세상을 보게 해준다. 과학은 눅눅하고 쾨쾨한, 사악한 땀에도 깊은 관심을 갖고 다른 면모들을 찾아다닌다. 그런 현상이 왜 발생하며 어떻게 심해지는지 살펴보고, 원인을 알아내면 어떤 경우에 얼마나 심해지는지 규칙을 찾아내고, 이를 측정하거나 조절할 방법을 탐구한다. 좋은 땀뿐만 아니라 싫어하고 피해야 할 것 같은 땀조차 있는 그대로 철저히, 세밀히 살펴보고 이해할 방법을 만들어간다. 거기까지만 해도 훌륭한 과학인데, 과학자들은 종종 거기에서 한 걸음 더 나아간다. 그래서 그 땀의 악한 특징조차 역이용해 우리의 삶에 활용할 방법을 찾는다.

땀에서 나는 불쾌한 냄새를 사람들은 대체로 싫어한다. 과학은 그 냄새가 언제 얼마나, 어떻게 심해지는지를 알아내고 그 정도를 정확히 계산하는 방법을 개발한다. 간단하게 생각해도, 그렇게 해서 땀 냄새를 덜 나게 할 방법을 알아낼 수 있다. 그리고 기술을 더욱 발전시키면 나중에는 땀 냄새만으로 어떤 상태에 있는 누구의 땀 냄새인지 역으로 추적하는 방법을 개발할 수도 있다.

이 책에는 바로 그렇게 땀을 연구해 활용하는 예시 하나가 멋지게 소개되어 있다. 어떤 사람이 범죄를 저지르고 갔다고 하자. 아무 흔적도 남기지 않은 것 같다. 그렇지만 그 사람 손에서 난 땀이 범죄 현장의 가구나 문고리에 조금 묻어 있다. 얼핏 봐서는 그런 땀자국이 있는지조차 알 수 없다. 그런데 이때 땀 냄새를 추적하는 장치를 이용해 정밀하게 분석해보면 먼지 말고는 아무것도 없었던 자리에 사실은 누군가의 땀이 한 방울 묻어 있었다는 사실을 알아낼 수 있다.

땀 냄새는 무엇을 먹었는지, 무슨 행동을 했는지, 누구의 땀인지에 따라서 달라진다. 그러므로 남아 있는 땀자국을 정밀 분석한 결과를 따지면 무엇을 먹은 사람인지, 무슨 일을 한 사람인지, 어떤 체질을 지닌 사람인지 알아낼 수 있다. 이런 사실은 범인을 잡을 때 단서가 된다. 예를 들어 범행 현장에 찍힌 땀자국에서 마늘을 먹었을 때 나는 땀 냄새 성분이 발견되었다고 하자. 수사팀에서는 범인으로 지목되는 용의자에게 무엇을 먹었는지 취조하고, 용의자가 점심때 마늘을 먹은 사실이 범죄와는 관련이 없다고 여겨 무심코 "점심때 마늘볶음밥을 먹었습니다."라고 말한다. 그러면 그 용의자가 범행 현장에 다녀갔다고 추리할 수 있다.

대체 땀 냄새라는 우스꽝스러운 주제를 왜 그렇게 열심히 연구하는지 갸우뚱하다면 이 이야기는 단지 괴상한 취미 같아 보일 것이다. 그러나 과학 기술의 힘을 요긴한 분야에 활용해야 한다고 생각하면 땀 냄새 연구의 결과로도 악랄한 범인을 붙잡고 안전한 사회를 만들 수 있다. 시금털털한 땀 냄새가 악을 응징하고 선을 지키는 것이다.

세상 무엇이든 과학을 이용해 세밀하게 연구하고 다른 여러 분야와의 관계를 따지며 깊이 살펴보면 정말로 다양한 지식과 많은 활용 분야를 찾아볼 수 있다. 이런 사연들을 따라가는 일은 별것 아닌 것 같은 삶의 가벼운 문제들 속에 얼마나 많은 생각이 숨어 있는지 알게 해준다. 그리고 이를 통해 평소에 알지 못했던 다양한 분야의 지식을 쉽게 이해할 수도 있다.

제목 그대로 이 책에서 중점을 두고 있는 것은 땀이다. 우선은 땀이 왜 나는지, 땀을 흘리는 사람과 동물들은 어떤 차이가 있는지를 설명하면서 땀을 이해하는 데 필요한 지식을 설명한다. 그리고 그런 지식을 쌓아온 과학자들이 땀에 관해 어떤 연구를 하고 있고 앞으로 어떤 기술을 발전시킬 것인지를 설명한다. 그냥 움직이면 땀이 나고, 씻으면 사라질 뿐이라고 생각하기 쉽지만 거기에 얼마나 많은 사람의 연구와 관찰이 집중되어 있는지를 이 책은 이야기한다. 책을 읽다 보면 역시 과학의 범위는 넓고 그 힘은 강하다는 느낌이 든다.

또한 이 책은 땀을 연결 고리로 여러 다른 분야의 지식을 소개해주는 역할에도 충실하다. 예를 들면 땀으로 체온을 유지하는 이야기를 하면서 체온을 유지하는 동물과 체온이 바뀌는 동물의 차이를 설명하고, 그렇게 동물을 분류하는 방법에 어떤 특징이 있는지 이야기한다. 또한 생물의 생존 측면에서 온도가 얼마나 중요한지도 이야기한다. 주로 사람의 땀이라는 현상을 설명하지만 다른 여러 생물의 삶과 습성, 생물의 분류와 진화에 대해서도 저절로 관심을 갖게 되는 대목이다. 다짜고짜 동물의 분류를 들먹이며 교과서 같은 이야기를 꺼낸다면 막연하고 이해하기 어려운 내용이 될 수 있지만, 땀이라는 구체적이고 쉽게 와닿는 주제를 중심으로 이야기를 전개해나가기 때문에 무척 읽기 쉽다.

비슷한 방식으로 이 책은 땀이 흘러 몸을 시원하게 만드는 현상을 설명하면서, 물질의 상태 변화와 열에 대한 물리학에 대해서도 잠깐 생각하게 해준다. 냄새란 무엇이고 어떻게 퍼져나가 우리에게 감지되는지를 설명할 때는 여러 가지 화학물질의 특징과 확산 과정에 대해서도 잠깐 생각하게 해준다. 특히 땀을 정밀 분석하는 기술을 설명할 때는 실험 과정과 그 방법을 실제로 보고 경험한 내용이 생생하게 잘 기록되어 있어서 무척 재미있다. 여러 갈래로 이어지는 지식에 관한 이야기들을 읽다 보면 원래 땀에 대해서는 꽤 멀리 떨어진 내용에서 의외로 감탄하게 되거나 새로운 호기심을 갖게 되기도 한다. 이런 것도 이 책을 읽는 즐거움이다.

한편 첨단 과학기술에만 초점을 맞춘 것이 아니라 다양한 문화 현상과 사회의 변화까지 두루두루 다루고 있다는 점도 읽는 재미를 더한다. 예를 들어 일부러 땀을 내는 활동이라고 할 수 있는 사우나 문화가 어떤 식으로 사람들 사이에 자리 잡았으며, 나라마다 어떻게 다른 방식으로 유행하고 있는지 설명하는 내용은 마치 여행기나 풍물 기행문을 읽는 느낌을 준다. 그런가 하면 땀을 많이 흘렸을 때 먹으면 좋다고 판매하는 이온 음료의 효과와 성분에 관한 내용은 마치 소비자 권익 프로그램을 보는 것 같다. 그야말로 땀이라는 하나의 주제로 세상만사를 한번 살펴보자는 책인지라, 처음부터 끝까지 다 읽고 난 후에는 심심할 때마다 아무 페이지나 펼쳐 읽어도 또다시 즐길 수 있다.

그러고 보면 이런 식으로 이야기를 풀어나가는 데 땀은 무척 좋은 소재다. 작은 소재를 두고 온갖 다양한 이야기를 해보는 것이 과학의 재미라고 했는데, 땀은 사소한 소재이기는 하지만 중요하지 않은 소재는 아니기 때문이다. 땀은 누구나 친숙하게 느낄 수 있는 것이다. 그리고 여름철 더위에 흘리는 땀, 아프거나 마음이 좋지 않아 흘린 땀처럼 골칫거리일 때도 있다. 그래서 이 책을 읽으며 '그게 그런 현상이구나' 싶어서 감탄하기도 하고, '나도 이제부터는 이렇게 해볼까'라고 생각하게도 된다.

땀이라는 훌륭한 소재에 대해 다양한 방향, 다양한 깊이의 이야기를 잘 정리한 이 책은 부드럽게 이어지는 한 가지 내용을 일관되게 따라간다. 그러면서 어떤 때에는 TV 정보 프로그램의 '생활의 지혜'와 같은 친근한 느낌을 주고, 어떤 때에는 생명의 본질과 문명의 변동을 논하는 깊이 있는 이야기를 끄집어낸다. 그 많은 이야기가, 지독한 땀 냄새 때문에 고생한 사연 같은 가벼운 유쾌함 속에서 처음부터 끝까지 흥겹고 웃음 가득한 리듬으로 펼쳐진다. 땀이 절로 흐르는 여름날의 휴가 때 느긋하게 읽기 좋은, 다섯 손가락 안에 꼽을 만한 책이다.

곽재식

소설가 · 숭실사이버대학교 교수

놀랍도록 흥미롭고 상상 이상으로 중요한 땀의 세계

1996년 여름이었다. 한 여성이 남아프리카공화국 케이프타운 교외의 타이거버그 병원(Tygerberg Hospital) 피부과를 찾았다. 그 여성은 아주 특이한 증상을 호소했다. 빨간색의 땀이 난다는 것이었다. 그녀는 몹시 불안해했다. 하지만 의료진에겐 더없이 흥미로운 일이었다.

"정말 끝내주게 흥미로운 사례였죠." 이 사건을 분석한 과학자 코레나 드 비어(Corena de Beer)의 말이다. "우리는 대체 왜 이런 현상이 일어나는지 그 이유를 알아내려고 몇 달을 조사했습니다. 자, 여기 건강한 사람이 있습니다. 20대 간호사예요. 그런데 이 여성이 땀을 흘리기 시작하는 순간 하얀색 유니폼에 빨간 점들이 피어나는 겁니다."

교대 근무가 끝날 즈음이면 그 간호사의 속옷과 유니폼은 밝은 빨간색으로 물들어 있었다. 특히 목깃, 등, 겨드랑이 부분이 그랬다. "매일 밤 그녀는 빨간색으로 물든 옷을 두세 시간 정도 물에 담갔다가 빨래를 해야 색을 지울 수 있었어요. 자기 몸에서 일어나는 이런 비정상적인 현상에 정말 당혹스러웠겠지만 직업 때문에도 걱정이 많았을 거예요. 간호사는 병원에서 하얀 옷을 입어야 하니까요. 일상에서나 직업적으로나 그녀에게 빨간 땀은 말이 안 되는 이야기였죠." 드 비어가 말했다.

피부과 전문의들은 임상 중에 피부에서 일어나는 온갖 진귀한 일들을 보지만 이 간호사의 빨간 땀은 너무도 특이한 경우였다. 코레나 드 비어와 피부과 전문의 자크 실리에르(Jacques Cilliers)는 〈붉게 물든 속옷의 사례: 색땀증에 대한 재고(The Case of the Red Lingerie—Chromhidrosis Revisited)〉라는 제목으로 이 사례를 연구한 과학 논문을 발표했다.[1] 색땀증(chromhidrosis)은 색이 있는(chrom) 땀(hidrosis)을 흘린다는 뜻의 의학 용어다. 색을 띤 땀을 흘리는 사람은 이 간호사가 처음도, 마지막도 아니었다. 의학 논문을 보면 초록색, 파란색, 노란색, 갈색, 빨간색으로 땀 색깔이 변한 다양한 사례가 등장한다.[2] 그 원인도 희귀한 유전질환에서 화학물질 노출에 이르기까지 다양하다.

심지어 색이 있는 땀을 흘리는 현상에도 하위 범주가 있다. 예를 들면 유사색땀증(pseudo chromhidrosis)이라는 가짜 색땀증도 있다. 이는 사람의 땀구멍에서 나오는 땀이 피부 표면에 도달한 후에야 색을 띠는 경우로, 구리 공장 노동자들에게 가끔 생긴다. 이들의 땀에 들어 있는 소금기가 피부에 붙어 있던 구리 성분을 산화시켜 초록색의 광택이 나는데, 몸에서 이런 광택이 나면 무섭기는 해도 색이 매우 아름답다. 마치 오랜 세월 풍파를 견디며 색이 변한 건물의 구리 돔처럼 그윽한 청록색을 띤다.

하지만 이 간호사의 땀은 땀구멍에서 나올 때부터 이미 색을 띠고 있었기에 진짜 색땀증에 해당했다. 그녀의 몸 안에서 빨간색을 띤 뭔가가 피부와 땀구멍을 통해 빠져나오고 있었다. 의료진은 그녀를 철저히 검사했지만 빨간 땀을 제외하면 흠잡을 데 없이 건강했다. 드 비어의 말로는 모두가 당황했다고 한다.

오랜 시간이 지나도록 그 증상의 원인에 관해 의료진이 확보한 단서는 딱 하나밖에 없었다. 그 간호사가 4주간 휴가를 떠났던 동안에는 빨간 땀이 약해지면서 거의 사라졌다는 것이다. 하지만 휴가가 끝나고 다시 직장으로 돌아오자 빨간 땀도 돌아왔다. 드 비어가 이렇게 덧붙였다. "스트레스와 관련이 있는 게 아닌가 했죠. 그래서 간이며, 내분비계며 모든 신체기관을 검사했어요. 하지만 모두 문제없었죠."

그러다 우연히 의료진은 빨간 땀의 원인을 발견했다. 그 간호사가 후속 진료를 보러 피부과를 찾았는데 손가락에서 적갈색 얼룩이 보였다. 담배를 피우는 사람의 손가락에서 보이는 니코틴 착색과 비슷했다. "하지만 그녀는 담배를 피우지 않았어요. 그때 깨달음의 순간이 찾아왔죠." 그 간호사의 손가락에 묻은 얼룩은 그녀가 진료를 보러 오기 전에 먹은 간식에서 나온 것이었다. 바로 '매운 토마토 맛 닉낙스(NikNaks Spicy Tomato)'라는 남아프리카공화국의 콘칩 과자였다.

간호사는 이 매운 토마토 맛을 강박적으로 좋아했던 것으로 밝혀졌다. 의료진은 논문에서 이를 '6개월간의 집착(six-month fetish)'이라고 묘사했다. 콘칩에 대한 그녀의 사랑을 집착이라고 부른 것은 결코 과장이 아니었다. 그녀는 의사에게 사실은 아주 오랫동안 일주일에 500~2,500그램 정도의 콘칩을 먹었다고 했다. 닉낙스 한 봉지는 55그램이므로 그녀는 일주일에 많게는 45봉지, 하루에 여섯 봉지 정도를 먹은 것이다.

"남아프리카공화국 사람치고 닉낙스를 안 먹는 사람은 없습니다. 짭짤하니 맛있거든요. 저는 치즈 맛 닉낙스를 좋아합니다. 그렇다고 모두가 그 간호사처럼 많이 먹지는 않죠." 드 비어가 말했다. 의료진은 닉낙스에 들어 있는 붉은색의 뭔가가 땀으로 나오는 것이 아닐까 의심했다. 어쩌면 파프리카나 토마토 향료일 수도 있고, 빨간 식용색소일지도 몰랐다. 의료진은 닉낙스를 만드는 회사인 심바(Simba)에 요청해 성분 목록을 받았다. 그리고 간호사의 땀에 들어 있던 붉은 색소가 그 콘칩 과자에 첨가된 토마토 성분의 색과 일치한다는 사실을 알아냈다.

"처음에 그녀는 매운 토마토 맛 닉낙스가 문제라는 말을 믿지 못했습니다. 하지만 제외식이(elimination diet, 음식물 알레르기를 확인하기 위해 증상과 관련 있는 음식물을 하나씩 식단에서 제거하며 확인하는 방법-옮긴이)를 해봤더니 몇 달 후 빨간 땀은 완전히 사라졌죠." 드 비어가 말했다. 머지않아 그 간호사도 땀에 관해서는 무더운 날 땀 때문에 옷이 몸에 달라붙는다거나, 옷이 축축하다거나 눅눅한 냄새가 난다는 등의 평범한 불평만 말하게 됐다.

화학 석사학위가 있고 과학 기자로 10년 넘게 활동해온 나 역시 땀에 대해서는 아무것도 몰랐다. 이 남아프리카공화국 간호사의 사례를 읽기 전까지만 해도 땀은 그냥 소금물인 줄 알았다. 물론 페로몬(pheromone) 같은 냄새나는 분자도 조금은 들어 있을 것이다. 뭔가 비밀스럽게 저지른 행동의 결과가 우리 몸에서 새어 나오고 있다고 생각하니 흥미로우면서도 조금은 섬뜩했다.

콘칩에 대한 집착이 땀으로 드러날 수 있다면, 다른 생물학적 정보 또는 우리의 행동에 관한 정보들도 땀으로 나올 수 있지 않을까? 혹시 '빅브라더'가 우리의 땀을 채취해서 우리가 먹는 음식과 약을 감시하는 건 아닐까? 땀 표본을 채취하면 건강을 평가하고 질병을 진단할 수 있지 않을까? 우리가 땀이 묻은 손으로 뭔가를 만질 때마다 자신의 흔적 또는 몰래 저지른 행동의 흔적을 여기저기 남기는 건 아닐까? 땀으로 찍힌 지문을 분석하면 숨겨왔던 비밀이 발각되는 건 아닐까? (미리 결과를 말하자면 '그렇다'.) 빨간 땀에 관한 이야기를 읽고 나는 닉낙스를 좋아하는 간호사 이야기 같은 땀의 과학에 매료되고 말았다.

나는 땀을 통해 대체 어떤 비밀을 흘리고 다니는 걸까? 궁금해서 생각을 멈출 수 없었다. 특히 나는 물건을 자주 잃어버리는 편이라 더 그랬다. 오래전부터 나는 평균보다 땀을 더 많이 흘리는 것 같다는 걱정을 품고 살았다. 헬스장에 가면 워밍업이 끝나기도 전에 수건으로 손이 가곤 했다. 핫요가를 할 때도 요가 동작에 집중해야 할 시간에 다른 사람들도 나처럼 매트가 땀으로 흥건한지 살펴보기 바빴다. 마음의 평정을 위해 일부러 땀을 내는 것인데도 이렇게 내가 흘리는 땀이 무척이나 신경 쓰였다.

이 땀에 대한 집착을 직업적 호기심으로 바꿔야겠다고 마음먹었다. 그래서 사람의 겨드랑이 냄새를 맡는 것이 직업인 사람들도 찾아보고, 로맨스를 쫓아 그런 일을 하는 사람들도 찾아봤다. 몸에서 악취가 나게 만드는 분자, 범죄자를 체포할 수 있게 해주는 분자 등 땀을 연구하는 과학자들과도 이야기를 나누었다.

땀에 관한 연구를 파고들기 시작하니 어떤 사람은 땀이 너무 많아서 펜을 쥐거나 핸드폰을 들고 있기도 어렵다는 사실을 알게 됐다. 땀 때문에 물건들이 손에서 미끄러지기 때문이다. 너무 많은 땀은 사회적으로, 직업적으로 아주 안 좋은 영향을 미친다. 어떤 사람은 땀 때문에 우울증과 불안증에 시달리기도 한다. 어떤 사람은 척수와 연결된 신경절(ganglia)을 자르는 등 수술을 통해 땀을 덜 나게 하려고도 한다.

이렇게 모든 사람에게 영향을 미치는(누군가는 '괴롭힌다'라고 표현하기도 하는) 땀은 신기할 정도로 이색적인 체온 조절 방식이다. 봇물이 터지듯 피부를 뚫고 나온 이 소금물은 무더운 날 우리의 몸을 식혀 고열로 헛소리하거나 열사병으로 죽지 않도록 막아준다.

땀은 대단히 인간적인 현상이기도 하다. 대부분 동물은 땀으로 체온을 조절하지 않는다. 사실 일부 진화생물학자는 땀 흘리는 능력이 인간이 자연계를 지배할 수 있게 도와주었다고 주장한다. 물론 말끔하게 차려입고 싶어도 옷이 땀에 젖어 몸에 찰싹 달라붙거나, 목적지에 도착하기도 전에 땀투성이가 되어버리는 것을 생각하면 별로 위로가 되는 말은 아니다.

땀과 땀 냄새를 차단하는 일이 그렇게 큰 비즈니스로 자리 잡은 이유도 그 때문이다. 땀이 나지 않은 것처럼 보이거나 땀 냄새를 잡아주는 땀억제제나 체취제거제에 전 세계가 매년 750억 달러의 돈을 쓴다.[3] 물론 그런 제품을 쓴다고 해서 100퍼센트 효과가 있는 것은 아니다. 그럼에도 우리는 우리의 생물학적 본성을 숨기느라 애쓴다. 우리 모두 경험하고, 인간을 인간답게 해주는 생물학적 과정을 프로답지 못한 민망한 일로 여긴다. 어쩌다 이렇게 됐을까?

역설적으로, 우리는 땀을 억제하려고 그렇게 애를 쓰면서 한편으로는 땀을 비 오듯 쏟아내기 위해 막대한 돈을 쓴다. 땀을 한 바가지 흘릴 수 있도록 해준다는 운동법은 끊이지 않고 유행한다. 운동에 중독된 사람치고 운동 후 티셔츠가 뽀송뽀송한 것에 만족하는 사람은 없다.

과거에는 땀을 흘리는 것을 의식처럼 치르는 문화도 많았다. 그런 의식이 현대까지 남아 있는 것으로는 중동 지역의 대리석으로 만든 터키식 목욕탕 하맘(hammam)이 있다. 미국의 아메리카 대륙 원주민들은 땀을 내는 오두막(sweat lodge)을 사용한다. 한국 사람들은 찜질방을 즐겨 이용한다. 러시아 사람들은 러시아식 사우나인 반야(banya)에서 보드카를 마신다. 핀란드 사람들은 서구 세계 곳곳에 사우나(sauna)를 수출했다. 어쩌면 우리 인간은 겉으로는 땀을 부끄러워하지만 속으로는 사실 땀을 흠뻑 흘리고 싶은 게 아닐까?

우리는 거미가 거미줄을 만드는 능력에는 감탄하면서 왜 인간이 땀을 흘리는 능력에는 감탄하지 않는 걸까? 아마도 거미는 몸에서 흘러나오는 끈적이는 실 때문에 다른 거미의 눈치를 보지는 않을 것이다.

의학역사가 미하엘 슈톨베르크(Michael Stolberg)는 이렇게 말했다. "땀은 그저 싱겁고 물기 많은 액체로 보이지만 생각보다 훨씬 큰 수치심과 민망함, 오염과 악취를 연상시킨다. 하지만 정화, 성적 매력, 남성다움 또한 연상시킨다."[4] 우리의 몸에 있는 체액 하나에 참으로 다양한 감정의 응어리들이 담겨 있다.

우리가 흘리는 땀에서 수치심 대신 마음의 평온을 찾을 수 있다면 더 좋지 않을까? 조만간 인간이 땀 흘리기를 대체할 다른 체온 조절 능력을 진화시킬 가능성은 없어 보인다. 그리고 지구온난화가 진행되고 있는 현실을 보면 미래에 우리가 땀을 덜 흘릴 가능성도 적어 보인다. 어쩌면 이 땀 흘리는 능력이야말로 기후 재앙을 버텨낼 회복력의 토대가 되어줄지도 모를 일이다.

땀은 끈적거리고, 냄새나고, 상스러워 보일 수 있다. 사실 너무나 매력적임에도 아직 우리가 잘 모르는 우리 몸의 분비물이기도 하다. 이 책의 가장 큰 목적은 땀을 응원하는 것이다. 지금까지 땀은 곁눈질을 받을 만큼 받았다. 이제는 땀을 흘리는 즐거움을 발견할 시간이 되었다.

THE JOY OF SWEAT

PART 1

땀이 보여주는 진화의 비밀

우리가 땀을 흘리는 이유

산다는 건 열이 나는 비즈니스다. 하루 동안 아무것도 하지 않고 앉아서, 기껏 제일 힘든 일이라고 해야 넷플릭스 드라마를 정주행하며 감자칩을 집어 입으로 넣는 것밖에 없다고 해도 이때 우리의 몸은 무려 60와트 전구만큼의 열을 생산한다.[1] 그것도 체구가 작은 사람이라고 가정했을 때의 이야기다. 건장하고 체구가 큰 사람이라면 100와트 전구만큼의 열이 나온다.[2]

완전히 긴장을 풀고 늘어져 있는 경우에도 우리 몸은 열을 방출할 수밖에 없다. 우리 세포들이 '일중독'에 빠져 있기 때문이다. 세포들은 우리의 생명을 유지하기 위해 영양분을 분해하고, 산소를 여기저기 실어 나르고, 호르몬을 생산하고, DNA를 복제하고, 병원균과 맞서 싸우는 등 끝없이 이어지는 일들을 성실히 해치우느라 여념이 없다. 이런 일들을 처리하려면 수십억 건의 화학반응이 필요하다. 그리고 이런 반응 중 상당수에서 열이 만들어지고 이 열이 우리를 덥힌다.

문 앞에 배달된 음식을 가지러 가거나, 개를 데리고 산책하거나 해서 몸을 움직이기 시작하면 근육이 추가로 일을 하면서 열 생산이 늘어난다. 길을 따라 조깅이라도 할라치면 체온이 치솟기 시작한다. 버스를 놓치지 않으려고 달리거나, 달아난 개를 잡으려고 전력으로 달리는 경우 체온 상승을 억제하지 않으면 체내 온도가 생명을 위협할 수준까지 치솟을 수 있다.

사실 열사병으로 죽는 것만큼 끔찍한 일도 없다.[3] 열사병으로 목숨이 위태로울 지경이 되면 세포 내부의 미세 장치들이 더 이상 되돌릴 수 없이 녹아내리면서 여러 장기가 기능을 멈춘다. 정맥에서 피가 새기 시작하면서 전신에 출혈이 일어난다. 내장의 벽이 뚫리면서 소화관에 살고 있던 세균과 그 세균이 만들어낸 독소가 내부 장기로 쏟아져 들어간다. 신체 외부에서는 구토와 발작이 일어나면서 의식을 잃을 수도 있다.

이처럼 생명 유지에는 체온 상승을 막는 것이 호흡만큼이나 중요하다. 그러면 진화가 인간을 위해 특별히 마련한 열손실 전략은 무엇일까? 바로 '땀 흘리기(perspiration)'다.

이 전략은 뜨거운 표면(피부) 위에서는 액체(땀)가 증발한다는 단순한 사실에 바탕을 두고 있다. 소스를 불에 올려서 졸여본 사람이라면 액체가 증발하는 데 열이 필요함을 알 것이다. 그와 마찬가지로 피부에 맺힌 땀도 체온으로 증발할 수 있다. 땀이 증발할 때 열이 소모되기 때문에 전체적으로는 피부를 식히는 효과가 나타난다. 이런 것을 보면 진화는 물리학적으로, 생화학적으로 잔머리를 참 잘 굴린다. 피부에서는 열이 나고, 몸속에는 물이 들어 있으니 피부에 물을 뿌려 체온을 낮춘다는 전략이다.

땀의 진화를 연구하는 펜실베이니아대학교의 유전학자 야나 캄베로프(Yana Kamberov)는 이렇게 말한다. "땀은 아주 훌륭한 체온 배출 방법이죠. 피부로 물을 배출해 체온을 식히는 것을 우리 인간만큼 잘하는 동물은 없습니다."

이토록 기발한 방법이지만 땀으로 체온을 조절하는 동물은 인간이 거의 유일하다. 대부분 종은 다른 방식으로 체온을 식힌다. 그중에는 특이하고 기이하기까지 한 방법도 있다. 예를 들면 코끼리는 체온을 식히는 데 거대한 귀를 이용한다.[4] 개는 혀를 내밀어 헐떡거리고, 콘도르(condor, 남북 아메리카 대륙에 서식하는 거대한 맹금류-옮긴이)는 자기 똥을 뒤집어쓴다.[5] 이런 방법 모두가 과도한 열을 배출하는 역할을 한다. 하지만 인간이 진화시킨 방법만큼 효과적인 것은 없다.

우리의 선조들은 털북숭이 영장류에서 털이 없는 직립보행 인류로 진화하면서 땀을 흘려 체온을 낮추기 시작했다. 그리고 이 방법은 우리 종의 독특한 장점 중 하나로 자리 잡았다. 날씨가 추워지면 다른 동물의 가죽을 뒤집어쓰고 체온을 따뜻하게 유지할 수 있었지만, 날씨가 더워지면 땀 흘리기만큼 효율적인 체온 조절 방법도 없었다. 진화가 찾아낸 최고의 체온 조절 방법이었다.

약 3,500만 년 전 선조들이 전신에 땀샘을 진화시키기 시작했을 때만 해도[6] 땀 흘리기는 소중한 방법이면서 동시에 기이한 방법이었다. 많은 진화생물학자가 인간이 자연계를 지배하도록 도운 특이체질(idiosyncrasy) 중 하나로 땀 흘리기를 꼽는다. "인간이 큰 뇌와 언어를 가지고 있고 도구를 제작한다는 사실은 모두가 잘 알죠. 하지만 땀을 흘리는 것도 그만큼 중요하다는 걸 알아야 합니다." 하버드대학교의 진화생물학자 대니얼 리버먼(Daniel Lieberman)의 말이다.

더운 날 지하철 안에서 땀을 뻘뻘 흘리는 것은 분명 불쾌한 경험이다. 그러나 땀은 우리가 지금의 인간이 되는 데 큰 역할을 했다. 땀이 없으면 인간처럼 활발한 육체 활동을 할 수 없다. 땀이 없으면 수렵이나 채집을 할 수도 없었을 것이다. 햇살이 뜨거우면 우리의 포식자들은 살아남기 위해 그늘로 물러나야 했지만, 우리는 땀을 흘림으로써 체온의 과도한 상승을 막고 먹이를 찾아 나설 수 있었다.[7]

한편 그 외에 인간만의 독특한 생물학적 측면들도 땀샘과 함께 체온을 낮게 유지하는 데 도움을 주었다. 예를 들어 이족보행(二足步行)을 하면 뜨거운 오후에도 머리만 뜨거워졌기 때문에 과열되는 일 없이 먼 거리를 이동할 수 있었다. 해가 중천에 떴을 때 이족보행을 하는 사람의 체표면 중 내리쬐는 복사열에 노출되는 비율은 7퍼센트에 불과하다.[8] 이는 체격이 비슷한 네발짐승의 3분의 1 수준이다. 게다가 인간은 진화 과정에서 피부에 있던 두껍고 숱 많은 털을 잃었지만 머리에는 다른 영장류 사촌보다 털이 더 많이 남아서 햇빛으로부터 두피를 보호할 수 있었다.

인류는 피부에 정교한 냉각장치를 장착한 덕분에 과열되지 않고 장거리 마라톤을 할 수 있게 됐다. 그래서 사냥할 때는 먹잇감이 죽을 때까지 추적할 수 있었다. 우리의 저녁거리 사냥감이 단거리 달리기에서는 더 빠를지 모르지만 우리는 달리면서도 체온을 낮게 유지할 수 있어 지구력이 탁월하다. 사냥감은 과열로 죽지 않으려면 조만간 멈춰 설 수밖에 없다. 하지만 우리는 계속 달릴 수 있다. 속도는 느릴지 모르지만 거리로는 우리를 당할 수 없다. 우리는 먹잇감이 멈추지 못하게 계속 밀어붙이고 결국 더위에 지쳐 쓰러지게 만들 수 있다.

이 체온 조절 능력 덕분에 우리는 소금기 있는 땀을 어마어마하게 분비한다. 한 사람의 몸에는 대략 200만~500만 개 정도의 땀구멍이 있다.[9] 인류의 땀구멍을 모두 합치면 그 숫자가 1,000조 단위에 이른다. 이는 우리 은하에 있는 항성보다 많은 숫자다.

사실 지구에 사는 약 80억에 육박하는 인류가 모두 동시에 사우나에 들어간다면 거기서 나오는 땀의 양은 무더운 여름날 나이아가라폭포에서 떨어지는 물의 양에 버금갈 수도 있다(이 이상한 가설을 듣고 어리벙벙해진 나이아가라폭포 공원관리국의 한 직원이 이 계산을 도와주었다).[10] 이것도 우리가 평균이나 그 이하로 땀을 흘린다고 가정했을 때의 이야기다. 우리 모두 '슈퍼 땀쟁이'였다면 나이아가라폭포에서 떨어지는 물의 네 배나 되는 땀을 흘렸을 것이다.

몸을 식히는 짭짤한 땀을 피부로 내보내는 수백만 개의 이 작은 기관을 땀샘 중에서도 에크린땀샘(eccrine gland)이라고 한다. 마치 길쭉하게 늘린 작은 튜바(tuba)가 피부 속에 묻혀 있는 것처럼 보이는 에크린땀샘의 제일 아랫부분에는 코일처럼 말려 있는 관이 들어 있다. 이 관은 진피 깊숙한 곳에 자리 잡고 있으며 관의 한쪽 끝은 표피를 관통해서 피부 바깥쪽으로 나와 배출구를 형성한다. 튜바의 소리가 빠져나오는 곳에서 땀이 에크린땀샘을 빠져나온다고 상상하면 된다. 그리고 제일 아랫부분에는 주변 조직으로부터 짭짤한 체액이 모인다.

이 체액이 에크린땀샘을 지나 피부 표면으로 이동하는 동안 빠져나가는 소금을 일부라도 구조하기 위한 시도가 이뤄진다(체온을 냉각하려면 물만 증발시키면 된다. 소금은 우리 몸의 내부가 소금물 바다이기 때문에 땀이 나올 때 함께 따라오는 것뿐이다). 하지만 사람의 땀을 맛본 적이 있다면 이 소금 구조 작전이 완벽하지는 않음을 알 것이다. 더운 여름 한낮에 여러 시간 야외에서 일하며 땀을 많이 흘리는 사람은 무려 25그램 정도의 소금을 잃을 수 있다.[11] 하지만 대부분 사람이 하루에 잃는 소금의 양은 그 절반 정도다.[12]

사람에겐 두 종류의 땀이 있다. 몸을 식혀주는 짭짤한 에크린땀이 그 한 가지다. 사춘기에 활성화되는 아포크린땀샘(apocrine gland)

에서는 다른 땀이 나온다.[13] 청소년기에 겨드랑이를 악취 구역으로 바꿔놓는 바로 그 악명 높은 땀샘이다.

아포크린땀샘은 에크린땀샘보다 덩치가 훨씬 크다.[14] 이것도 길쭉하게 늘린 튜바처럼 보이는데 다만 스테로이드를 맞아가면서 덩치를 불린 튜바 같다. 아포크린땀샘은 사춘기에 나는 털 속에 자리 잡고 있다. 그래서 이 땀샘에서 나오는 분비물은 피부도 덮지만 무성한 털의 표면도 코팅한다. 모발 덕분에 표면적이 늘어나면서 아포크린땀샘에서 분비되는 땀이 묻어 냄새를 풍길 수 있는 면적도 따라서 늘어난다. 바꿔 말하면 겨드랑이에 털이 많을수록 땀 냄새가 공기 중으로 퍼져 이웃한 사람의 코로 들어갈 기회도 많아진다는 의미다.●

에크린땀샘과 아포크린땀샘에서 나온 땀이 몸 밖으로 빠져나오면 피부기름샘(sebaceous gland, 피지선)에서 만들어내는 기름진 성분과 뒤섞인다. 피부기름샘의 임무는 피부를 촉촉하게 유지하는 것이다. 우리 몸에서 손수 만들어내는 이 피부보습제는 엄밀히 따지면 땀이 아니지만 땀이 피부 위로 퍼져나가는 동안 그 땀에 특이한 기름 성분의 화학물질을 첨가한다.

이 모든 체액 성분이 합쳐지면서 그냥 소금물보다 훨씬 복잡한 성분의 액체가 만들어진다. 매운맛 토마토 콘칩을 광적으로 좋아했던 간호사의 땀도 이렇게 만들어진 것이다. 우리가 삼키고 들이

● 때때로 우리 몸은 에크린땀샘과 아포크린땀샘의 잡종 버전을 만들어내기도 한다. 이것을 아포에크린땀샘(apoeccrine gland)이라고 한다.[15]

마신 음식이나 약은 땀을 통해 스며 나올 수 있다. 니코틴, 코카인, 마늘 냄새, 식용색소, 암페타민(amphetamine, 각성제의 일종이며 마약으로도 이용된다-옮긴이), 항생제[16] 등 모두가 좋든 싫든 이런 경로를 통해 조금씩 새어 나온다. 콘칩을 좋아하던 그 간호사만 색깔이 있는 땀이 나와 경악한 것이 아니다. 방광 감염을 고쳐보겠다고 크랜베리 주스를 미친 듯이 마셨던 남자도 땀이 빨갛게 변했다.[17] 제조업체에서 음료에 첨가한 진홍색 색소 때문이었다. 어떤 남성은 재발한 변비와 싸우기 위해 완화제를 대량 복용했다가 땀이 노란색으로 변했다.[18] 이는 알약을 코팅하는 데 사용하는 타르트라진(tartrazine)이라는 황토색 색소 때문이었다.

땀의 화학 성분을 살펴보면 우리가 열심히 먹는 음식이나 약에 들어간 색다른 화학물질 덕분에 카메오로 등장하는 성분 말고도 몸에서 정상적으로 발견되는 수백 가지 분자들을 볼 수 있다. 젖산이나 요소처럼 운동에서 나오는 산물도 있고, 포도당이나 일부 금속 성분도 있다.[19] 우리 면역계는 피부에 붙어 사는 세균이나 곰팡이를 집단 제어(crowd control)하는 단백질들을[20] 땀 속에 가득 채워 놓는다. 이 면역 분자들은 사람에게 친화적인 미생물은 번성하게 돕고, 병원균들은 성장하지 못하게 막는다. 암이나 당뇨에서만 생기는 단백질 같은 질병의 흔적이 땀에 담겨 있을 때도 있다.[21] 이는 체내에서 어떤 과정이 일어나고 있는지 보여주는 분자적 증거다.

에크린땀에서 발견되는 성분들은 대부분 이미 혈액 속에서 순환하고 있었기 때문에 땀에 들어간 것이다. 에크린땀은 화학적으로 혈액의 기본 액체 성분과 유사하다. 혈액에서 적혈구, 혈소판, 면역세포를 뺀 것이라 봐도 무방하다. 땀은 우리 내부 조직을 수화해 습기를 유지하는 짭짤한 액체, 즉 사이질액(interstitial fluid)과도 화학적으로 유사하다. 에크린땀을 통해 나오는 성분들은 대부분 어쩌다 보니 거기에 들어가게 된 것들이다. 혈액을 타고 돌아다니다가 우연히 사이질액으로 들어갔는데 그 근처의 땀샘에서 몸을 식히라는 명령을 받고 피부로 뿜어져 나온 것이다.

하지만 어떤 사람은 의도적으로 땀에 화학물질을 첨가하기도 한다. 물론 과학의 이름 아래 진행하는 일이다. 드레스덴 공과대학교의 환경연구원 마이클 젝(Michael Zech)은 사우나에 앉아 한바탕 땀을 내고 있다가 그런 아이디어가 떠올랐다. 젝은 몸에서 홍수처럼 쏟아져 나오는 땀을 바라보다가 문득 한 모금 마신 물이 입으로 들어가 땀구멍으로 나오기까지 시간이 얼마나 걸릴지 궁금해졌다.[22] 대부분 사람은 사우나에서 이런 의문을 철학적으로만 생각해보고 넘어가지만 젝에게는 최신 분석 장비가 있었다.

그는 다음에 사우나에 들어갈 때 평소 사우나에서 즐겨 마시는 수분 보충 음료에 화학추적자(chemical tracer)를[23] 첨가했다. 이 수분 보충 음료는 밀맥주와 콜라를 반반 섞은 것이다. 독일 사람들은 이 이상한 혼합 음료를 굉장히 즐겨 마셔서 여기에 '콜라-바이젠(Cola-Weizen)'이라는 이름도 붙여주었다. 사실상 카페인이 첨가된 갈색의 샌디(shandy, 맥주와 레모네이드를 섞은 음료-옮긴이)인 셈이다(독일의 사우나는 알코올음료 섭취를 허용해서 사람들이 즐겨 마신다).

젝은 화학추적자가 첨가된 음료를 한 잔 마시고 옷을 벗은 후 사우나로 들어갔다. 그는 스톱워치로 일정하게 시간 간격을 재면서 작은 유리병에 몸에서 나오는 땀방울 표본을 채취했다. 그다음 실험실로 돌아가서 각각의 땀 표본에서 화학추적자가 나오는지 확인했다. 그 결과 화학추적자가 위를 통과해 소장에서 흡수되고 간과 콩팥에서 걸러진 다음, 혈류로 들어가 순환계를 돌다가 피부에 있는 정맥에 도달해서 진피를 거쳐 땀샘까지 스며들어 피부에 있는 수백만 개의 땀구멍을 통해 빠져나오기까지 시간이 15분도 안 걸리는 것으로 나왔다.[24]

해답을 얻은 젝은 과학 대신 땀 흘리기의 즐거움을 위해 다시 사우나로 들어갔다.

땀은 몹시 인간적인 과정임에도 불구하고 오랜 세월 동안 연구자들의 무시를 당해왔다. 특히 핵심적인 신체 기능들에 비하면 우리가 아는 바는 매우 적다. 우리는 아직도 땀샘이 만들어지는 과정에 몇 개의 유전자가 관여하는지 모른다.

하지만 땀에 관한 연구가 부실하다고 해서 과거 위대한 지성들이 땀을 완전히 무시했다는 건 아니다. 2세기에 그리스 의사 갈레노스(Galenos)는 눈에 보이지 않는 증기가 몸에서 지속적으로 방출되며,[25] 특정 조건 아래서는 방출량이 증가해서 땀이라는 액체의 형태를 띠는 것이라고 주장했다. 또한 그는 땀이 혈액의 액체 성분에서 기원한다고 정확한 결론을 내기도 했다.

하지만 그가 완전히 잘못 알고 있는 부분도 있었다. 그리고 그 오류는 체액에 관한 현대의 사고방식에도 여전히 남아 있다. 갈레노스는 땀이 정교하게 체온을 조절하는 방식임을 깨닫지 못하고 대변, 소변, 생리혈, 콧물 등의 배설물처럼 몸에서 노폐물을 제거하는 또 다른 방법이라 생각했다. 의학역사가 미하엘 슈톨베르크의 설명에 따르면 갈레노스는 땀이 "몸에 남아도는 성분과 나중에 유해하고 위험할 수 있는 오염 물질을 청소해준다"라고 생각했다.[26]

갈레노스는 관찰을 통해 이런 잘못된 결론에 도달했다. 관찰 자체는 나름대로 합리적인 측면이 있었다. 예를 들어 뚱뚱한 사람에게 규칙적으로 달리기를 시키면 살을 뺄 수 있다. 그리고 달리기를 하면 땀이 난다. 하지만 갈레노스는 사람이 운동으로 살이 빠지는 이유를 칼로리와 지방이 연소되기 때문이라 생각하지 않고, 잉여 지방이 녹아 액체가 되어 땀구멍을 통해 몸 밖으로 빠져나오기 때문이라고 잘못 추론했다.

땀이 우리 몸의 노폐물을 제거한다는 이 잘못된 개념은 오늘날까지도 여기저기서 볼 수 있다. 많은 사람이 한바탕 땀을 흘리면 해독 효과가 있다며 열변을 토한다. 하지만 땀으로 해독 효과를 볼 수 있다는 개념은 땀을 흘리면 지방을 녹일 수 있다는 개념만큼이나 황당한 이야기다.

물론 온갖 화학물질이 땀을 통해 빠져나오는 것은 사실이다. 이런 화학물질은 독소일 수도 있지만 우리 몸에 유용한 영양분이나 호르몬일 수도 있다. 화학물질이 땀을 통해 배출되는 이유는 우연히 그 성분이 핏속을 돌아다니고 있었고 몸에 땀이 배출되는 구멍이 있기 때문이지, 우리 몸이 독소를 제거하려고 일부러 땀을 흘리기 때문이 아니다. 땀 흘리기를 통해 몸이 해독되려면, 즉 나쁜 성분이 모두 제거되려면 6리터 정도의 혈청을 배출해야 한다. 그러면 몸이 완전히 탈수되어 말 그대로 말라 죽는다.

그래서 진화는 우리에게 콩팥을 선물했다. 콩팥은 피에서 독소를 걸러내 문제 있는 화학 성분을 소변을 통해 몸 밖으로 빼내는 일을 전문적으로 하는 기관이다. 콩팥이야말로 우리 몸의 전문 해독 장치다. 2,000년도 더 전에 나온 갈레노스의 낡은 이론은 지금까지 오류로 밝혀진 사이비 과학의 무덤에 고이 묻어두자.

갈레노스 이후 땀의 과학은 15세기 정도 정체기를 겪었다. 그러다 17세기 무렵 갈릴레오 갈릴레이와 동시대 인물이었던 이탈리아의 과학자 산토리오 산토리오(Santorio Santorio) 덕분에 땀 연구가 새롭게 조명되었다.[27] 산토리오는 자신을 측정하는 일에 집착했다. 그는 갈릴레오의 초기 연구를 바탕으로 맥박수를 측정하는 최초의 장비를 만들고[28] 이를 '맥파계(pulsilogium)'라고 불렀다.

만일 산토리오가 살아 있다면 핏비트(Fitbit, 걸음 수, 심박수, 수면의 질 등 개인 지표를 측정하는 스마트 밴드-옮긴이)를 무척 사랑했을 것이다. 하지만 17세기에 살았던 산토리오는 땀이나 다른 체액의 손실로 생기는 체중 변화를 측정하는 정교한 걸이의자를 만들었다.[29] 이것은 단지 좀 복잡한 저울로, 두꺼운 목재 저울대를 상상하면 된다. 저울대 한쪽에는 왕좌와도 같이 정교하게 조각된 의자가 매달려 있다. 그 반대쪽에는 의자와 그 위에 앉아 있는 사람의 체중을 정확하게 측정할 수 있는 균형추가 달려 있다.

산토리오는 종일 이 걸이의자에 앉아서 음식을 먹고 소변과 대변을 보는 동안에 생기는 체중의 변화를 빠짐없이 측정했다. 그는 약 30년에 걸쳐 아주 엄격하게 측정했다. 그 결과 몸으로 들어가는 양과 밖으로 빠져나오는 양이 일치하지 않는다는 사실을 발견했다. 그는 '불감발한(不感發汗, insensible perspiration)'이라는 신비로운 현상을 통해 체중을 잃고 있었던 것이다. 이후 산토리오는 감지할 수 없는 기체 손실로 인한 체중 감소가 나머지 모든 배설물을 통한 체중 감소보다 크다고 주장해서 유명해졌다. 그의 주장은 정확했다.

또한 그는 정확히 자기가 하루에 잃은 체중만큼의 식사만 강박적으로 섭취했다. 어찌나 엄격했는지 음식을 먹어 체중이 살짝 불어나면 의자가 그만큼 식탁에서 점진적으로 멀어지는 장치까지 해두었다. 그래서 정해둔 만큼의 식사를 마치면 의자가 음식이 손에 닿지 않을 거리만큼 멀어졌다.

체코의 생리학자인 얀 에반겔리스타 푸르키녜(Jan Evangelista Purkyně)가 피부에 땀을 배출하는 구멍이 있음을 발견한 건 그로부터 2세기 이후의 일이었다.[30] 1833년에 그는 이 신기한 에크린땀샘의 존재를 발표했다. 수십 년 후 스위스와 독일의 생리학자들은 뇌에서 척수를 따라 전달되어 땀샘을 여는 전기신호를 기록하는 데 성공했다.[31] 활동전위(action potential)라는 이 신경 충동(neurological impulse)은 땀샘에 수문을 열라는 명령을 전달한다.

그러다 정말 이상한 일이 벌어졌다. 1928년 모스크바의 빅토르 미노르(Viktor Minor)라는 의사가 사람들이 다양한 곳에서 다양한 양으로 땀을 흘리는 이유를 밝히고자 했다. 그는 땀이 나오기 시작하는 것을 시각적으로 확인할 방법을 개발했다.[32] 우선 참가자 106명의 피부에 요오드, 피마자유, 알코올을 섞은 용액을 칠했다. 요오드의 색은 보라색 기운이 도는 갈색이기 때문에 이 용액이 피부 위에서 마르면 참가자들은 마치 스프레이 선탠을 뿌린 것처럼 보였다. 그리고 나서 미노르는 말라붙은 요오드 위로 녹말가루를 뿌렸다. 참가자들은 분을 발라놓은 것 같은 하얀색이 됐다. 참가자들이 땀을 흘리기 시작하자 말라붙은 요오드 용액이 소금기 있는 땀에 녹으면서 땀 색깔이 갈색 기운이 도는 보라색으로 변했다.

색깔을 띤 땀이 하얀색 녹말가루로 스며들면 땀이 나는 곳과 나지 않는 곳이 분명하게 드러났다. 그리고 미노르는 땀 흘리기의 진행 경과를 저속 촬영했다. 그가 촬영한 영상은 사람마다 땀이 나기 시작하는 장소가 다르다는 걸 보여주었다. 어떤 사람은 얼굴, 어떤 사람은 몸통, 어떤 사람은 다리나 엉덩이에서 먼저 땀이 났다. 그리고 마침내 몸 전체가 땀으로 흠뻑 젖었다.

미노르는 자신의 실험 기법에 대해 대단히 낙관적이었다. 이후 그가 〈독일 신경의학 저널(German Journal of Nerve Medicine)〉에 발표한 논문을 보면 아킬레스건이나 남성의 대머리 등[33] 온갖 부위에서 땀이 나기 시작하는 것을 검사할 수 있었다. 그는 이것이 엄청난 잠재력이 있다고 역설했다. 즉 땀 흘리기의 시각화 전략을 이용하면 온갖 신경장애와 심리장애를 진단하고 연구할 수 있으리라는 것이었다.

미노르의 기법은 일본으로도 전해졌는데, 일본 연구자들도 요오드 위에 녹말가루를 뿌리는 실험을 재현했다. 그중에서도 특히 나고야대학교의 쿠노 야스(久野寧)와 동료들은 개개의 땀샘에 모세관을 삽입해서 땀이 얼마나 빠른 속도로 빠져나오는지 정확하게 측정하는 방법을 알아냈다(내가 그 실험 대상이 아니었던 것을 정말 다행스럽게 생각한다. 이들은 손톱의 조주름, 팔뚝, 손바닥에 전극을 찔러 넣어 피부의 서로 다른 층에서 전기저항을 측정했다.[34] '찔러 넣었다'는 것은 내가 아니라 그 사람들이 사용한 표현이다).

또한 그들은 사람 몸에 있는 땀샘의 숫자를 세는 방법도 고안했다. 에크린땀샘의 평균 직경도 보고했는데 사람 머리카락 굵기인 70마이크로미터 정도다.[35] 이 수치를 비롯해 사람의 에크린땀샘 수가 200만~500만 개 사이라는 등[36] 현재 피부과학 교과서에서 찾아볼 수 있는 땀샘에 관한 여러 가지 사실들은 20세기 초에 활동했던 이들의 연구 그리고 쿠노가 땀에 관한 모든 내용을 집대성해서 1934년에 펴낸 《사람의 땀에 관한 생리학(The Physiology of Human Perspiration)》에서[37] 나온 것이다.

일본에서 쿠노가 땀샘에 관한 미시적인 사실을 밝히는 동안 에드워드 아돌프(Edward Adolph)라는 미국의 과학자는 시야를 넓혀 땀이 우리 몸 전체에서 어떻게 작용하는지 연구했다. 제2차 세계 대전에 미국이 참전한 것을 계기로 시작된 연구였다. 1941년 미국이 북아프리카에서 군사작전을 개시했을 때 고위층에서는 병사들이 사막에 배치되는 동안 필요한 물의 양이 얼마인지가 관심사였다. 특히 장거리 행군을 하는 동안에 필요한 물의 양을 알아야 했다. 이들은 로체스터대학교의 생리학자였던 아돌프를 고용해 보병들이 생명과 기능을 유지하려면 얼마나 많은 물을 공급해야 하는지 알아보게 했다.[38]

고위층 중에서도 낙관적인 사람들은 병사들이 강한 정신력을 발휘한다면 긴 사막 행군에서 굳이 물을 들고 다닐 필요가 없다고 생각했다. 목적지에 도착할 때까지 갈증을 참을 수 있다고 말이다. 물론 그러려면 도중에 병력 손실이 발생하지 않는다는 가정이 필요했다(분명 낙관주의자는 이런 부분까지는 생각해보지 않았을 것이다).

당시 미군에서는 이런 망상에 가까운 낙관주의가 판을 치고 있었다. 육군 고위층 다수가 약골들이나 사막에서 물이 필요하지, 진정한 병사라면 갈증 따위는 무시하고 임무를 성공적으로 수행할 수 있다고 생각했다. 아돌프는 《사막에서의 인간 생리학(Physiology of Man in the Desert)》에서 이렇게 적었다. "갈증을 가라앉히기 위해 씹기, 조약돌 물고 있기, 약물 복용 등 다양한 방법을 시도했다. 하지만 신경을 다른 데로 돌리는 것 말고는 별 효과가 없었다."[39]

갈증의 문제를 해결하기 위해 아돌프는 캘리포니아의 콜로라도 사막에서 병사들을 대상으로 가혹한 실험을 수행했다. 콜로라도 사막은 한낮 온도가 섭씨 43도를 가볍게 넘기는 뜨거운 바위 지형이었다. 오늘날의 인간연구 윤리심의위원회라면 아마도 이 실험을 허가하지 않았을 것이다.* 병사들은 두 집단으로 나뉘었다. 한 집단은 8시간 동안 32킬로미터를 행군하면서 물을 마실 수 있었고 다른 집단은 물을 마실 수 없었다.

이 연구를 통해 열사병의 초기 경고 신호들을 목록으로 정리할 수 있었다. 높아진 맥박수와 직장 온도, 혈액 점도 증가, 위장장애, 근육 운동의 어려움 등이다. 그리고 과학자들의 표현에 따르면 탈수된 사람들은 "정서적으로 불안정"해졌다고 한다.[40]

아돌프는 물 없이 섭씨 37도에서 13킬로미터를 행군한 한 병사에 대해 이렇게 적었다. "오직 멈춰서 쉬고 싶은 생각밖에 없었다."[41] 그리고 또 다른 병사에 대해서는 이렇게 적었다. "태도가 무뚝뚝해졌고 행군에서 뒤처지다 결국에는 낙오되었다."[42] 혹시 탈영을 생각한 병사가 있었다고 해도, 탈영하면 사막에서 추적을 당하며 혼자 더 먼 길을 걸어야 할 테니 더 나아질 게 없었다.

또한 아돌프는 최전선에 나가 있는 병사들에게 얼마나 많은 물을 공급해야 하는지도 조언했다. 탈수 속도와 수분 보충 속도는 개

● 사람을 실험 대상으로 하는 연구를 검토하고 감독하는 인간연구 윤리심의위원회는 비인간적인 터스키기 매독 실험(Tuskegee Syphilis Study)에 세간의 이목이 쏠린 이후인 1973년에서야 도입됐다.[43] 미국 보건교육복지부의 후원으로 이뤄진 이 연구는 1932~1972년에 앨라배마주에서 아프리카계 미국인 남성 400명을 대상으로 매독을 치료하지 않았을 때 미치는 영향을 조사했다. 연구 도중인 1950년에 페니실린이 나왔지만 이들에게는 페니실린 치료가 허용되지 않았다.

인별 생물학적 차이, 환경조건, 입고 있는 옷의 종류, 활동 수준에 따라 다르다. 요즘 미 육군에서는 이런 변수들을 최신식 컴퓨터 알고리즘에 입력해서 병사들에게 필요한 물의 양을 추정한다.[44] 하지만 1940년대에는 이것이 불가능했기 때문에 아돌프는 육군에게 평균적인 땀 분비량에 대한 개요를 제공했다. 이는 경험을 바탕으로 나온 수치임에도 여전히 자주 인용되고 있다.

"섭씨 37도의 기온에 햇빛 아래서 시간당 5.6킬로미터의 속도로 걷는 병사는 평균적으로 한 시간마다 수분 1리터 정도를 잃는다. 같은 조건 아래 같은 사람이 차를 운전하는 경우라면 수분 4분의 3 리터를 잃고, 그늘에 들어가 쉬는 경우라면 1컵의 땀만 잃는다."[45] 아돌프는 사막에서 행군하고 있는데 목이 마르다면 물을 아껴두기보다는 마셔서 갈증을 해소하는 것이 낫다고 판단했다. "물을 들고 다니는 것보다는 몸속에 넣고 다니는 편이 낫다."[46]

그의 연구는 우리 인간이 탈수에는 적응할 수 없지만 더위에는 적응할 수 있음을 입증했다. 추운 환경에서 더운 환경으로 자리를 옮기면 우리 몸은 혈장의 부피를 증가시켜 적응하기 시작한다. 땀으로 방출할 수 있게 체내에 액체를 더 많이 저장하는 것이다. 땀 분비량도 증가하기 시작해서 전보다 더 빠른 속도로 땀을 흘리게 된다. 수분 공급만 꾸준히 이뤄지면 문제가 없다.

더위 적응은 여성과 남성이 비슷하게 일어난다. 뉴멕시코대학교의 명예교수 수잰 슈나이더(Suzanne Schneider)는 당시 널리 퍼져 있던 '남자는 땀을 흘리지만 여자는 몸이 뜨거워지기만 한다'라는 주장이 틀렸음을 밝히려고 1970년대 초반에 박사학위 연구를 시작했다.[47] 평균적으로 보면 땀 흘리기에 큰 성차가 존재한다는 것을 뒷받침할 증거는 거의 없다.[48] 여성은 단위 영역당 땀샘의 수가 더 많은 경향이 있고 남성은 최대 땀 분비량이 더 많은 경향이 있지만, 이렇게 보고된 성차 중 다수는 체구와 유산소 능력, 운동 강도 등 다른 요소 때문에 생긴다고 할 수 있다.●

드론, 통조림 식품, 인터넷 등 다른 군사 연구와 마찬가지로 아돌프의 연구 결과도 시민사회에 커다란 영향을 미쳤다. 그의 연구 덕분에 극단적으로 뜨겁고 건조한 환경에서는 긴바지와 긴팔 티셔츠로 피부를 덮어야 한다는,[49] 아직도 널리 퍼져 있는 권장 사항이 등장하게 됐다(물론 중동 지역이나 다른 사막 지역에 사는 사람들은 몇천 년까지는 아니어도 몇 세기 전부터 이미 알고 있었던 내용이다).

이는 태양으로부터 피부를 보호하고 땀을 효율적으로 흘리는 방법이다. 덥고 건조한 사막에서는 대량으로 땀이 나지만 공기가 너무 건조하기 때문에 수분이 급속히 증발해버린다. 그러면 땀샘은 이를 보충하기 위해 더 많은 땀을 내보낸다. 하지만 긴 옷을 헐렁하게 입으면 피부 근처에서 살짝 더 습한 환경이 만들어지기 때문에 증발 속도가 느려진다. 땀 한 방울, 한 방울이 생존에 중요한 환경에서는 이것이 수분 보존에 도움이 된다.

● 물론 폐경기 체온 급상승 같은 현상이 남녀 모두에게 찾아오지는 않으며, 이는 흥미로운 연구 분야다. 하지만 체온 상승 이후에 뒤따르는 땀 흘리기는 체온 상승에 반응해서 나타나는 정상적인 생리적 반응이다.

아주 습한 환경에서는 반대로 거의 벌거벗는 것이 유리하다. 옷을 덜 입을수록 땀이 피부에서 증발해 몸을 식히기가 쉬워지기 때문이다. 최악의 환경에서는 습한 공기 속에 존재하는 수분이 땀의 증발을 막기 때문에 땀이 열을 흡수해서 피부에서 떨어져 나오지 못한다. 땀을 마음껏 흘릴 수 있지만 몸을 전혀 식혀주지 못하는 것이다. 이는 치명적인 결과를 초래할 수 있는 시나리오다. 한 세기 전 남아프리카공화국의 금광에서 일하던 광부들도 매일 이런 시나리오에 시달렸었다.

1886년 남아프리카공화국 요하네스버그 근처의 비트바테르스란트 분지에서 거대한 금광층이 발견됐다. 사실 요하네스버그는 나중에 일어난 골드러시 속에서 세워진 도시다. 이 금에서 발생하는 막대한 이윤과 금 채굴을 통제하기 위해 제정된 법이 남아프리카공화국에서 아파르트헤이트(apartheid, 과거 남아프리카공화국의 인종차별 정책-옮긴이) 정책을 실행하는 데 도움을 주었다. 주로 쥐꼬리만 한 급료를 받고 일하는 흑인 남성으로[50] 구성되어 있던 금광 광부들은 20세기의 가장 심각하고 위험한 고온다습 환경에 밤낮없이 노출됐다.

지표면에 노출된 금의 양은 일부에 불과했다. 금을 채취하려면 지하로 800미터까지 들어가야 했다.[51] 1960년대에 들어서는 지표면 아래로 거의 3.2킬로미터까지 내려갔다.[52] 광산은 덥고 극단적으로 습했다. 치명적인 수준이었다. 츠와나족의 한 광부는 이 일을 "무덤 속에서 일하는 것 같다"라고 표현했다.[53]

광산으로 내려가는 것 자체가 끔찍한 일이었다. 근무 교대 시간이 되면 대부분 광부가 100명 정도 탈 수 있는 엘리베이터에 들어갔다.[54] 이 엘리베이터는 '새장(The Cage)'이라고 불렸는데, 브레이크를 풀면 새장은 1킬로미터 정도를 전속력으로 하강했다.[55] 엘리베이터가 바닥에 가까워지면 운전사가 다시 브레이크를 건다. 광부들은 그날 일할 장소에 도착하기 위해 몇 번씩 그런 엘리베이터를 갈아타기도 했다.•

이 광산 깊숙한 곳에서는 폭약을 이용해서 금이 포함된 바위를 깨뜨린다. 폭약을 터트리면 귀를 찢는 소음과 함께 바위 조각들이 튀어나오는데 이때 온도가 섭씨 50도를 넘어갈 수 있다. 게다가 이 바위에는 금만 들어 있는 것이 아니다. 바위에 들어 있는 이산화규소가 폭발 과정에서 먼지를 만들어내는데, 이 먼지가 폐에 대단히 해롭다.[56] 먼지의 위험을 줄이기 위해 광부들은 호스를 이용해 물로 씻어낸다. 이 물이 먼지를 적셔서 날리지 않게 하고, 기온도 섭씨 50도에서 35도로 낮춰준다. 하지만 이 물은 광산의 습도도 치솟게 만든다. 지하 몇 킬로미터의 고온다습하고 폐쇄된 공간에 격렬한 육체노동까지, 광부들은 체온을 제대로 식힐 수 없었다.

1940년대에 줄루족 시인 베네딕트 월릿 빌라카지(Benedict Wallet Vilakazi)는 금광 광부들이 처해 있는 여러 가지 위험에 관한 저항시

• 근래에 남아프리카공화국의 금광에서 일어난 엘리베이터 사고를 보면 사망자가 1995년에는 105명, 2009년에는 9명이었다.[57]

를 썼다. 〈금광 속에서(Ezinkomponi)〉라는 시에서 그는 이렇게 적었다. "땅을 파고 들어간 우리를 땅이 집어삼킬 것이다. … 내 주변의 모든 사람이 매일 쓰러지고, 무너지고, 죽는 모습을 본다."[58]

20세기 중반에는 광부들의 안전이 전 세계적으로 부실했지만 남아프리카공화국의 아파르트헤이트 아래에 있는 흑인 광부들에게는 특히 더 부실했다. 이들은 폭발에서 튀어나오는 바위들, 무너지는 터널, 호흡기 질환 등 생명을 위협하는 여러 가지 위험에 매일같이 직면해야 했다.

근래에 들어 남아프리카공화국의 금 채굴 산업은 치명적인 폐질환에 걸린 50만 명의 광부들로부터 집단 소송을 당하게 되었다.[59] 열사병은 이 광부들이 직면한 수많은 건강상 위험 중 하나에 불과했다. 그러나 여전히 열사병은 생명을 위협하는 치명적인 위험이다. 20세기를 거치는 동안 수백 명의 비트바테르스란트 금광 광부들이 열사병으로 사망했다.[60]

금 채굴 산업에 뛰어든 기업가들은 막대한 이윤이 나는 광산을 문 닫고 싶지 않았다. 그래서 1920년대 후반부터는 의학 연구자들을 고용하거나 연구비를 지원해서[61] 일부 광부에게서 치명적인 체온 상승이 더 크게 나타나는 이유를 밝히고, 이를 바탕으로 새로 들어온 광부들이 이런 위험을 피할 수 있는 열적응 전략의 개발에 나섰다(열적응[heat acclimation]과 열순응[heat acclimatization]은 다르다. 열순응은 더운 환경에서 시간을 보내다 보면 자연적으로 일어나는 반면, 열적응은 동일한 목표에 더 빨리 도달하기 위해 의도적으로 접근하는 방식을 말한다).

이 연구는 광부들이 열사병으로 죽지 않도록 도움을 주기도 했지만 근본적인 목적은 금을 얻기 위한 것이었다. 그리고 이로써 흑인들을 계속 착취하려는 경제적 목적도 있었다. 열사병으로 인한 사망은 완전히 사라지지는 않았지만 줄어들었다.[62] 이 연구는 광산 업체의 생산성과 이윤 창출을 지속시키는 역할을 했다. 금광 광부들로부터 시작된 활동이 궁극적으로는 아파르트헤이트 체계를 무너뜨리는 데 일조했다는 점은 시사하는 바가 크다.

지금은 극단적으로 고온다습한 금광에서의 생존이 치열한 수치 싸움임을 알게 되었다. 이런 환경에서는 땀이 나도 대부분 증발하지 못하지만 그래도 일부는 증발한다. 뜨겁고 습한 몸에서 아주 소량의 땀이 증발하는 것에 불과하지만 이것이 생사를 가를 수도 있다. 몸집이 큰 사람은 이런 환경에서 생존 가능성이 더 커지는 경우가 많다. 몸이 크면 피부도 넓다. 따라서 땀샘도 그만큼 많고 냉각에 도움이 되는 표면적도 더 넓다. 실제로 몸집이 큰 사람은 심부신체 부피(core volume) 대비 피부 표면적의 비율이 더 높다. 이것이 내부의 열을 외부로 방출하는 데 장점으로 작용한다.

더 일찍, 더 많은 양의 땀을 흘리도록 광부들의 신체를 단련하는 다양한 적응 프로토콜이 개발됐다. 처음에 개발된 프로토콜은 광부들이 광산에서 점진적으로 고온다습한 장소로 자리를 옮기며 일을 하도록 자리를 배정하는 것이었다. 1960년대 중반의 열적응 프로토콜을 보면[63] 새로 들어온 광부들을 8일에 걸쳐 하루에 4시간씩 고온다습한 텐트에 들여보내 미리 정해진 운동을 시키고, 주기적으로 직장 온도를 측정해서[64] 열사병 증상을 보이는 사람이 있는지 확인한다. 여러 사람의 증언에 따르면 이런 프로토콜을 싫어하는 사람이 많았다고 한다.[65] 1980년대에는 일부 광산에서 노동자들에게 드라이아이스가 들어 있는 조끼를 착용시키는 등[66] 다양한 시도가 이루어졌다.

반세기가 지난 지금은 운동선수들이 더운 환경에서 치러지는 대회에 대비하기 위해 비트바테르스란트 광부들이 했던 프로토콜과 구조가 비슷하지만[67] 강도는 덜한 열적응 훈련을 진행한다. 선수들은 바이털 사인을 모니터링해서 표로 작성하면서 여러 날에 걸쳐 덥고 습한 환경에서 운동을 진행하면서 적응 과정을 거친다. 이 프로토콜은 선수의 운동 종목, 선수의 개별 생물학, 대회 장소 등의 기준에 따라 맞춤형으로 정해진다. 그렇게 선수가 겪는 고통은 최소화하면서 최대한 효율적으로 적응할 수 있도록 돕는다.

요즘 프로토콜에서는 운동선수가 더운 환경에서 격렬하게 운동하는 시간을 한 번에 60~90분 정도로 진행할 것을 제안한다.[68] 금광의 광부들이 240분 정도 연속으로 노동했던 것에 비하면 훨씬 짧은 시간이다.*

● 우리 사회는 윤리적 감시가 결여된 상태에서 인종, 장애, 성별, 사회경제적으로 차별당하던 사람을 대상으로 수행된 초기 과학 연구의 수혜를 지금까지도 입고 있다. 이런 점은 해부학, 감염성 질환, 심리학[69] 등의 분야뿐 아니라 땀 연구 분야도 마찬가지다. 1927년 E. S. 순드스트룀(E. S. Sundström)은 이렇게 말했다. "열대 환경의 열생리학(thermal physiology) 기초는 유럽 국가들이 식민지 정책을 개시하면서 시작되었다.[70] 그리고 열대 지역에서의 백인 정착지 수립 가능성을[71] 파악하는 연구를 통해 계속 이어졌다."

지구가 점점 온난화되고 있기 때문에 우리 몸을 극단적으로 더운 환경에 적응시키는 것이 점점 중요한 일로 자리 잡을지도 모를 일이다. 땀 과학자 쿠노 야스는 1956년에 마치 앞이라도 내다본 듯 이렇게 말했다. "땀을 흘리는 것은 무더운 날씨에서도 인간이 편안하게 살 수 있도록 만들어준다. 이는 열대 지역에서 인간이 존재할 수 있게 해주는 유일한 과정이다."[72] 기후변화가 지구 곳곳을 사람이 살 수 없는 장소로 만들기 전에는 모르겠지만 그 후라면 우리도 한 생물 종으로서 땀의 고마움을 알게 될 날이 올 것이다. 그때는 땀을 지금보다 더 넓은 아량으로 받아들여야 할 것이다.

땀이 감사한 존재인 것은 사실이지만 가끔은 제발 나오지 말라고 간절히 원하는 순간에 수문이 열리기도 한다. 땀은 좌절감이 느껴질 정도로 우리 의식의 통제에서 벗어나 있다. 눈물, 트림, 방귀, 소변, 대변 같은 생리 현상은 때가 아니다 싶을 때는 잠시 참을 수 있다. 하지만 땀은 그렇지 않다. 심부체온이 상승하면 그 정보는 무의식적으로 뇌의 시상하부(hypothalamus)로 전달된다. 시상하부는 피부의 땀샘을 활성화하라는 결정을 내리는 곳이다. 아무리 의지가 강한 사람이라 해도 땀이 나는 것을 막을 수는 없다.

땀샘은 몸이 뜨거울 때만 열리지 않는다. 불안한 순간에는 더운 기미조차 없는 상황에서도 멋대로 열릴 수 있다. 이것은 아드레날린(adrenaline)과 그 자매 격인 노르아드레날린(noradrenaline)이란 호르몬 덕분이다. 그리고 에크린땀샘과 아포크린땀샘의 수문을 모두 열 수 있다. 이 호르몬은 우리가 성적으로 흥분했을 때나 감정적으로 격해졌을 때, 아니면 그냥 스트레스를 받을 때도 혈액으로 분비된다.

우리가 진화하던 과거에는 포식자가 두려움의 주된 대상이었을 가능성이 있다. 스트레스를 받을 때 아포크린땀샘에서 나는 냄새 고약한 땀은 어쩌면 다른 사람들에게 어서 달아나라고 경고 신호를 보내기 위해 진화했는지도 모른다. 또 체온을 조절하는 에크린땀샘에서 스트레스로 땀이 나는 것도 예지력을 발휘하기 위해 진화했는지도 모른다. 우리 몸이 곧 전력으로 달려야 할 상황이 찾아올 것을 예상하고 체온 냉각 시스템을 미리 활성화하는 것이다.

오늘날에도 우리의 몸은 체온의 과도한 상승을 예상하고 미리 땀 흘리기를 활성화한다. 엘리트 운동선수들은 일반인보다 땀을 더 일찍, 더 대량으로 흘린다(열적응이 되어 있지 않은 상황에서도 그렇다). 이들의 신체는 격렬한 운동이 장시간 이어졌을 때 심부체온이 상승할 것을 예상하고 이를 보상하는 법을 훈련했기 때문이다. 규칙적으로 사우나를 즐기는 사람도 마찬가지다. 더운 공간에서 오랜 시간을 보내면 더워질 기미만 보여도 땀구멍이 열린다.

하지만 땀에는 분명 수수께끼가 존재한다. 어떤 사람은 그냥 남들보다 땀을 더 많이 흘리는 것처럼 보인다. 이런 차이는 유전의 변덕일까? 아니면 어떤 사람은 온도에 대한 감수성 혹은 땀샘의 수나 땀샘의 분비 속도가 오르도록 DNA가 살짝 바뀌어 있는 건 아닐까? 그도 아니라면 사람이 나고 자란 지역의 기후가 땀 흘리기 특성을 바꿔놓은 걸까?

앤드루 베스트(Andrew Best)에 따르면 선천성과 후천성을 뒷받침하는 근거가 모두 존재한다. 베스트는 매사추세츠대학교 애머스트 캠퍼스에서 제이슨 카밀라(Jason Kamilar)와 함께 이 문제를 연구하고 있다. 이들은 전 세계 사람들의 땀샘 밀도를 측정해서 환경이 아동기에 기능하는 땀샘의 수, 성인기에 기능하는 땀샘의 수에 영향을 미치는지를 살핀다. 땀샘을 훈련해 더 강하게 활성화하는 것은 분명 가능하다. 이것이 바로 적응이다. 하지만 사람마다 기저선(baseline)이 다르다. 베스트와 카밀라는 이 기저선의 근원에 무엇이 자리 잡고 있는지 이해하고자 한다.

오랫동안 열대지방에서 살아온 사람들은 땀 한 방울도 비치지 않는데 한대기후나 온대기후에서 자랐다가 성인이 되어 열대지방으로 온 사람은 땀에 흠뻑 젖는 경우가 많다. 하지만 무더운 날씨에 땀 한 방울 흘리지 않고 뽀송뽀송해 보이는 사람일지라도 분명 땀을 흘리고 있다. 다만 아주 효율적으로 땀을 흘리고 있을 뿐이다. 이들의 땀 분비량은 증발을 통해 최적의 냉각 효과를 볼 수 있을 정도로 충분히, 하지만 땀이 줄줄 흐를 정도로 많지는 않게 정확한 양으로 흐르도록 조절된다.

사실 땀이 줄줄 흘러내리기 시작하는 순간부터 몸은 비효율적으로 작동하기 시작한다. 그 과정에서 잃는 소중한 체액은 과잉 반응에 해당한다. 하지만 이는 몸이 마치 파우스트와 같은 거래를 하고 있는 것인지도 모른다. 과도하게 땀을 흘리면 장기적으로는 탈수의 위험이 있지만 단기적으로는 몸 표면에 충분한 땀이 묻어 있으므로 체온이 위험할 정도로 올라가도 증발을 통해 신속하게 식힐수 있기 때문이다. 베스트는 이렇게 말한다. "다음 순간에 살아남으려면 우선 지금 순간에 살아남아야 합니다. 이 경우 체온 과열이 1순위 문제고, 탈수는 그다음 문제죠."

우리는 땀에 관해 모르는 것이 정말 많지만 그래도 한 가지는 확실히 알고 있다. 아주 극소수의 예외를 제외하면 모든 사람이 아주 적은 양이라도 땀을 항상 흘리고 있다는 것이다.

우리 몸에서는 수증기가 항상 피어오르고 있다. 열심히 운동하고 있거나, 초조한 마음으로 짝사랑과 대화를 나누고 있을 때가 아니어도 땀은 나오고 있다. 대부분 땀이 극단적으로 많이 난 후에야 땀이 나는 것을 느끼지만 사실 땀은 거의 알아차리기 힘든 수준으로 계속 흘러나오고 있다. 몸이 내부 온도조절장치에 맞춰 조금씩 변화하는 과정에서 온종일 땀이 증발한다. 땀이 진짜로 나지 않는 사람은 극히 드물다. 이런 사람들은 유전적으로 특이체질이어서 땀샘이 희박하거나 아예 없다. 이런 사람들은 어떻게든 자기 몸에 물을 뿌릴 방법을 찾아내지 않으면 더운 곳에서 살아남을 수 없다.

알아차릴 수 없는 느린 속도로 땀이 흘러나오는 현상을 과학자들은 '불감발한'이라고 부른다. 사방에 땀을 묻히며 다니는데도 땀이 나고 있음을 감지하지 못한다는 뜻이다. 만지는 곳마다 지문이 남는 이유도 불감발한 때문이다. 흔히 하는 행동은 아니지만 맨살 위로 쓰레기봉투를 뒤집어쓰고 있으면 봉지 안에 물방울이 맺히면서 피부에 기분 나쁘게 들러붙는 것을 느낄 수 있다. 이는 불감발한 현상으로 흘러나온 땀이 쓰레기봉투 속에서 증발하다 물방울이 된 것이다.

대부분 경우 몸에서 불감발한이 일어나는 모습을 보기는 불가능하다. 하지만 해부학자였던 야코부스 베니그누스 윈슬뢰(Jacobus Benignus Winsløw)가 18세기에 제안했던 실험을 통해서는 관찰할 수 있다. "햇볕이 좋은 여름 한낮에 대머리를 하얀 벽에 대고 그림자를 보면 머리 위로 증기가 피어오르는 그림자를 볼 수 있다."[73]

이런 식으로 땀의 증발을 상상해보면 뭔가 기분 좋게 시적인 구석이 있다. 하지만 갑자기 의문이 하나 떠오른다. 만약 증발하는 땀이 갈 곳이 없다면 어떻게 될까? 쓰레기봉투를 뒤집어쓰고 있다면 피부가 축축해졌을 때 비닐을 찢어버리면 그만이지만 완전히 밀봉된 상태라면? 그리고 밀봉된 상태에서도 생존할 수 있다면?

이는 1966년 6월 6일 우주비행사 진 서넌(Gene Cernan)이 제미니 9A호 미션에 따라 미국의 두 번째 우주유영에 나섰을 때 마주한 딜레마였다. 서넌의 목표는 우주선이 지구 궤도를 돌고 있는 동안 등 뒤에 맨 추진 장치를 시험 가동하는 것이었다. 당시 나사(NASA)

의 공학자들은 우주복을 입고 돌아다니는 것이 육체적으로 얼마나 힘든 일인지 모르고 있었다. 이번이 나사의 불과 두 번째 우주유영이었기 때문이다. 우주선 밖에서 추진 장치를 등에 매는 것만으로도 서넌은 진이 다 빠지고 말았다. 그의 제미니 우주복은 엄청나게 뻣뻣해서 조금만 움직여도 힘이 들었다. 미소중력 상태에서는 신체 활동 자체가 애초에 힘든 것이었다.

서넌은 훗날 회고록에 이렇게 적었다. "맙소사, 정말 피곤했다. 심장이 분당 155번 정도로 뛰고 있었고 땀도 돼지처럼 흘리고 있었다. 피클이 골칫거리였다. 실질적인 임무는 아직 시작도 안 했는데 말이다."[74] (훗날 서넌이 말한 '피클이 골칫거리였다'라는 말이 무엇을 의미하는지를 두고 의견이 분분했다. 어떤 사람은 그가 곤경에 빠졌다는 의미라고 하고, 어떤 사람은 우주복 안에 들어 있는 장치라고 했다. 또 어떤 사람은 그의 성기를 가리킨 말이라고 했다.[75] 안타깝게도 서넌은 이제 세상에 없어서 무슨 뜻으로 한 말인지 물어볼 수가 없다.)

아무튼 서넌이 우주유영을 하면서 흘린 5.8킬로그램의 땀은[76] 밀폐된 우주복 안에서 갈 데가 없었다. 증발한 땀이 헬멧에 서려 그는 앞을 볼 수 없었다. 당시는 나사에서 우주유영에 2인조 시스템을 도입하지 않은 상태였기 때문에 그는 앞도 보이지 않고 기진맥진한 상태에서 우주에 혼자 덩그러니 떠 있었다. 그리고 2시간 7분에 걸쳐 천천히 우주선 내부로 들어오는 데 성공했다. 다행히 살아남았지만 정말 간발의 차이였다. 서넌은 이렇게 적었다. "평생 그렇게 지쳤던 적이 없다."[77]

그 후 나사는 우주복을 개량했다. 내의에 배관을 부착해서 피부 근처에 시원하거나 따듯한 물을 흘려 우주인의 체온을 쾌적한 온도로 유지하고, 헬멧 내부에는 김 서림 방지 코팅을 해서 땀 때문에 생기는 문제를 해결했다.

이 사건으로 인류는 마침내 땀의 한계를 발견했다. 이 생리학적인 체온 냉각 시스템은 인간이 지구 위에서 마주치는 다양한 환경에서 살아남을 수 있도록 도와주었지만 지구 240킬로미터 상공에서 우주복을 입고 있을 때는 심각한 골칫거리였다.

CHAPTER
2
땀은 생존을 위한 인류의 선택

더운 날씨에 체온을 식힐 때 왜 하필 땀을 흘리는 역겨운 방식으로 해야 하는지 의문이 드는가? 그러면 대안으로는 무엇이 있을지 생각해보자. 몸에서 발생하는 열을 증발시켜 배출하는 방법으로 땀 말고 다른 체액을 사용하는 동물도 많다. 이 동물들은 설사, 구토, 타액, 소변 등으로 체온을 식힌다.

수컷 오스트레일리아물개(South Australian fur seal, 학명은 *Arctocephalus forsteri*다)를 예로 들어보자. 이 수컷 오스트레일리아물개는 자신이 차지한 영역이 암컷의 마음에 들기를 바라면서 햇빛 아래 바위 위에서 빈둥거린다. 영역은 짝을 찾을 때 대단히 중요한 요소다. 이들은 해변 바위라는 영역에 관한 소유욕이 대단히 강하다. 자존심이 있는 수컷 물개라면 바위를 다른 수컷과 절대 공유하려 들지 않는다. 하지만 오스트레일리아의 태양은 뜨겁기 그지없고, 바위에는 보통 그늘이 없기 때문에 바닷물에 몸을 식히려고 바위를 잠시 떠나기라도 하면 영역을 지키는 문제, 즉 짝짓기 문제에 위험이 따를 수 있다.

1973년 생물학자 로저 젠트리(Roger Gentry)는 바위를 버리고 바닷물에 몸을 식히러 가는 수컷의 짝짓기 빈도를 측정했다.[1] 그 결과 뜨거운 날에 물에 몸을 담그기 위해 바위를 버리고 떠나는 수컷은 자리를 지키는 수컷에 비해 짝짓기 빈도가 절반으로 떨어졌다. 그리고 여기서 오줌이 등장한다. "기온이 높을 때 뭍에서 바위를 지키는 수컷 물개는 지느러미발 네 개로 서서 바위에 오줌을 싼다. 그러면 배와 뒤쪽 지느러미발의 털이 젖는다. 수컷은 옆으로 누워서 젖은 뒤쪽 지느러미발을 공중으로 뻗는다."[2]

사람의 팔에서 땀이 증발하며 과열된 몸을 식히는 것과 똑같은 방법으로, 소변도 지느러미발에서 증발하면서 과열된 물개의 몸을 식혀준다. 오줌으로 체열을 식히는 이 냉각 전략을 가리켜 '오줌땀 (urohidrosis)'이라고 한다. 'uro'는 오줌을, 'hidrosis'는 땀을 의미한다.

원칙적으로는 어떤 체액이든 체표면에서 증발시키면 원치 않는 체열을 배출할 수 있다. 하지만 그래도 오줌보다는 땀이 낫지 않을까? 모르긴 해도 구토보다는 분명 낫다. 구토는 꿀벌이 선호하는 방법이다. 지글지글 끓는 여름 한낮에 꽃밭에서 꿀을 모으는 꿀벌은 체온이 쉽게 과열된다. 상대적으로 육중한 몸을 공중에 띄우기 위해 작은 날개를 열심히 젓다 보면 많은 열이 발생할 수밖에 없다. 이런 걸 보면 진화의 신이 꿀벌을 만들 때는 한눈을 팔았던 게 아닐까 의심스러워진다.

꿀벌은 체온이 과열되는 것을 막기 위해 "위 속에 들어 있는 내용물을 입으로 게워내서 앞발로 그 내용물을 몸 구석구석에 펴 바른다."[3] 생물학자 베른트 하인리히(Bernd Heinrich)가 《우리가 달리는 이유(Why We Run)》라는 재미있는 책에 적은 말이다. 하지만 꼬마 꿀벌의 수난은 여기서 끝이 아니다.

더 정확히 말하면 과열된 꿀벌이 벌집에 돌아오면서 동료들의 수난이 시작된다. 꿀벌은 사회적 동물이고 꿀은 소중한 자원이다. 꿀을 함부로 낭비해서는 안 된다. 하인리히의 말에 따르면 토사물을 뒤집어쓴 꿀벌이 벌집으로 돌아오면 다른 꿀벌들은 "수분이 증발하고 남은 고형의 토사 잔여물을 핥아 먹는다."[4] 우리는 이 곤충으로부터 자원의 효율적인 활용에 대한 교훈을 얻을 수 있다.

황새나 콘도르도 특이한 전략을 자랑한다. 메인대학교의 진화생리학자 대니엘 레베스크(Danielle Levesque)의 설명에 따르면 이 새들은 몸을 식히기 위해 "자기 다리에 똥을 눈 후 다리로 혈류 순환을 늘린다." 새의 다리를 따라 흐르는 피가 대변의 증발로 냉각되고, 이로써 체온이 전체적으로 몇 도 정도 떨어진다. 하인리히는 이렇게 말했다. "태양이 뜨거운 날에 울타리 위에 앉아 일부러 자신의 다리에 대변을 보고 있는 터키콘도르(Turkey Vulture)는 대단히 합리적인 행동을 하고 있는 것이다."[5]

땀뿐 아니라 구토나 소변, 대변 등을 통한 수분 증발은 뜨거운 날씨에 몸을 식히는 최고의 전략이다.[6] 때로는 이것이 다른 생물학적 측면과 함께 작동하기도 한다. 신기한 소동정맥그물 (rete mirabile)이 그런 경우다. '기적의 그물'을 뜻하는 라틴어 'rete mirabile'는 동물의 심부체온이 올라가면 그에 반응해서 정맥그물이 피부 가까이 솟아오르는 것을 말한다. 그러면 순환하는 혈액이 체표면에 더 가까이 흐르게 된다. 소동정맥그물은 뜨거운 몸속을 흐르던 혈액을 공기 또는 콘도르의 맨다리같이 체액의 증발로 식혀진 피부 영역과 접촉해 냉각시킨다.

동물들은 몸을 식혀줄 체액을 지방, 깃털, 모피 등으로 단열이 최소화된 부위와 여위어서 정맥이 드러난 부위에 뿌린다. 이런 식으로 여윈 신체 부위를 과학자들은 '협소형(dolichomorphic)'이라고 부른다(dolicho는 '좁은', '여윈'이란 의미이고 morphic은 '모양'을 의미한다). 기린은 전형적인 협소형 동물이다.[7] 기린은 목과 다리가 몸 대부분을 차지한다. 이런 형태는 뜨거운 사바나의 햇살 속에서 몸을 식히기에 최적화되어 있다.

기린처럼 날씬하지 않은 동물이라면 몸에서 가장 협소형인 신체 부위에서 집중적으로 냉각 효과를 노려야 한다. 콘도르의 경우에는 다리가 여기에 해당한다. 물개가 지느러미발에 오줌을 싸는 이유도 짤막한 발이 단열도 제일 덜 되어 있고 몸에서 제일 협소한 부위이며 정맥이 풍부하게 분포하기 때문이다. 물개의 지느러미발을 통과하는 혈액은 오줌의 증발을 통해 식은 후 뜨거운 체내로 들어가 전체 체온을 낮춰준다.

협소형 신체를 지닌 동물은 상대적으로 키가 크고 자세가 수직에 더 가깝고 날씬하다. 이런 형태는 뜨거운 정오에 몸에 닿는 직사광선을 줄여 냉각 효과를 볼 수 있다. 그래서 기린이나 두 발로 서는 인간은 건장한 야생 멧돼지 같은 동물보다 직사광선 노출이 적다(멧돼지는 야행성 생활을 함으로써 강렬한 직사광선을 피한다. 인간처럼 낮에 활동하는 주행성 동물 일부는 피부의 색깔을 바꿔 한낮 태양에서 나오는 뜨거운 열기를 피한다. 예를 들면 일부 파충류는 뜨거운 한낮의 열기가 식을 때까지는 피부색을 바꿔 햇빛을 반사시킨다.[8] 그러다 뜨거운 시간이 지나면 햇빛을 더 잘 흡수하는 어두운색으로 되돌아온다).

어떤 동물이든 몸에서 가장 여윈 부위가 체온 조절과 관련되어 있다고 생각하면 거의 틀림없다. 코끼리의 경우는 귀가 그렇다. 코끼리의 크고 얇은 귀에는 정맥이 광범위하게 망을 이루고 있다. 체온이 올라가면 뇌가 귀의 혈액순환을 증가시킨다. 그러면 귀의 얇은 피부로 들어간 혈액이 충분히 식혀진 후 뜨거운 심부신체로 돌아갈 수 있다. 열화상 카메라로 확인하면 코끼리의 몸에서는 뜨겁게 열이 나고 있는데 귀는 그렇지 않은 것을 볼 수 있다.[9] 귀에서 냉각된 혈액이 코끼리 심부신체의 온도를 낮추고 있는 것이다.

박쥐는 한낮에 쉬는 동안에는 에너지를 아끼기 위해 무기력 상태(torpor state)에 들어간다.[10] 이런 생리적 상태는 신체 냉각에도 도움을 준다. 무기력 상태는 낮잠과 달리 가장 기본적인 기능만을 남기는 존재 방식이다. 과학자들이 '대사(metabolism)'라고 부르는 신체 기능이 정상 수준의 불과 10퍼센트 정도로 떨어진다. 가장 필수적인 과정만 남기고 모두 멈추는 것이다. 산다는 것은 곧 열이 나는 비즈니스임을 명심하자. 아무 일도 하지 않고 하루를 보내려고 해도 몸속 세포에서는 수십억 번의 미세한 화학작용이 일어난다. 먹을 것을 찾아다니거나, 포식자를 피해 달아나거나, 사냥하고 있지 않아도 이런 화학반응 때문에 많은 열이 발생한다.

하지만 박쥐는 무기력 상태에 들어감으로써 몸속 용광로의 불을 줄여 대기 모드가 된다. 그러면 내부의 열 생산이 줄어들고 가사 상태로 존재할 수 있다. 이는 포유류가 영상의 온도에서 동면에 들어갈 수 있다는 사실을 보여준다. 우주과학자들은 화성이나 그 너머로 장기 우주여행을 할 때 인간도 그와 같은 무기력 상태에 들어갈 수 있는지 연구하고 있다.[11]

하지만 대부분 동물은 더위를 견딜 때 복잡한 전략을 실행하기에 앞서 상황이나 행동에 변화를 주는 간단한 방법부터 시작한다. 사람도 마찬가지다. 더워지면 우리는 스웨터를 벗거나 부채질하거나 에어컨을 켠다. 동물들은 더 시원한 곳으로 자리를 옮긴다. 돼지들은 체온을 낮게 유지하기 위해 진흙 속에서 뒹군다.[12] 따라서 땀을 많이 흘리는 것을 두고 '돼지처럼 땀을 흘린다(sweat like a pig)'라고 말하는 것은 잘못된 표현이다.

그 외에 몸을 식히는 전략으로 동물들은 그늘이나 동굴에 숨고, 몸집이 작은 경우에는 땅속 구멍에 들어가기도 한다. 혹은 바람이 잘 드는 곳을 찾아 지나가는 바람에 체열을 흘려보내기도 한다. 다람쥐나 도마뱀이 더운 날에 차가운 바위 위에 다리를 펼치고 찰싹 달라붙어 있는 모습을 본 적이 있을 것이다. 다리를 펼침으로써 이들은 몸을 협소형으로 만들고 차가운 표면과의 접촉을 최대로 늘린다. 코알라는 체온이 과열되면 아끼는 먹이 공급원인 유칼립투스 나무를 떠나 와틀 트리(wattle tree)를 껴안는다.[13] 와틀 트리의 몸통은 주변 공기보다 섭씨 9도 정도까지도 차가울 수 있다. 코알라가 나무에 등을 기대어 앉지 않고 나무를 껴안는 이유는 배가 등보다 털도 적고 단열도 덜 되어 있기 때문이다.

이런 행동 변화를 통한 체온 냉각 전략도 수분 증발 전략에 비하면 효과가 무색해진다. 사실 기온이 정상 체온보다 높아지면 생명을 위협할 정도의 과열을 피할 방법은 증발을 통한 냉각밖에 없다. 하지만 증발은 계속 지속될 수 있느냐의 문제가 있다. 줄어든 만큼 수분을 보충하기 위해서는 식수가 계속 공급되어야 하는데 건조한 기후에서는 물이 항상 넉넉하지 않다. 그리고 인간처럼 땀샘이 정교하게 진화된 경우가 아니면 몸을 적시는 과정에서 잃는 체액의 양을 조절하기가 어렵다.

구토처럼 폭발적인 배출 전략을 사용하면 몸을 흠뻑 적실 수 있다(냉각이라는 측면에서는 좋다). 하지만 이는 동물이 더 많은 수분을 섭취해서 체액을 보충할 수 있을 때만 의미 있는 전략이며, 그렇지 않으면 탈수의 위험이 있다. 그리고 나중에 토할 체액을 남기겠다고 이번에는 조금만 구토하는 식으로 양을 조절하기도 쉽지 않다. 소변의 경우 배설하는 양과 배설하는 위치를 조절하기가 조금 더 쉽지만, 증발에 사용되지 못하고 낭비되는 소변 방울이 항상 생기기 마련이다.

그러면 타액은 어떨까? 땀 흘리기와 마찬가지로 자신의 체표면을 핥아 침을 묻히는 것도 체액을 과도하게 낭비하지 않으면서 조화롭고 효율적인 방식으로 몸을 적실 수 있는 훌륭한 방법이다. 캥거루는 먼저 앞발을 핥아서 식힌다.[14] 캥거루의 앞발은 정맥이 대단히 발달해 있고 몸에서 가장 여윈 부위이므로 이것을 집중적으로 핥는 건 대단히 합리적인 전략이다. 타액이 증발하면서 그 주변을 지나가는 혈액의 온도를 효과적으로 낮춰주기 때문이다.

또한 캥거루는 다른 방식으로도 타액을 체온 냉각에 사용하는데, 바로 헐떡거리는 것이다. 사실 털이 있는 짐승 중 상당수는 헐떡거림을 이용해 체온을 낮춘다. 털이 증발 냉각의 장애물로 작용할 때가 많기 때문이다. 겨드랑이 털에 땀이 차거나 머리카락이 땀으로 젖어본 사람은 털이 물기를 어떻게 가두는지 알 것이다. 마침내 그 물기가 증발한다고 해도 증발은 털끝에서 먼저 일어난다. 냉각 효과가 있으려면 혈액이 들어 있는 피부 정맥 근처에서 증발이 일어나야 하는데 털끝은 거리가 멀다.

털로 단열을 꾀하는 동물의 경우 증발 냉각 작용이 일어나기에 적합한 부위는 콧구멍, 혀, 목구멍이다. 개를 생각해보자. 개는 헐떡거릴 때 입을 최대한 크게 벌리고 침에 젖은 혀를 밖으로 내밀어 최대한 넓게 공기에 노출한다. 하지만 혀가 아무리 크고 축축하다 한들, 땀으로 젖은 사람의 전신 피부에 비하면 증발 냉각 효과를 기대하기에는 여전히 좁은 면적이다. 그래서 헐떡거리는 동물들은 혀가 면적이 넓지 않은 것을 보완하기 위해 젖은 혀 위로 많은 양의 공기를 반복적으로 흘려보냄으로써 혀에서 수분이 신속하게 증발할 수 있도록 한다.

헐떡이는 방식은 한 번 헐떡일 때마다 젖은 표면에서 증발한 수증기를 날려 보내기 때문에 매 순간 냉각 과정이 전체적으로 새롭게 시작될 수 있다. 예를 들어 당신이 땀으로 흠뻑 젖었는데 누군가가 당신 바로 앞에서 대형 선풍기를 틀어놓았다고 생각해보라. 증발한 수분이 신속하게 바람에 날려 흩어지기 때문에 피부에서 증발이 더 많이 일어날 수 있는 여지가 생겨 체온이 더 빨리 식는다.

아니면 이런 식으로 생각할 수도 있다. 열대우림처럼 외부 습도가 높은 환경에서는 피부 위쪽 공기가 이미 수분으로 포화되어 땀이 증발하기가 쉽지 않다. 그래서 증발 냉각 효과를 보기가 어렵다. 역으로 사막처럼 건조한 환경에서는 수분이 곧바로 증발해서 사라지기 때문에 증발이 일어나고 있다는 사실조차 느끼지 못한다. 숨을 헐떡이면 날숨을 통해서는 열대우림 같은 높은 습도가 날아가고, 들숨을 통해서는 사막같이 건조한 공기가 들어오기 때문에 축축한 혀에서 증발하는 수증기를 새로 담을 여지가 생긴다.

양을 포함해 일부 유제류(ungulata, 소나 말처럼 발굽이 있는 동물-옮긴이)는 헐떡임을 위해 따로 마련된 구조물이 있다. 대단히 복잡하게 설계된 비개골(turbinatl)이라는 뼈 구조물인데, 자동차의 라디에이터처럼 내부가 층층으로 되어 있다. 층과 층 사이에는 바람이 지나는 좁은 통로가 존재하는데, 비개골은 콧속에 있기 때문에 층층의 구조물 표면은 젖어 있다. 따라서 양이 헐떡거릴 때 대량의 공기가 비개골 내부의 젖은 표면 위를 앞뒤로 왔다 갔다 하고, 이 좁은 공간 안에서 대량의 냉각 효과가 일어난다. 공기가 건조한 상태로 비개골로 들어왔다가 나갈 때는 습한 상태로 나가기 때문이다.

헐떡거리기의 단점은 동물이 뭔가를 능동적으로 해야 한다는 점이다. 사실상 거칠게 숨을 반복해서 쉬는 것이기 때문에 수동적인 땀 흘리기 행위와 달리 그 자체로 열이 발생한다(하지만 헐떡거리기는 전해질을 보존할 수 있다는 장점이 있다. 소금물이 아니라 물만 잃기 때문이다). 헐떡거리기의 또 다른 위험은 적절하게 조절되지 않으면 폐 속의 이산화탄소 농도가 망가질 수 있다는 점이다.

이는 직관과 조금 어긋나는 부분이다. 심하게 헐떡거리면 이산화탄소가 너무 많이 빠져나올 위험이 있다. 폐 속에는 약간의 이산화탄소가 들어 있어야 하는데, 뇌가 이산화탄소의 농도를 신호 삼아 호흡 지속 여부를 판단하기 때문이다. 그래서 폐에서 너무 많은 이산화탄소가 빠져나오면 뇌는 산소가 과도하게 들어오는 것을 걱정해서 폐에 호흡을 멈추라고 명령한다. 그러면 호흡 회로가 망가지면서 동물은 기절한다(인간이 과호흡을 할 때도 이런 일이 일어날 수 있다. 다행히도 호흡을 멈추고 나면 폐에서 이산화탄소 농도가 다시 올라가고, 만일 최고의 시나리오대로 진행된다면 결국 호흡을 다시 시작할 수 있는 농도에 도달한다).

헐떡거리는 동물은 이산화탄소 문제를 해결하기 위해 호흡 방식을 특별한 종류의 얕은 호흡으로 바꾼다. 이렇게 하면 숨을 내쉴 때마다 이산화탄소가 완전히 빠져나가지 않기 때문에 계속해서 축축한 구강과 비강의 점막 위로 대량의 공기 흐름을 유지해 증발 냉각 효과를 볼 수 있다.

새들도 헐떡거리는 경우가 많다. 때로는 목과 호흡계의 축축한 안쪽 면을 이용해서 증발 냉각을 하기도 한다. 펠리컨, 왜가리, 가마우지 같은 새들은 물고기를 운반할 때나 짝짓기에서 상대방을 유혹할 때 사용하는 주머니가 부리 아래에 달려 있는데, 이 주머니를 이용해서 목을 펄럭이기도 한다.[15] 이것은 헐떡거리기와 비슷한 냉각 방식이다. 목 펄럭이기는 대놓고 헐떡거리는 것보다 내부에서 발생하는 열이 적다. 그리고 수분도 보존할 수 있고 폐의 이산화탄소 농도도 망치지 않는다.

쏙독새, 타조, 로드러너(roadrunner, 미국에 사는 뻐꾸기과의 새-옮긴이) 같은 새들은 얼마나 더운지와 상관없이 고정된 빈도로 헐떡거린다. 반면 어떤 새들은 체온의 상승에 따라 헐떡거리기나 목 펄럭이기의 빈도를 늘린다. 다부지게 생긴 올빼미로 종종 오해받는 오스트레일리아의 개구리입쏙독새(tawny frogmouth)는 섭씨 42.5도에서 분당 100번이나 헐떡거릴 수 있다.[16] 체온이 크게 오른 암탉은 분당 400회까지 헐떡거릴 수 있다.

하지만 더위를 견디는 기술을 정말로 뽐낼 만한 새가 있다면 그건 바로 비둘기다. 거의 지구 전역에 서식하는 비둘기의 추위 견디기 능력은 꽤 인상적인 편이다. 하지만 사막에 사는 비둘기의 더위 버티기 능력은 아예 다른 새들이 넘볼 수도 없는 경지다. 한 조류학자는 지구에 궁극의 기후변화가 찾아왔을 때 살아남을 새는 비둘기밖에 없을 거라고도 했다.

더위를 정말 잘 견디는 사막 비둘기는 알을 품을 때 다른 가금류와 달리 따뜻한 체온으로 품는 게 아니라 체온을 식혀서 품어야 한다. 비둘기는 직사광선이 내리쬐는 노출된 장소에 둥지 틀기를 좋아하기 때문이다. 사막은 섭씨 49도까지 오르기도 하는데 알은 섭씨 40도부터 익기 시작한다. 사막 비둘기는 자기 새끼가 완숙되는 일 없이 알 속에서 안전하게 자랄 수 있도록 자신의 몸과 품고 있는 알을 계속해서 식혀주어야 한다.[17]

1983년에 비둘기의 알 식히기 능력을 조사한 연구 하나가 발표됐다.[18] 애리조나 주립대학교의 생물학자 글렌 월스버그(Glenn Walsberg)와 캐서린 보스로버츠(Katherine Voss-Roberts)는 비둘기의 둥지 틀기 습관을 연구하기 위해 한여름에 소노란사막을 찾았다. 한여름에 이곳은 섭씨 49도까지 기온이 오른다.[19] 이들은 하루 중 제일 뜨거운 시간에 둥지를 틀고 있는 비둘기에게 몰래 다가가 비둘기와 알의 온도를 측정했다. 그리고 새에게서 측정한 온도를 주변 기온과 비교해봤다.

● 오후에 체온을 측정하기 전에 우리 중 한 명은 새벽에 둥지 바로 밑에 가져다 놓은 사다리 밑에서 최소 30분 정도 앉아 있었다. 이 위

치에 있으면 알을 품고 있는 부모 비둘기가 우리를 볼 수 없을 것이고, 작업 과정에서 처음에 불안을 느꼈더라도 곧 진정할 것이다. 30분 후 사다리를 타고 조심스럽게 올라가 알을 품고 있는 비둘기에게 손에 닿을 거리까지 다가간다. 알을 품은 비둘기는 보통 뜨거운 오후 동안에는 둥지를 잘 떠나지 않는다. (…) 솔직히 이것은 조잡할 뿐 아니라 고생스러운 방법이다. 22번의 시도에서 1분 이내로 체온을 측정할 수 있었던 경우는 9번에 불과했다.[20]

바꿔 말하면 이들은 30분 동안 이글거리는 열기 속에서 꼼짝하지 않고 있다가 사다리를 타고 올라가 비둘기를 잡아 배설강(새의 배설강은 똥을 싸고 짝짓기를 하는 용도로 모두 사용된다)으로 체온계를 찔러 넣어 체온을 재야 했다는 말이다(우리 모두 이 생물학자들처럼 각자의 일에 헌신적이라면 얼마나 좋을까!).

과학자들이 발견한 바에 따르면 비둘기는 자신의 체온을(따라서 그 알도) 주변 기온보다 섭씨 5도나 낮게 유지하고 있었다. 이후 뉴멕시코대학교의 생태학자 블레어 울프(Blair Wolf)는 비둘기가 자기 몸과 알의 온도를 주변 기온보다 무려 섭씨 14도나 낮게 유지할 수 있다는 사실을 알아냈다.[21] 정말 믿기 어려운 능력이다. 특히 비둘기가 하루 중 가장 더운 8시간 동안 둥지를 전혀 떠나지 않는다는 것을 고려하면 더욱 그렇다(페미니즘과 관련해 재미있는 사실 한 가지를 말하면, 이렇게 알을 식히면서 종일 둥지에 머무는 것은 수컷 비둘기다).

사실상 미니 에어컨이라 할 수 있는 이 사막 비둘기들은 다양한 방법을 동원해서 체온을 식힌다. 이들은 헐떡거리기도 하지만 대부분 새로서는 불가능한 일을 할 수 있다. 이들은 말 그대로 피부를 통해 물을 배출한다. 비둘기는 땀샘이 없는 대신 피부 세포 사이로 물이 새기 때문에 안에 들어 있던 물이 스며 나와 증발해 사라지면서 냉각 효과를 누린다.

다양한 동물 집단에서 땀샘이 없음에도 이런 식으로 피부에서 물을 배출하는 경우를 볼 수 있다. 사막매미(*Diceroprocta apache*)도 여기에 해당한다. 이 곤충은 식물의 줄기에서 즙을 빨아 먹은 후 그 안에 들어 있는 액체를 배와 가슴에 있는 구멍으로 뿜어내 몸을 식힌다.[22] 그래서 이 매미는 포식자들이 그늘에 숨어 있어야 하는 뜨거운 한낮에도 밖에서 돌아다닐 수 있다. 또한 캥거루와 여러 종의 개구리를[23] 비롯해 다양한 동물들이 정교한 땀샘이 없음에도 피부에서 사이질액이라는 액체를 흘린다. 이 동물들의 몸은 피부에서 물이 좀 새어 나오게 하면 생명을 위협하는 열사병으로부터 자신을 구할 수 있음을 깨달은 것이다.

몸을 식히는 짭짤한 땀을 만들어내는 에크린땀샘은 모든 포유류에서 발견된다. 하지만 많은 동물이 에크린땀을 몸을 식히는 용도가 아니라 잘 움켜잡기 위한 용도로 사용한다. 대부분 포유류는 발바닥이나 손바닥에만 에크린땀샘이 있다. 스트레스를 받는 순간 에크린땀샘에서 나오는 짭짤한 액체가 마찰력을 제공하기 때문에 뭔가를 잡고 기어오르거나 점프 후 착지하기가 쉽다.

이 땀은 보통 포식자로부터 도망가야 하거나 먹잇감을 잡아야 하는 등 동물이 스트레스를 받는 상황에서만 분비된다. 그러니 스트레스를 받는 순간 손이 땀으로 흥건해지는 사람은 자신에게 남아 있는 옛 흔적을 탓해야 한다. 이제 인간은 위험을 피하기 위해 나무를 기어오를 필요가 없다. 하지만, 여전히 불안한 순간에 손바닥이 땀으로 젖는 것을 보면 오래된 습관은 좀처럼 사라지지 않는다는 말이 실감이 난다.

영장류의 진화 과정 중 어느 한 시점에서 에크린땀샘은 발바닥과 손바닥을 넘어 우리 선조의 몸통, 얼굴, 팔다리에도 나타나기 시작했다. 하지만 모든 영장류가 그런 것은 아니었다. 개코원숭이, 마카크원숭이(macaque), 고릴라, 침팬지는 전신에 에크린땀샘이 있다. 하지만 여우원숭이, 마모셋(marmoset), 타마린(tamarin)은 에크린땀샘이 없다. 우리 선조에게서 땀샘과 관련된 특징이 갈라져 나온 것은 아마도 3,500만 년 전쯤이었을 것이다. 하지만 이 시기를 함부로 장담할 수는 없다.

제이슨 카밀라 교수는 "땀샘은 화석을 남기지 않는다"고 말했다. 따라서 인간의 진화에 관한 화석 표본을 보며 "자, 여기 땀샘이 있다!"라고 말할 수는 없는 노릇이다. 그래서 연구자들은 어느 영장류가 전신에 땀샘을 갖고 있고(구세계원숭이. 과학자들은 '협비원류[狹鼻猿類, catarrhine]'라고 부른다) 어느 영장류가 그렇지 않은지(신세계원숭이.

'광비원류[廣鼻猿類, platyrrhine]'라고 부른다) 확인해서 땀 흘리기의 생물학적 지위가 격상된 진화적 분기점을 추정해냈다.

그래도 사람 이외의 영장류들이 적극적으로 땀을 흘리는 것은 아니다. 우리의 사촌 격 영장류 중에는 어느 정도 땀을 신체 냉각 전략으로 사용하는 경우가 있지만 대부분은 몸에 털이 많기 때문에 다른 전략에 의존한다. 우리와 유전체를 거의 99퍼센트 공유하는 가장 가까운 영장류인 침팬지의 경우 헐떡거리기에 크게 의존한다. 아마도 피부에 털이 많기 때문에 증발로 신체를 냉각시키는 게 별로 효과가 없어서일 것이다.

인간의 본질적 특성 중 하나는 땀이 많은 벌거숭이 유인원이라는 것이다. '벌거숭이'라고 해서 실제로 털이 없는 건 아니다. 땀샘의 진화를 연구하는 야나 캄베로프 교수의 설명에 따르면 우리의 체모는 대부분 피부에서 아주 가는 털로 진화했다고 한다. "우리는 벌거숭이로 보이지만 실제로는 그렇지 않아요. 우리와 유인원의 털주머니(follicle, 모낭) 밀도는 동일합니다." 하지만 우리 선조들은 굵은 털을 눈에 거의 보이지 않는 작은 체모로 바꿔 전신에 분포하는 땀샘을 잘 활용할 수 있게 됐다.

사람의 피부는 영장류 사촌들보다 털만 덜 무성한 것이 아니라 에크린땀샘도 훨씬 많다. 캄베로프는 이렇게 말한다. "사람은 침팬지보다 몸집이 살짝 큰 정도지만 에크린땀샘의 밀도는 10배나 높습니다."[24] 약 600만 년 전 인간이 침팬지와 갈라져 나온 이후로 진화의 어느 한 시점에서 털을 잃고 땀샘을 얻기 시작했다는 건 분명하다. 어느 쪽이 먼저였는지는 닭이 먼저냐, 달걀이 먼저냐 같은 질문이다. 털도 땀샘처럼 화석을 남기지 않기는 마찬가지다. 그래서 캄베로프는 우리 유전체에서 이 질문에 대한 답을 찾기 시작했다.[25]

우리가 엄마 뱃속에서 태아로 발달하는 동안에는 임신 초기에 손과 발에서 첫 땀샘이 형성되기 시작한다. 중간에 해당하는 임신 20주 정도가 되면 땀샘이 전신에서 발달한다. 하지만 피부의 줄기세포는 변덕이 심해서 가능한 종착지가 많다. 치아가 될 수도 있고 젖샘, 모낭, 에크린땀샘이 될 수도 있다. 캄베로프와 동료들은 이 전구세포(precursor cell)를 에크린땀샘이라는 종착지로 유도하는 생물학적 신호가 털의 형성도 방해한다는 증거를 찾고 있다.

이번에도 역시 진화는 아주 뛰어난 술수와 효율성을 보여준다. 에크린땀샘은 주변에 무성한 털이 별로 없어야 체온 조절용으로 쓸모가 커진다. 어쩌면 진화는 우리의 체모를 가늘게 만들면서 동시에 땀샘의 생산을 늘렸는지도 모르겠다. 캄베로프의 연구가 암시하는 바에 따르면 닭이 먼저냐, 달걀이 먼저냐 같은 수수께끼는 무의미해 보인다. 대신 진화는 하나를 사면 덤으로 하나를 더 주는 방식으로 진행되었다.

캄베로프의 예비 연구에 따르면 네안데르탈인과 데니소바인 (Denisovan, 시베리아 알타이산맥에 있는 데니소바 동굴에서 처음 발견된 고대 인류-옮긴이) 역시 침팬지보다 땀이 더 많았던 것으로 보인다. 우리 선조들이 땀 흘리는 능력을 키우며 함께 뛰어놀았을 모습을 상상하니 기분이 흐뭇해진다.

사람이나 다른 영장류만 땀을 흘리는 것은 아니다. 말도 땀을 흘려 몸을 식힌다.[26] 하지만 말이 이런 용도로 사용하는 땀은 짭짤한 에크린땀이 아니다. 말은 아포크린땀의 증발에 의존한다. 아포크린땀샘은 화학적 소통, 냄새, 성선택(sexual selection)과 관련이 더 많은 땀샘이다.

말과 사람의 공통점이 하나 더 있다. 사람과 마찬가지로 말도 아드레날린이라는 스트레스 호르몬 때문에 불안해지면 땀을 흘릴 수 있다. 경마장에서 베테랑 경마꾼들은 출발선에 서 있는 말 중에 이미 땀으로 축축하게 젖은 녀석이 있는지 살펴본다. 이들이 보기에 말이 출발선에서부터 땀을 많이 흘리고 있는 것은 안 좋은 조짐이다.[27] 말이 너무 긴장하고 있거나 화가 난 상태라서 경주 성적이 신통하지 않을 수 있기 때문이다(과학자들은 67번의 경기에 나선 말 867마리의 행동과 겉모습을 분석한 결과 경주 시작 전에 땀을 흘리는 것만으로는 성적을 예측할 수 없었다. 하지만 다른 변수들과 함께 고려하면 패자를 가려내는 데 효과가 있었다[28]).

도박 관련 미신에 관한 과학적 분석은 차치하더라도, 말은 경주 전이라 아직 몸이 덥혀지지 않아도 경험을 통해 앞으로 무슨 일이 기다리고 있는지 알고 있다. 그러면 출발 신호가 나오기 전이어도 호르몬이 분비되어 땀의 수문을 열 수 있다.

소, 낙타 그리고 일부 영양 종류도 아포크린땀샘에서 땀을 흘린다. 초기 체온 조절 연구자인 덩컨 미첼(Duncan Mitchell)은 기억해야 할 것이 있다고 말한다. 땀 흘리기가 전적으로 인간만의 특성은 아니지만 "우리는 땀을 훨씬 많이 흘리고, 훨씬 잘 흘린다"라는 것이다. 그에 따르면 사람이 다른 포유류들보다 땀을 통한 체온 냉각 효과가 뛰어난 것은 땀을 대량으로 흘리기 때문이다.

소를 생각해보자.[29] 소는 땀을 최대로 흘릴 때도 10제곱피트(약 0.9제곱미터-옮긴이)의 피부에서 1분에 티스푼 절반 정도의 땀을 생산한다. 반면 땀이 많은 사람은 같은 피부 면적에서 1분에 6티스푼 이상의 땀을 흘린다.[30] 소보다 12배 정도 많은 양이다. 땀이 많으면 증발도 많이 일어나고 냉각 효과도 그만큼 커진다.

미첼은 이렇게 말한다. "사람을 제외하고 사실상 모든 대형 동물에서 나타나는 또 다른 특성은 어떻게 해서든 물을 아끼려 한다는 점입니다. (더운 기후에서는 물이 아주 소중한 자원인 경우가 많아서) 동물들은 가능하면 체온 냉각에 물을 사용하지 않으려 합니다. 어째서 인간이 땀을 물 쓰듯 쓰는 존재가 되었는지는 명확한 답이 나와 있지 않은 흥미로운 질문입니다."

땀에 대한 기록을 살펴보면 두 종의 괴짜 동물이 등장한다. 낙타와 하마다. 하마는 땀과 관련해 기이한 특성을 지녔다고 자주 언급된다. 이 거대한 초식동물이 자외선차단제 역할을 하는 불그스름한 분홍색 땀을 만들어낸다는 것이다.[31] 슬프게도 이는 일부만 진실이다. 이 동물이 자외선차단제뿐만 아니라 피부 보습 크림과 항생제 연고 역할을 하는 붉은 분비물을 만들어내는 것은 사실이다. 하지만 사실 이것은 땀이 아니며 햇빛 아래서 체온을 낮추는 데 도움을 주지도 않는다. 하마는 체온을 식힐 때는 물속에 들어간다. 그래서 굳이 자기 몸의 수분을 잃지 않고도 체온을 낮출 수 있다.

낙타는 가장 강인하고 회복력이 강한 동물 중 하나다. 낙타도 아포크린땀샘에서 땀을 흘린다(사람의 겨드랑이에 냄새를 남기는 그 땀샘이다). 하지만 낙타의 해부학은 더위 생존 전략으로 가득한 보고다. 예를 들어 낙타의 혹에 들어 있는 지방은 내부의 장기를 식혀주는 파라솔 역할을 한다.[32] 그래도 뜨거운 한낮의 사막에서는 낙타의 심부체온이 무려 섭씨 5.6도나 올라갈 수 있다.[33] 내부에 쌓인 이 열은 사막의 기온이 급격히 떨어지는 밤에 방출된다. 아무리 짧은 시간이라도 사람의 몸이 섭씨 42.7도로 펄펄 끓는 모습을 보고 싶지는 않다.

낮이건 밤이건 낙타에게도 시원하게 유지해야 할 신체 기관이 하나 있는데 바로 뇌다. 낮 동안 낙타는 심부체온이 계속 올라갈 때 코가 뇌의 에어컨 역할을 담당한다. 낙타의 습한 비강 점막에서 증발하는 물이 근처에서 흐르는 피를 식히면 이 식은 피가 뇌로 올라가 뇌도 식힌다.[34] 10~20년 전 과학자들은 낙타의 얼굴에 있는 특수한 정맥에 대해 보고했다. 이 정맥은 '온도에 민감하게 반응하는 괄약근' 역할을 해서 열 스트레스 상황에서 시원한 코의 혈액을

뇌로 돌리는 역할을 한다.[35]

인상적이기는 하지만 나는 냉각 전략이라는 문제에서만큼은 낙타나 다른 동물들이 조금도 부럽지 않다. 한 바가지 흘러나오는 땀이 가끔 짜증 날 때는 있지만 굳이 다른 액체를 만들어 피부에 끼얹을 필요가 없다는 사실에 큰 위안을 얻는다.

우리에게 땀 흘리는 재주가 없었다면 전 세계 곳곳의 지하철은 훨씬 불쾌한 장소가 됐을 것이다. 수백 명의 사람이 물도 마시기 힘든 무더운 공간에 갇혀 있는 모습을 상상해보라. 운 좋게 까먹지 않고 물병을 가져온 사람은 열 스트레스로 죽지 않도록 몸에 물이라도 뿌릴 수 있겠지만 나머지 사람들은 토하고, 오줌을 누고, 똥을 싸고, 자기 몸을 핥으면서 열의 균형을 맞춰야 했을 것이다. 하지만 우리는 그러지 않고도 그저 비 맞은 쥐처럼 흠뻑 젖은 상태로 자리에 앉아 있기만 하면 된다. 땀이 없었을 경우를 생각하면 땀 흘리는 능력은 차라리 축복이라 할 수 있다.

CHAPTER
3
땀은 알고 있다

뉴저지주 교외에 있는 센서리 스펙트럼(Sensory Spectrum)이라는 회사는 식품 산업과 화장품 산업 분야에서 향기와 풍미, 기타 감각을 분석하는 일을 한다. 이곳에서 나는 앙리세 레티보(Annlyse Retiveau)라는 귀여운 프랑스 여성을 만났다. 완벽하게 정리된 스카프와 우아하고 능숙한 동작을 자랑하는 그녀는 코로 가볍게 향수의 향기를 들이마신 후 프로다운 모습으로 평가를 내놓는다. 하지만 오늘 그녀가 평가할 대상은 향수가 아니다. 오늘 그녀는 내 겨드랑이 냄새를 맡을 것이다.

복도를 따라가면서 보니 회사 직원들이 새로운 계열의 로스트 커피 출시를 계획하고 있는 음료 회사에서 나온 60종의 커피들을 평가하고 있었다. 레티보의 상사는 또 다른 고객이 선별해둔 위스키의 향기 어휘 목록을 작업 중이었다. 가죽향(leather), 바닐라향

(vanilla), 이끼향(mossy), 연기향(smoky) 같은 단어들이다. 이 위스키의 맛을 평가하는 사람들은 이런 어휘를 이용해서 맥아음료를 분류하고 평가할 것이다. 이에 비하면 체취제거제를 평가하는 방식을 보여주기 위해 이곳을 방문한 기자들의 겨드랑이 냄새를 맡아보는 것은 꽤 불쾌한 업무 같아 보였다. 내가 이런 이야기를 하자 레티보는 어깨를 으쓱하며 말했다.

"저는 코를 기구로 사용하도록 훈련받았어요. 제가 평가하는 대상이 남들이 유쾌하게 생각하는 것인지, 불쾌하게 생각하는 것인지는 별로 중요하지 않아요."

그녀가 말했다. 냄새 전문가들 사이에서는 불쾌한 냄새에 대해 불평하는 것이 전문가답지 못한 행동으로 평가받는다. 이 세계에서는 복잡한 향기를 지나치게 단순한 방법으로 복제하는 것을 더 비난한다. 예를 들면 껌에 사용하는 가짜 계피향이나 극장 팝콘을 튀길 때 싸구려 기름에 첨가하는 가짜 버터향 같은 것들이다. 진짜 계피와 버터의 맛과 향기 속에는 수백 가지 분자가 관여한다. 공장에서 만드는 가짜 향기는 그중 한두 가지만 들어 있다. 향기 분석가의 입장에서는 이런 것들이 염가판매점의 장미 향수와 진짜 장미 향기의 차이처럼 불쾌하게 느껴진다.

레티보가 업무상 맡는 악취는 겨드랑이 냄새만이 아니다. 그녀와 같은 감각 분석가(sensory analyst)는 새로운 기저귀 재료가 똥 냄새를 제대로 가려주는지, 새로 개발된 쓰레기봉투가 부패한 음식의 악취를 차단해주는지 평가하는 일에 투입되기도 한다. 어쨌거나 아무리 좋은 냄새라고 해도 종일 맡고 있자면 부담스러운 것이 사실이다. 레티보는 지금 향기 강한 60종의 커피를 평가하고 있는 동료들은 아마 쉬는 시간에 커피에 손도 대지 않을 거라고 말했다.

알고 보니 겨드랑이 냄새 맡기는 상대적으로 쉬운 일이었다. 대부분의 체취제거제 회사에서는 감각 분석가가 새로운 제품이 체취를 차단해주는지, 자기네 회사의 체취제거제가 경쟁 회사의 제품과 성능을 견줄 만한지 평가해주기를 바란다. 요구 사항은 단순하다. 10점 만점을 기준으로 할 때 냄새가 얼마나 강한가? 겨드랑이에서 어떤 냄새가 나는지 설명하거나 분석해달라는 사람은 없다. 레티보는 내게 이렇게 말했다.

"우리는 체취를 분석할 필요가 없어요. 그냥 액와에서 나오는 냄새의 전체적인 강도에 초점을 맞춥니다."

레티보는 절대 '겨드랑이(armpit)'라는 단어를 사용하지 않는다. 대신 의학 용어인 '액와(axilla)'를 고수한다. 내 귀에는 그 단어가 마치 무기를 이야기하는 것 같았다("그의 액와에서 나오는 악취가 적을 둘로 쪼개버렸다!"). 하지만 axilla라는 단어의 기원은 평화롭기 그지 없다. 옥스퍼드 영어사전에 따르면 axilla는 날개를 의미하는 라틴어의 지소사(指小辭, pig[돼지]를 piglet[새끼 돼지], kitchen[부엌]을 kitchenette[작은 부엌]라고 표현하는 것처럼 원래의 단어를 작고 귀엽게 표현할 때 사용하는 단어−옮긴이)다. 그래서 레티보가 그 단어를 사용할 때마다 나는 작은 날개 밑 겨드랑이에서 나오는 체취를 상상하기 시작했다.

대부분 사람에게서 나는 체취는 겨드랑이에 있는 아포크린땀샘에서 기원한다(그와 다른 에크린땀샘은 운동하거나 너무 더울 때 소금기 있는 체액을 분비한다). 사춘기로 접어들 때부터 아포크린땀샘은 겨드랑이로 왁스 성분과 기름기가 있는 분자를 흘려보내기 시작한다. 이 왁스 성분의 분자는 극소량만 분비되고 그 자체로는 냄새가 없지만 겨드랑이에 서식하는 수백만 마리의 세균, 그중에서도 코리네박테리움(Corynebacterium)[1]에게는 사탕처럼 달콤한 먹이가 된다. 이 작은 미생물들이 기름진 아포크린 분자를 먹어 대사 작용을 하면 화학 노폐물이 만들어진다. 우리 몸에서 악취가 나게 만드는 것은 이 노폐물, 즉 세균이 싼 똥인 것이다.

대부분의 체취제거제에는 세균을 죽이는 방부제가 들어 있다.[2] 체취제거제는 세균이 땀으로 잔치를 벌이기 전에 세균을 박멸하는 방식으로 작동한다. 그리고 체취제거제는 예비로 향기도 담고 있다.[3] 이 향기는 방부제의 효과가 다해서 미생물 개체군이 회복되었을 때 만들어질 악취로부터 주변 사람들의 후각적 관심을 다른 데로 돌리기 위해 첨가한다. 제품에 냄새 분자를 파괴하는 화학물질이 들어가기도 한다. 체취제거제 회사에서는 자기네 제품이 지정된 시간만큼 냄새를 차단해주는지 확인하기 위해 레티보 같은 감각 분석가에게 제품 평가를 맡긴다.

겨드랑이는 과학적 방법론을 중요하게 여기는 사람들에게 이상적인 테스트 대상이다. 사람에게는 모두 겨드랑이가 두 개씩 있기 때문에 한쪽 겨드랑이로는 제품을 테스트하고, 나머지 겨드랑이는 대조군으로 사용할 수 있다. 이는 입 냄새 테스트와 비교되는 부분이다. 입은 하나밖에 없기 때문에 분석가는 사람이 구강세정제를 사용하기 전에 입 냄새가 얼마나 독했었는지 기억하기가 힘들다. 반면 겨드랑이는 감각 분석가가 한쪽 겨드랑이 냄새를 맡아본 후 잠시 코에서 냄새가 가시기를 기다린 다음, 반대쪽 겨드랑이 냄새를 맡아서 비교하면 된다.⁴

한편 우리 인간은 너무 단순해 보이는 과제를 처리할 때도 도구를 만드는 성향이 있다. 등긁이나 전기 포크를 생각해보라. 겨드랑이 냄새를 맡는 전문가들이라고 예외는 아니다. 레티보는 내게 '냄새 맡는 컵(sniffing cup)'을 보여주었다. 공공장소의 냉수기 옆에 흔히 비치된 하얀색 원뿔 모양의 종이컵이었다. 다만 뾰족한 끝부분을 잘라내서 엘리자베스 여왕 시대에 작은 강아지에게 달아주던 종이 고깔 모양의 칼라처럼 보인다. 레티보는 그 좁은 끝부분을 코 앞에 갖다 댔다. 마치 콧구멍 앞에 작은 확성기를 갖다 댄 것처럼 보였다. 하지만 이 고깔 모양 장치는 소리를 증폭하는 게 아니라 그녀가 코로 숨을 들이쉴 때 겨드랑이 냄새 분자가 콧구멍으로 잘 들어올 수 있게 도와준다.

나는 한 손을 머리 위로 들어 올려 겨드랑이를 노출했다. "코와 액와 사이의 거리를 10~15센티미터 정도로 유지해야 해요." 그녀가 종이 고깔 확성기를 갖다 댄 채 내게로 몸을 숙였다. 그리고 갑자기 예상치 못했던 스타카토 리듬으로 세 번 냄새를 들이마셨다. 너무 우습다는 생각이 들어서 터져 나오려는 웃음을 참아야 했다. 나는 숨을 참고 크림색 벽을 쳐다봤다. 실은 겨드랑이 냄새를 맡는 전문가가 존재한다는 생각에 너무 들뜬 나머지, 아무리 전문가라고 해도 다른 사람에게 내 겨드랑이 냄새를 맡게 하는 게 정말 민망한 일이라는 사실은 생각하지 못하고 있었다. 그래서 레티보가 냄새 맡는 과정을 설명할 때부터 등에서 땀이 나기 시작하는 것을 느꼈다.

그녀는 냄새 맡기 사이클을 돌 때마다 세 번에서 다섯 번 정도 얕게 '토끼식 냄새 맡기(bunny sniff)'로 시작한다고 했다. 토끼식 냄새 맡기는 실제로 사용하는 전문 용어다. 이런 식으로 냄새를 맡으면 냄새의 강도를 초기에 어느 정도 평가할 수 있고, 평가자가 그 안에 존재하는 모든 냄새를 구분하는 데도 도움을 준다. 어떤 평가자는 토끼식 냄새 맡기 순서에 길게 들이마시는 과정을 추가해서 냄새를 더욱 총체적으로 경험한다.

"하지만 저는 그냥 토끼식 냄새 맡기를 선호해요. 냄새가 정말 강할 때 길게 냄새를 맡으면 냄새 과민(odor irritation)이 빨리 찾아올 수 있거든요. 토끼식 냄새 맡기는 코의 피로를 줄이는 데 도움이 되죠."

레티보가 말했다. 덧붙여 실험 대상이 되는 겨드랑이에 대해 일관성을 유지하기만 하면 평가자는 자기 코의 감도에 따라 냄새 맡기 순서를 조금씩 바꿀 수 있다고 했다. 그녀는 임상적인 겨드랑이 냄새 맡기가 마구잡이식으로 진행되는 것이 아님을 분명하게 했다. 그녀는 전 세계 겨드랑이 냄새 맡기 전문가들을 위해 개발된 과학적 프로토콜을 따른다. 이 프로토콜은 〈액와 체취제거의 감각적 평가를 위한 표준지침(Standard Guide for Sensory Evaluation of Axillary Deodorancy)〉에 설명되어 있다.[5] 여기에는 대부분 냄새 맡기 컵을 이용해 체취를 평가하고, 어느 쪽 겨드랑이를 먼저 냄새 맡아 볼 것인가와 관련해서도 엄격한 절차가 정해져 있다.

이 테스트에 참여하는 사람들은 직장에 나가지 않고 집에서 아이를 키우는 부모, 프리랜서, 대학생, 은퇴자 등 유연하게 일정을 조정할 수 있고 돈을 벌고 싶은 사람들이다. 이들은 엄격한 선발 과정을 거쳐 냄새 맡기 테스트에 적합한 겨드랑이로 뽑힌다. 왼쪽과 오른쪽의 겨드랑이 냄새 강도가 20퍼센트 이상 차이 나거나, 겨드랑이에서 냄새가 너무 심하거나 부족한 경우는 탈락한다. 평가 자들은 겨드랑이 냄새 강도를 10점 만점을 기준으로 평가하도록 교육받으며 3~7점 사이인 참가자가 환영받는다. 나는 배심원 선발 과정이 떠올랐다. 배심원도 극단주의적 성향이 없이 균형 잡힌 시각을 갖고 있어야 뽑힐 수 있다.

내가 레티보에게 평가 과정 자체가 정말 비현실적이라고 말했더니 그녀가 방긋 웃어 보였다. "이 연구에는 동일한 사람이 정기적으로 참가하는 경우가 많아요. 이 연구가 일종의 사교 모임이 되는 거죠. 좀 민망한 사교 모임이 되겠지만요."

자신의 겨드랑이를 과학에 팔러 오는 사람들은 꽤 까다로운 생활 방식을 지켜야 한다. 테스트 7일 전부터는 체취제거제, 땀억제 제, 항생제 크림 그리고 다른 화장품을 겨드랑이에 사용할 수 없다. 수영도, 테니스도, 조깅도 금지다. 겨드랑이 털을 밀어서도 안 된다. 로션이나 헤어스프레이를 비롯해 향수 성분이 들어간 용품은 몸 어디에도 사용할 수 없다. 테스트에 참여할 때는 미리 빨아놓은 의복만 착용할 수 있다.[6] 그리고 겨드랑이를 씻을 수도 없다. 프로토콜에는 이렇게 나와 있다. "테스트 부위의 액와를 씻을 때는 감독하에 정해진 세척 절차를 따라야 한다. 집에서 목욕하거나 샤워할 때 액와가 젖지 않도록 주의를 기울여야 한다."[7]

레티보의 말에 따르면 체취제거제를 바르는 일도 숙련된 전문가가 진행한다고 한다. 예를 들어 에어로졸 체취제거제를 테스트할 때 전문가는 겨드랑이에서 정확히 30센티미터 떨어진 거리에서 스프레이를 분사하는데, 각각의 겨드랑이에 미리 정해진 양만 분사한다. 정확한 양이 사용되었는지 판단하기 위해 스프레이를 뿌리는 사이사이에 스프레이 용기의 무게를 측정하기도 한다.

이런 기준으로 보면 나는 그리 훌륭한 참가자가 아니었다. 그날 아침 나는 기존에 사용하는 체취제거제 제품을 썼을 뿐 아니라 샤워도 하고, 겨드랑이도 씻고, 페이스 크림도 발랐다. 조금 전에는 입 냄새 제거용 박하사탕도 빨아 먹었다. 그리고 센서리 스펙트럼에 도착했을 때는 접수 데스크에 가서 화장실을 쓸 수 있겠느냐고 물어보고 예방용으로 체취제거제를 또 한 번 뿌렸다.

냄새를 가리려고 완전무장을 하고 나섰음에도 불구하고 타인 앞에 겨드랑이를 드러내고 냄새를 맡게 하고 있노라니 민망한 기분이 들었다. 마치 아무도 알고 싶어 하지 않는 나만의 비밀을 불쑥 내뱉은 것 같은 기분이었다. 이런 점을 언급하면서 혹시 레티보가 내가 어쩔 수 없는 미국인이라 생각하지 않을까 궁금해졌다. 아마도 그랬을 것이다. 그녀는 우아하고 친절하게 이렇게 말했다.

"프랑스에서는 체취가 큰 금기가 아닙니다. 하지만 미국에서는 소비자들이 종류를 막론하고 모든 체취를 완전히 뿌리 뽑고 싶어하죠. 프랑스의 소비자들은 자신의 체취를 상호 보완해줄 것을 찾아요. 체취를 강화하지는 않으면서 나쁜 부분은 가려주고 좋은 부분은 보완해줄 제품을 원하죠."

레티보와 대화를 나누는 동안 나는 암암리에 내 냄새를 맡아보고 있었다. 다른 사람이 보면 목을 스트레칭하는 것으로 오해할 수 있겠지만 머리를 살짝 겨드랑이 쪽으로 기울이기도 하고, 타이밍을 맞춰 숨을 들이마시기도 했다. 모두가 내가 좀 전에 뿌린 체취제거제가 다 사라졌는지 알아보려는 행동이었다. 그리고 체취제거제의 감귤꽃 향기가 강하게 남아 있는 것을 느끼고 안도했다. 레티보의 말에 따르면 그 향기가 내 겨드랑이를 '지배하고' 있었다. "잠재적 냄새를 잘 가려주는 제품을 사용하고 계시네요. 아니면 애초에 체취가 별로 강하지 않은 걸 수도 있죠."

센서리 스펙트럼을 떠나려고 짐을 꾸리는데 문득 내 체취가 냄새 전문가인 레티보의 코에는 불쾌하게 느껴졌을지도 모른다는 생각이 들었다. 나는 밤에 여자 친구와 데이트를 하러 나가는 10대 소년이 콜로뉴(cologne) 향수를 덕지덕지 바르듯 체취제거제를 뿌렸다. 그래야 마음이 놓이기 때문이다. 하지만 왜 그럴까? 이것을 바른다고 해도 사람들이 나를 감귤이나 꽃으로 착각할 일은 없을 텐데 말이다.

우리는 어쩌다 자연스러운 인간의 체취를 혐오하게 됐을까? 진화 과정에서 인류는 다른 사람들과 가까이 어울려 지냄으로써 번영을 이루었다. 그렇다면 지금쯤 우리 몸에서 나는 냄새에는 익숙해졌어야 하는 게 아닐까? 어떤 연구자들은 사람이 집단으로 모여 있으면 지독한 악취가 나기 때문에 그 냄새로 포식자들의 접근을 막을 수 있었다고 추측하기도 한다. 그렇다면 지독한 체취는 곧 안전을 의미한다고 느끼는 것이 정상 아닐까? 하지만 함께 있으면 안전하게 느껴지는 아주 가까운 친구들과 어울릴 때도, 우리는 자신의 체취를 마치 속 깊은 비밀처럼 숨겨놓는다.

다른 여러 가지 복합적인 냄새처럼 체취도 그 특징을 정확히 묘사하기가 쉽지 않다. 심지어 전문가들도 마찬가지다. 1980년대와 1990년대에 감각 분석가들은 향수, 와인, 커피 같은 복잡한 제품에 흔히 들어 있는 다양한 냄새 성분을 정리한 향기와 풍미의 '아로마 휠(wheel)'을 개발하기 시작했다. 이 아로마 휠은 마치 커닝 페이퍼처럼 제품에서 흔히 발견되는 향기 노트(aromatic note)가 모두 기록되어 있다. 이런 향은 계절의 날씨, 작물이 자라는 토양의 특성이나 기후, 심지어는 제품을 만드는 최종 처리 과정에 의해서도 영향을 받는다(와인을 참나무 술통에서 익히고, 커피콩을 볶는 모습을 생각해보자). 이

아로마 휠은 이런 다면적인 향기에 대해 논의할 때 필요한 어휘를 확립하고, 감각 분석가가 되려는 사람들이 복잡한 냄새 속에서 익숙한 향기를 확인할 수 있게 도움을 주었다.

근래에 들어 감각 분석가들은 메이플 시럽에서 퇴비 더미에 이르기까지 온갖 것에 대한 아로마 휠을 개발했다. 그러니 감각 분석가들이 겨드랑이에서 나오는 냄새를 조목조목 검토하고 분석해서 자몽, 염소, 젖은 개, 민트, 아스파라거스, 식초, 치즈, 산패한 버터, 쿠민, 양파 같은 냄새 성분으로 구성된 체취 휠(bodyodor wheel)을 만든 것도 놀랄 일이 아니다.

체취 휠에 들어 있는 어휘는[8] 사람의 체취를 연구하는 이들에게 개인 고유의 냄새, 함께 섞으면 그 냄새를 만들어낼 수 있는 냄새 성분에 관해 이야기할 수 있는 언어를 제공한다. 여기서부터는 감각 분석가들도 화학으로 눈을 돌리기 시작한다. 감각 분석가들은 보통 쉽게 알 수 있는 냄새를 이용해서 사람의 체취를 구성하는 요소들을 기술한다. 반면 화학자들은 겨드랑이에서 풍겨 나오는 특정 분자들의 목록을 표로 작성한다. 그리고 그 두 가지 작업을 모두 하는 과학자도 있다.

조지 프레티(George Preti)는 2020년에 사망하기 전까지만 해도 건강하고 힘이 넘치는 70대 과학자였다. 그는 50년을 필라델피아에서 살았음에도 강한 브루클린 억양을 잃지 않았다. 처음 만났을 때 그는 자신을 "사람을 냄새나게 만드는 것에 관한 한 미국 최고의 권위자"라고 소개했다. 농담으로 하는 소리였지만 사실이었다.

프레티가 1971년 필라델피아의 모넬 화학감각센터(Monell Chemical Senses Center)에 들어갔을 때 제일 먼저 연구한 것은 질 냄새의 화학 성분이었다.

"제 아내는 우리가 처음 결혼했을 때 시내의 여성 전용 아파트를 돌아다니면서 함께 탐폰을 수집했던 이야기를 종종 꺼냅니다. 우리는 그 탐폰으로 질 분비액을 채취했죠."

그가 아내에게 탐폰 수집을 도와달라고 부탁한 이유는 그래야 여성들이 음흉한 과학자의 페티시 실험에 참가하는 것이 아니라 자신의 분비물로 과학에 기여하는 것이라 여기고 마음이 편해질 수 있기 때문이었다. 머지않아 프레티는 호흡과 소변을 비롯해 냄새나는 다른 배설물로 관심을 돌렸고 결국 땀에도 관심이 뻗치게 됐다.

프레티는 내게 그의 전설적인 연구용 냉장고를 보여주었다. 그 안에는 유리병, 비닐봉지, 시험관 속에 저장된 온갖 체액 표본들이 꽉 들어차 있었다. 이 차가운 보관소에서 흘러나오는 자극적인 냄새들은 그가 사람의 냄새를 쫓으며 살아온 50년의 세월을 증언하고 있었다.

나는 프레티가 위층의 모넬 센터 회의실로 가서 대화를 이어가자고 해서 다행이라 여겼다. 냉장고에서 풍겨 나오는 냄새를 맡지 않을 수 있는 곳으로 벗어날 수 있었기 때문이다. 회의실에서 나는 연구자들이 어째서 모든 사람이 자기 고유의 체취를 갖고 있다고 믿는 것인지 물었다. 글로벌 체취 프로젝트를 통해 모든 사람의 체취를 표로 작성해 확인해볼 수도 없는 노릇이기 때문이다.

프레티가 말해준 바에 따르면 누구도 겨드랑이 냄새가 같지 않다는 가장 강력한 증거는 개를 통해서 나왔다고 한다. 개는 사람이 걸치고 있던 뭔가의 냄새를 한 번만 맡아도 누구의 것인지 확인할 수 있다(일란성 쌍둥이가 함께 살면서 같은 음식을 먹는 경우는 예외다). 좋은 이유로든, 나쁜 이유로든 실종된 사람을 추적할 때 법집행기관에서는 이런 방법을 오랫동안 사용해왔다. 숲에서 길을 잃은 사람을 찾을 때 개의 도움을 받는 것은 숭고한 목적에 사용되는 경우다.

하지만 냉전 시대에는 동독의 비밀경찰 슈타지(STASI)가 반체제 인사와 국가의 적들이 행여 어딘가에 숨거나 서독으로 탈출을 시도할 때 개를 이용해서 추적할 수 있도록 그들의 땀 표본을 수집해놓기도 했다.[9] 베를린 장벽 반대쪽 서독에서도 개를 이용해서 범죄자의 체취를 추적하는 것은 마찬가지였다. 서독의 한 남성은 희생자의 핸드백에 남긴 체취 때문에 1989년에 살인죄를 선고받았다.[10] 그 남성의 냄새를 핸드백에서 찾아낸 것은 독일 셰퍼드 두 마리였다. 비교적 최근인 2007년에는 독일 경찰이 발트 해안에서 개최되는 G8 회의를 방해할 것으로 의심되는 좌익 활동가들의 체취를 선제적으로 채취하기도 했다.[11]

개의 후각으로 채취한 냄새를 확인하는 전략은 온갖 이유로 비난을 받았다. 가장 큰 이유는 이 방법에 결함이 없음을 그 누구도 입증한 바 없기 때문이다. 하지만 수많은 법집행관과 과학자들은 개가 사람의 체취를 구분하는 능력이 대단히 탁월하다고 믿고 있다. 어쩌면 개가 뛰어난 후각으로 감지하는 사람들의 체취에는 미묘한 화학적 차이가 존재할지도 모른다.

사람의 독특한 겨드랑이 냄새는 대부분 두 가지 주요 원천에서 생겨난다. 모든 사람은 아포크린땀샘(그리고 어느 정도까지는 피부기름샘도)에서 분비되는 자기만의 맞춤형 분자 칵테일을 갖고 있다. 이 기름기 있는 왁스 성분 분자들은 다양한 길이의 탄소 원자 사슬에 수소 원자와 산소 원자가 여기저기 붙어 있는 분자다. 탄소 원자 사슬의 길이 그리고 긴 사슬 분자와 짧은 사슬 분자의 상대적 밀집도에서 보이는 미묘한 차이가 겨드랑이 세균을 위한 고유한 식단을 구성한다.

연구자들이 밝혀낸 바에 따르면 사람의 겨드랑이 마이크로바이옴(microbiome, 체내에 서식하는 전체적인 미생물 유전 정보 혹은 미생물 그 자체를 의미하는 용어-옮긴이)에 코리네박테리움이 많을수록 겨드랑이에서 역한 유황 냄새 분자가 더 많이 퍼져 나온다고 한다.[12] 하지만 겨드랑이는 따뜻하고 축축한 생태계를 이루고 있어 다른 불법 거주자들도 끌어들인다. 사람의 피부 1제곱센티미터마다 다양한 속(屬, genus)의 미생물 수백만 마리가 살고 있다. 포도상구균(Staphylococcus), 간균(Bacillus), 심지어 칸디다(Candida) 같은 효모균을 생각해보라. 별로 풍부하지 않은 미생물 거주자가 겨드랑이에서 나는 냄새에서 예상과 달리 큰 역할을 하기도 한다. 안에어로코쿠스(Anaerococcus)[13]와 마이크로코쿠스(Micrococcus)[14] 같은 경우는 오케스트라에서 심벌즈의 역할처럼 당신의 냄새 교향곡을 지배하는 분자를 만들어낼 수 있다.

겨드랑이 생태계의 이 다양한 구성원들은 당신이 사는 곳, 당신이 먹는 것, 당신이 함께 사는 사람, 심지어 당신이 엄마의 산도를 헤치고 나오며 그 안의 미생물을 뒤집어쓰고 나왔는지 아니면 무균 제왕수술을 통해 나왔는지에 따라서도 달라진다. 개인마다 제각각인 이 잡다한 피부 세균들은 당신의 고유한 아포크린 분비물 칵테일을 먹고 살면서 화학적 노폐물을 만들어내고, 여기서 나는 향기가 당신의 고유한 냄새를 만들어낸다.

하지만 각자의 체취가 다르다 해도 사람의 체취에서 보편적으로 알아차릴 수 있는 어떤 근본적인 냄새가 존재한다. 그 덕분에 엘리베이터에서 내가 타기 전에 탔던 존재가 개나 말이 아니라 사람이었다고 확신할 수 있다. 와인 시음계의 표현을 빌자면 사람의 체취에는 '톱 노트(top note, 향을 맡았을 때 최초로 감지되는 향기-옮긴이)'가 있다. 이 지배적인 향기는 우리가 흘리는 대부분의 땀 속에 들어 있으며 우리 모두에게 있는 냄새다.

1992년에 프레티와 동료들은 이 톱 노트가 트랜스-3-메틸-2-헥산산(trans-3-methyl-2-hexenoic acid)이라는 것을 밝혀냈다.[15] 대부분 사람은 이 냄새를 역한 치즈 냄새가 살짝 밴 부패한 염소 냄새라고 묘사한다. 그리고 얼마 안 가 화학자들은 이 트랜스-3-메틸-2-헥산산이 사람 겨드랑이의 냄새 특징인 염소 냄새가 나는 화학물질군 일부라는 것을 발견했다. 이 화학물질군의 구성원들끼리는 여기저기 수소 원자와 산소 원자만 몇 개씩 차이가 있다. 인간만의 독특한 냄새가 다른 동물의 냄새와 비슷하다는 사실이 참 아이러니하다.

겨드랑이 냄새에서 발견되는 또 하나의 톱 노트는 3-메틸-3-메르캅토헥산올(3-methyl-3-sulfanylhexanol)이다. 이것은 잘 익은 열대 과일과 양파를 섞어놓은 냄새가 난다. 세계적인 풍미와 향기 회사인 스위스의 퍼메니치(Firmenich)에서 진행한 연구는[16] 남성과 여성의 체취 화학 성분을● 3년에 걸쳐 비교했다(이 연구 논문에서는 "실험 참가자들이 사우나를 하는 동안 겨드랑이에서 나오는 땀방울을 작은 플라스틱 고블릿 잔을 이용해서 채취했다"라고 나와 있다).

퍼메니치 연구자들은 여성의 경우 땀에서 과일이 양파를 만난 것 같은 화학물질(3-메틸-3-메르캅토헥산올)을 더 많이 방출하는 반면, 남성의 경우는 부패한 염소 냄새(트랜스-3-메틸-2-헥산산)의 농도가 더 높다는 사실을 알아냈다. 그렇다고 남성의 땀에 양파와 열대 과일 냄새가 나는 성분이 들어 있지 않고, 여성의 땀에 염소 같은 냄새를 풍기는 성분이 들어 있지 않다는 건 아니다. 다만 그와 반대일 가능성이 더 크게 나타난다는 것이다.

이 두 개의 톱 노트 말고도, 모든 사람은 아니지만 많은 이의 체취에 카메오로 등장하는 수백 가지 다른 냄새가 있다. 이 냄새나는

● 성전환자나 전통적인 남녀 구분법에 해당하지 않는 사람에 대한 논의는 이뤄지지 않고 있다. 이 연구에서 구체적인 언급은 없지만 과학 연구에서는 오랫동안 생물학적 성과 성 정체성이 일치하는 시스젠더(cisgender)들만 선별적으로 연구했다. 안타까운 일이지만 후각과 체취에 관한 대부분의 연구에서 성소수자들은 연구 대상에서 누락되고 있다.

화학물질 중 일부는 겨드랑이에서만이 아니라 식물계에서도 흔히 등장한다. 예를 들면 사람의 체취에는 알파이오논(alpha-ionone)과 베타이오논(beta-ionone)이라는 분자가 들어 있을 수 있다. 이것은 장미와 제비꽃의 향기에서 중요한 역할을 하는 성분이다(그녀에게서 장미 향기가 나요!). 체취에서 유제놀(eugenol)을 발견할 수도 있다. 이 것은 계피, 마늘, 육두구, 바질, 월계수 잎에 있는 화학물질이다. 그 리고 알파테르피닐 아세테이트(alpha-terpinyl acetate)도 있다. 이것 은 목재와 허브에서 나는 향기를 갖고 있다.

이런 사실을 보면 자연이 알록달록한 그림 팔레트처럼 다채로운 향기의 화학적 팔레트를 갖고 있음을 알게 된다. 자연은 이 팔레트 로부터 매력적인 향기에서 역겨운 냄새에 이르기까지 온갖 다양하 고 복잡한 냄새를 창조한다.

또한 사람의 겨드랑이에는 이렇게 온갖 다양한 냄새 성분 중에 서도 야생 멧돼지의 페로몬인 안드로스테논(androstenone)과 안드 로스테놀(androstenol)도 들어 있다. 이 냄새를 맡으면 어떤 사람은 퀴퀴한 오줌 냄새를 떠올리고, 어떤 사람은 꽃다발을 떠올린다. 이 화학 성분의 냄새를 맡을 수 있는 경우라면 말이다. 여기까지 왔으 니 사람과 염소가 몇 가지 냄새나는 화학물질을 공유한다는 사실 이 이제는 그리 놀랍지 않을 것이다. 그중에는 염소의 페로몬인 4-에틸옥탄산(4-ethyloctanoic acid)도 있다. 사람의 체취가 염소나 야생 멧돼지의 체취 혹은 장미의 향기가 아닌 사람의 체취로 느껴질 수 있는 것은 이런 공통적인 냄새 화학물질의 상대적 비율이 다르기 때문이다.

프레티는 특정 개인의 체취를 채취할 때 땀 제공자에게 샤워는 향기 없는 비누로 하루에 한 번만 하고 적어도 열흘 동안은 체취 제거제 사용을 삼갈 것을 부탁한다. 일단 이런 준비 단계를 거치고 나면 체취제거제를 사용하지 않은 제공자는 하루에 8~10시간 정도 겨드랑이에 직물 패드를 붙여서 아포크린 분비물과 겨드랑이 세균들이 미친 듯이 먹고 남긴, 냄새나는 잔사물을 채취한다.

프레티는 겨드랑이 패드에 포획된 냄새들을 추출해서 땀 표본에서 발견된 모든 화학물질을 분리하는 분석 기계에 넣는다. 그리고 분리되고 나면 냄새를 맡아볼 수 있도록 화학물질을 하나씩 튜브로 내보낸다. 그러니까 그는 기계 앞에 앉아서 제공자의 겨드랑이 땀에 들어 있는 모든 화학 성분을 한 번에 하나씩, 빠짐없이 코로 냄새 맡아보는 것이다. 기체 크로마토그래피 관능법(gas chromatography olfactometry) 혹은 줄여서 'GC-관능법'이라고 하는 이 기법은 복잡하게 뒤섞여 있는 향기 속에서 화학물질 X와 냄새 Y를 서로 연관 지을 수 있는 최고의 방법이다. 프레티가 여러 해에 걸쳐 연구한 끝에 사람 체취의 톱 노트가 트랜스-3-메틸-2-헥산산임을 밝힐 수 있었던 것도 이 기법 덕분이었다.

알고 보니 이 GC-관능법은 다양한 산업 분야에서 냄새를 발생시키는 일차적인 화학물질, 즉 톱 노트를 찾아내는 용도로 흔히 사용되고 있었다. 식품 산업계에서 값비싼 성분이나 향료를 공장에서 만든 모방 성분으로 대체할 방법을 찾아낼 때도 이것을 사용한다.

예를 들어 가공식품에 들어 있는 대부분의 계피향은 진짜 계피나무 추출물이 아니라 공장에서 만든 신남알데히드(cinnamaldehyde)라는 화학물질이다. 진짜 계피향에는 수백 가지 분자가 들어 있다. 블랙 트러플오일은 그냥 올리브오일에 공장에서 만든 디메틸설파이드(dimethyl sulfide)와 2-메틸부탄알(2-methylbutanal)을 첨가한 것이다.

이 화학물질들이 원래의 향기에서 중요한 부분을 담당하고 있는 건 사실이지만 GC-관능법으로 발견된 원래 향기에서 여러 측면을 제거하고 뼈대만 남겨놓은 버전이다. 이 기법은 고양이 배설용 모래에서 콩 통조림에 이르기까지 온갖 것에서 나는 이취(異臭, 성분이 화학적으로 바뀌거나 외부에서 흡수해 생긴 이상한 냄새-옮긴이)의 화학적 정체성을 밝힐 때도 사용된다. 그리고 당연한 이야기지만, 사람의 겨드랑이 냄새를 부정할 수 없는 인간의 냄새로 확인하게 해주는 성분을 찾을 때도 사용된다.

우리 코에 있는 수용체들은 다양한 민감도를 갖고 있다. 어떤 경우는 분자가 딱 하나만 존재해도 수용체가 뇌에 강력한 신호를 보내기도 한다. "양이 적은 것에서 엄청난 냄새가 날 때 그런 일이 생깁니다." 프레티가 설명했다. 그와 반대로 공기 중에 특정 화학물질 분자가 득실거리는데도 정작 코의 후각수용체가 뇌에는 들릴 듯 말 듯한 속삭임만 보내기도 한다. 그리고 콧속에 모여 있는 후각수용체 모음이 똑같은 사람은 없다. "모든 사람은 자기만의 감각 세계에서 살고 있습니다."

포유류의 유전체에는 후각수용체의 암호를 담고 있는 유전자가 대략 800개 정도 들어 있다.[17] 하지만 인간은 이 유전자 중 400개 정도만 사용하며 모든 사람이 400개의 후각수용체 유전자를 똑같이 사용하지도 않는다. 따라서 자신의 냄새에 대해 잘 안다고 생각해도, 다른 사람이 그 냄새를 어떻게 경험하고 있는지는 모를 수 있다. 그리고 자신에게는 굉장히 매력적으로 느껴지는 누군가의 체취가 다른 사람에게는 굉장히 불쾌하게 느껴질 가능성도 다분하다.

좋든 싫든 체취는 대단히 정직한 신호다. 체취의 생산과 분비 과정 중 의식이 개입할 수 있는 여지는 없다. 현대에 들어서는 사람들이 체취제거제와 땀억제제를 이용해서 이런 비밀이 폭로되는 것을 막으려 하지만, 대부분의 인류 역사에서 체취는 우리의 감정과 건강 상태를 말해주는 진실의 등대 역할을 했다. 내가 스톡홀름에 있는 카롤린스카 연구소(Karolinska Institute)의 신경과학자 매츠 올슨(Mats Olsson)을 만나러 간 것도 그 때문이었다.

올슨의 사무실은 부럽게도 노벨 웨이(Nobel Way)라는, 녹음이 우거진 거리에 주소를 두고 있었다. 20년 전 그는 사람의 체취가 이성 간의 매력에서 어떤 역할을 하는지에 관심을 가졌지만, 머지않아 체취가 질병 여부 등 자신에 대한 불편한 진실을 의도치 않게 전달할 가능성에 더 관심을 두게 됐다.

환자의 냄새를 맡아 체취를 분석하는 것은 오래전부터 의학의

한 분야로 자리 잡고 있었다. 간호사들은 환자의 상처를 소독하면서 그 부위에서 슈도모나스균(*Pseudomonas*) 감염에 따른 느글거리게 달콤한 냄새가 나는지, 프로테우스(*Proteus*) 세균이 침입했을 때 생기는 생선 냄새가 나는지 확인해보기도 한다. 패혈성 인두염(strep throat)이 있는 사람은 입에서 똥 냄새가 나는 경우가 많다.

지금은 유명해진 의학적 냄새 탐지 전문가 조이 밀른(Joy Milne)이라는 간호사는 남편이 파킨슨병에 걸렸을 때 남편의 체취가 변한 것 같다는 생각이 들었다. 그녀는 파킨슨병 환자 지지 모임에 갔다가 다른 환자에게서도 같은 냄새가 나는 것을 느끼고 연구자들에게 그 사실을 알렸다. 에든버러의 과학자들은 냄새를 맡아볼 12장의 티셔츠를 제시해 그녀의 코를 실험했다. 이 중 절반은 파킨슨병이 있는 사람의 옷이었고 나머지는 파킨슨병이 없는 사람의 옷이었다. 밀른은 파킨슨병이 있는 여섯 명을 정확하게 찾아냈을 뿐 아니라 대조군에 속한 사람 중에서도 한 명을 찾아냈다. 이 사람은 자기가 파킨슨병에 걸렸다는 것을 몰랐지만 실험 후 몇 달이 지나 파킨슨병으로 진단을 받았다. 이제 과학자들은 새로운 파킨슨병 진단 도구를 개발하기 위해 밀른이 냄새 맡을 수 있었던 공기 중 분자를 감지할 방법을 연구 중이다.[18]

냄새로 난소암[19] 같은 질병을 진단할 방법이 있으리라고 확신하는 연구자도 있다. 개들은 건강해 보이는 사람들 사이에서 난소암 환자를 냄새로 가려낼 수 있기 때문이다. 하지만 정상적인 사람들도 일상생활에서 아픈 사람을 냄새로 가려낼 수 있을까? 만약 그렇다면 질병이 얼마나 진척되었을 때부터 냄새에 변화가 찾아올까? 여기서 매츠 올슨이 등장한다. 그는 사람의 면역계가 병원체에 의해 활성화되면 증상이 시작되기 전이라도 다른 사람들이 냄새로 알아낼 수 있음을 밝혀냈다.[20]

한 실험에서 올슨과 동료들은 건강한 사람 여덟 명에게 소량의 내독소(endotoxin)를 주입했다. 내독소는 설사를 일으키는 대장균 같은 병원균의 표면에서 발견되는 작은 세포 구성 요소다. 우리 면역계는 내독소의 존재를 감지하면 적색경보를 발령하고 침입해 들어오는 미생물에 대응해 반격을 개시한다.

내독소를 주입한 실험 참가자들은 4시간 동안 병원에서 추적 관찰을 받았고, 그동안 겨드랑이에 수유 패드를 박음질한 꽉 끼는 티셔츠를 입어 체취를 채취했다. 채취 후에는 참가자들이 입었던 티셔츠와 겨드랑이 수유 패드를 냉동했다(실험 참가자들은 실제 세균에 감염된 것이 아니라 그 구성 요소에만 노출된 것이기 때문에 곧 면역계가 진정되어 평소의 상태로 되돌아갔다). 한 달 후 올슨과 동료들은 그때의 실험 참가자들을 병원으로 다시 불러 식염수를 주입한 다음 몇 시간 동안 하얀색 티셔츠를 입고 돌아다니게 했다.

이어서 올슨과 동료들은 티셔츠의 냄새를 맡아볼 40명을 모집했다. 이들은 면역계에서 적색경보가 발령됐던 사람의 체취가 건강한 사람의 체취보다 훨씬 역겹다고 느꼈다. 또한 아픈 사람이 그냥 체취만 더 강해진 것인지 티셔츠를 화학적으로 분석한 결과 내독소를 주입했던 사람 중에는 위약 대조군보다 땀을 덜 흘린 사람이 많았다(몸이 아플 때는 보통 감염되고 첫 몇 시간 동안이 아니라 열이 나기 시작한 다음에야 땀이 난다는 점을 기억하자).

요약하면 냄새를 맡아본 사람들은 아픈 사람이 양적으로 땀을 더 많이 흘리기 때문이 아니라 그 땀 속에 들어 있는 화학적 단서 때문에 부정적으로 반응했다. 그 화학적 단서가 아픈 사람의 면역 계 활성이 고조되어 있다는 신호를 보낸 것이다. 감염이 있을 때 바로 이런 면역계 활성 고조 현상이 일어난다.

"과거에 인류의 가장 큰 위협은 감염성 질환이었습니다. 근래에 들어서야 이런 상황에 변화가 일어났죠." 이는 개선된 위생과 항생 제 및 백신의 발견 덕택이다. 올슨은 인간이 병자의 체취를 불쾌하 게 여기는 등 다중의 감각을 이용해서 감염된 사람을 피하는 방법 을 발전시켰을 것이라 설명한다. "하지만 이 후각적 단서가 내독소 에 감염된 지 불과 몇 시간 만에 땀을 통해 나오고, 그 단서를 냄새 로 포착한 사람들이 이런 사람들과 거리를 두려 한다는 사실에는 저도 정말 놀랐습니다." 누군가의 면역계가 전쟁을 치르고 있다는 화학적 단서가 존재하는 것은 미국 국무부 여행경보의 진화 버전 이라 할 수 있다. '전쟁 중이니 접근하지 마시오'라고 말이다.

연구자들은 사람의 체취에서 감정 상태를 말해주는 단서도 찾았는 데, 특히 두려움을 나타내는 냄새가 있는지 살펴봤다. 모넬 화학감각 센터에서 일하는 프레티의 동료 패멀라 돌턴(Pamela Dalton)의 말에 따르면 우리가 두려움이나 불안을 느낄 때 인식 가능한 냄새를 만들어낸다는 증거가 풍부하게 나와 있다고 한다.[21]

오랫동안 그녀는 사람이 불안이나 두려움을 느낄 때 땀에서 만들어지는 냄새를 연구했다. 입증되지 않은 이야기지만, 법집행기관의 수사관들에 따르면 스트레스를 받은 용의자들은 그전에 체취가 아무리 달랐다고 해도 심문을 진행하다 보면 모두 똑같은 냄새가 나기 시작한다고 한다. 체취를 통해 공포를 표현할 수 있다면 진화적으로 가치가 있을 것이다. 포식자와 맞닥뜨린 경우처럼 위험한 상황에서 고래고래 소리 지르지 않고도 주변 사람들에게 그 상황을 알릴 수 있을 테니 말이다.＊

만일 두려움의 체취를 연구하고자 한다면 먼저 실험 참가자가 스트레스로 땀을 흘리게 해서 표본을 채취할 방법을 찾아야 한다. 그래서 참가자들을 그냥 운동시키거나 사우나에 들여보내는 것과는 다른 접근 방식, 즉 스트레스로 땀에 흠뻑 젖게 만들어야 한다.[22] 그런 전략 중 하나가 바로 사회적 스트레스 테스트(Trier Social Stress Test, TSST)다.[23]

이 테스트에서 참가자는 예고도 없이 면접관들 앞에서 발표할 준비를 해야 한다. 이것이 사람을 불안하게 만드는 표준 프로토콜로 자리 잡은 이유는 쉽게 알 수 있다. 참가자들은 발표 예정 시간

＊ 어떤 진화생물학자는 사람의 강력한 악취 때문에 포식자가 공격을 단념했을지도 모른다고 추측한다.

을 얼마 남기지 않은 상태에서 발표 노트를 빼앗기기 때문에 의미 있는 내용이 준비되어 있든 말든 면접관 앞에서 어떻게든 발표 시간을 채워야 한다. 그리고 사람들 앞에서 1,022에서 시작해서 13씩 숫자를 낮춰가며 셈을 해야 한다. 도중에 실패하면 처음부터 다시 시작해야 한다. 당연히 이들의 티셔츠는 불안으로 흘린 땀에 흠뻑 젖는다.

미군은 불안으로 흘리는 땀을 이해하는 현상에 큰 관심을 두고 이 연구를 후원하고 있으며 돌턴의 일부 연구에도 자금을 지원했다. 탱크에 들어가 있는 병사들을 생각해보자. 그중 한 명이 두려움을 느끼고 불안의 냄새가 나는 화학물질을 땀을 통해 배출하기 시작하면 밀폐된 공간 안에 함께 있는 다른 사람들도 그 냄새를 알아차리고 같이 두려움을 느끼게 된다. 두려움이 두려움을 낳기 때문이다. 그러면 임무 수행 자체가 위험에 빠질 수 있다. 만약 두려움의 냄새를 만들어내는 화학물질을 찾아낼 수 있다면 이를 억제할 방법도 찾을 수 있을 것이다. 제1차 세계전쟁 당시 방독면이 염소, 포스진(phosgene), 겨자 가스 같은 독성 가스로부터 병사들을 지켜주었던 것처럼 말이다.

불안의 냄새에서 흥미로운 사실은 때론 우리가 그 냄새를 인식하지 못하는 상황에서도 두려움을 불러일으킬 수 있다는 점이다. 위트레흐트대학교의 야스퍼 드 그루트(Jasper de Groot)와 동료들은 여러 차례 실험을 통해 공포영화 클립을 시청한 참가자와 옐로스톤 국립공원에 관한 〈BBC〉의 다큐멘터리 클립을 시청한 참가자로부터 땀을 채취했다.[24] 그런 다음 여성 패널들에게 근전도검사 (electromyography, EMG)를 연결해 안면 근육에서 나타나는 전기적 활성을 추적 관찰했다. 안면근육의 전기적 활성은 감정 반응의 대용물로 사용하는 것이다(예를 들어 근육이 긴장하거나 이마가 찌푸려지면 두려움이나 불안을 나타낸다). 그 후 이 여성들에게 공포영화와 다큐멘터리를 본 참가자들의 땀 냄새(두려움/중립)와 동영상(두려움/중립)을 결합해 제시하고 이들의 얼굴에서 나타나는 전기적 활성을 측정했다.

그 결과 동영상은 중립이지만 냄새가 두려움일 때 여성들은 마치 두려운 것처럼 얼굴을 찡그리는 것으로 나타났다. 시각적 자극과 후각적 자극이 모두 두려움일 때는 안면의 반응이 훨씬 더 심해졌다. 흥미로운 사실은 드 그루트가 남성과 여성을 모두 EMG에 연결하고 두려움 냄새와 중립 냄새를 맡아보게 했더니 유독 여성만 두려움 냄새에 대해 두려운 표정을 재현했다는 점이다. 드 그루트는 이런 결과가 나온 이유는 여성이 남성보다 냄새를 더 잘 구분하기 때문일 수 있다고 말한다. 논란은 있지만 어떤 과학자는 여성은 남성과 체력 면에서 차이가 있으므로 위험을 더 잘 감지하기 위한 수단으로 냄새 정보에 대한 감수성을 더 키웠을지도 모른다고 추측한다.[25]

일부 법집행관들은 공항에 두려움의 체취에 반응하는 화학감지기 설치를 제안하기도 했다. 이를 통해 불안을 느끼고 있을 테러리스트를 미리 발견할 수 있다고 말이다. 사실 이런 장치는 계속해서

삑삑거릴 가능성이 크다. 공항에 나와 있는 사람 중에는 아무런 죄가 없어도 비행기 타기를 두려워하는 사람이 많기 때문이다.

펜타곤은 베트남전에서 이런 무분별한 시도를 했던 적이 있다. 영국의 기자인 톰 맨골드(Tom Mangold)의 회고록 《스플래시드!(Splashed!)》에 따르면[26] 미 육군은 적의 위치를 찾아내기 위해 헬리콥터에 방귀 감지기를 장착했다. 그런데 문제는 적의 똥과 오줌 냄새도 감지하도록 설계된 이 장치가 베트콩의 배설물과 미군의 배설물을 구분할 수 없었다는 것이다(당연한 일이다!). 맨골드에 따르면 베트콩은 미군의 전자 코를 교란하기 위해 정글에 물소의 소변도 무차별적으로 살포했다고 한다.

군대는 다른 이유로도 두려움의 냄새에 관심을 두고 있다. 만약이 냄새가 병사의 의지나 용기를 꺾어놓을 수 있다면 적군에게 두려움을 퍼뜨리거나 군중을 통제하는 도구로 사용될 수도 있을 것이다. 물론 적군에게 불안 야기 화학물질을 이용하는 건 화학무기로 해석될 수 있다. 이는 미국이 조인한 화학무기금지협약(Chemical Weapons Convention, CWC)을 위반하는 것이다.

돌턴은 일부 악취가 화학무기가 아닌, 소리나 번쩍이는 불빛처럼 생리학적 무기로 묘사되는 것을 들은 적이 있다고 말했다. 그녀는 냄새 무기 개발자들이 우리 감각계에 자극을 주지 않을 정도로 냄새의 농도를 낮게 유지해 화학무기가 아닌 생리학적 무기 범위에 포함시킬 수 있다고 추측한다. "법망을 빠져나가는 구멍이라 볼 수도 있죠." 어쨌거나 지금으로서는 고려할 가치가 없는 이야기다.

화학자들이 아직 불안의 냄새를 분리해내지 못했기 때문이다. 그래서 두려움의 냄새를 제조해서 병 속에 담을 방법도 없다. "하지만 멀지 않았어요." 돌턴의 말이다.

체취에 관심을 보이는 또 다른 법조계 분야가 있다. 경찰서에서는 범인 식별을 위해 피의자들을 세워놓고 목격자에게 범죄자를 지목해보라고 한다. 하지만 목격자가 범인을 보지는 못했지만 아주 가까이에서 그 체취를 맡았다면?

범죄의 피해자가 된 것도 모자라 용의자들의 냄새까지 맡아보라고 한다면 너무 잔인한 이야기가 될지도 모른다. 하지만 '후각 목격'을 통해 범죄자를 정의의 심판대에 세울 수 있다면 피해자도 기꺼이 참여할 것이다. 하지만 우리가 과연 범죄자의 체취를 식별할 수 있을까? '시각 목격'을 통한 범인 식별 기록을 살펴보면 그다지 고무적이지 못하다. 비영리 형사사법제도 단체 이노센스 프로젝트(Innocence Project)에 따르면 "목격자의 식별 오류는 부당한 유죄 판결의 가장 큰 원인이다. 미국에서 DNA 검사에 의해 번복된 부당한 유죄 판결의 75퍼센트가 피해자나 목격자의 식별 오류로 발생했다."[27]

하지만 한 연구는 폭력 범죄와 관련해 우리의 코를 목격자로 신뢰할 수 있다고 주장한다. 이 연구를 진행한 포르투갈과 스웨덴의 연구자들은 참가자들에게 폭력 범죄의 동영상을 보여주면서[28] 그와 동시에 유리병에서 나오는 체취 표본의 냄새를 맡게 하는 실험을 진행했다. 그리고 다른 참가자들에게는 정서적으로 중립적인 동영상을 보여주면서 체취를 함께 맡게 했다. 그런 다음 참가자들에게 세 개, 다섯 개, 여덟 개의 냄새 표본을 제시하면서 앞에서 맡았던 체취를 찾아보라고 했다.

최종 보고서에 따르면 폭력적 동영상에서 남성과 관련되었던 체취는 "나중에 체취를 통해 식별될 확률이 우연보다 훨씬 높은 것으로 나왔다." 과학 연구에서는 통계적 유의성을 달성한 것만으로도 충분하지만 '우연보다 훨씬 높은 확률'이 과연 법정에서도 통할지는 의문이다. 법정에서는 '의심할 여지 없이' 유죄가 입증되어야 하기 때문이다.

하지만 분석 기법을 통해 용의자의 냄새 지문에서 나타나는 화학적 구성이 범죄 현장에서 발견된 물체에서 나오는 냄새와 정확히 일치한다는 걸 보여줄 수 있다면 배심원과 판사를 설득할 수 있지 않을까? 논란의 여지는 있지만 과거에 개의 후각을 이용했던 것과 같은 방식으로 말이다.

폭발물 냄새를 확인하는 감지기부터 과육에서 풍기는 분자를 통해 부패 여부를 구분하는 장치에 이르기까지 그런 장치들은 이미 흔하게 나와 있다. 일례로 오스트리아의 연구자들은 작은 알프스 마을에 사는 약 200명의 체취를 분석했다.[29] 이들의 티셔츠에 묻어 있는 체취를 조사했더니 체취에서 발견되는 373가지 화학물질의 농도를 추적함으로써 개인 식별이 가능한 것으로 나타났다.

미래의 범죄자들은 지문, DNA가 들어 있는 모발, 조직, 체액을 지우는 일에 덧붙여 범죄 현장을 환기하는 부분까지도 신경 써야 할 것이다. 하지만 범죄자가 해야 할 일 목록에 체취 흔적 제거가 또 하나의 과제로 추가된다면 사기꾼들은 자신의 유전체나 ABCC11 유전자의 염기서열을 분석해보고 싶어질지도 모른다. 이 유전자는 아포크린땀샘 방출 장치에 대한 암호를 담고 있다. 아포크린땀샘 방출 장치는 기름기 많은 왁스 성분의 분자를 피부로 방출하는 역할을 한다. 이 유전자가 열성인 사람은 아포크린땀샘 방출 시스템이 제대로 작동하지 않기 때문에 굶주린 겨드랑이 세균의 먹이가 되는 악취 원인 성분이 나오지 않는다.

신기하게도 이와 똑같은 장치가 귀에서도 발견된다. 이 장치는 귀지에 노란색 분자를 주입하는 역할을 담당한다. 귀 안쪽을 면봉으로 닦아보면 자신의 DNA 암호가 이런 특성이 있는지 아주 쉽게 확인할 수 있다. 만약 귀지가 노란색이 아니라 하얀색이면 열성 유전자를 갖고 있어서 아포크린땀샘의 방출 장치가 제대로 작동하지 않을 가능성이 크다. 이 열성 유전자는 동아시아 사람들에서 제일 많이 나타나지만 전 세계적으로도 여기저기 섞여 있다.[30] 운 좋게 이 열성 유전자 복사본이 두 개 있는 사람은 겨드랑이 악취가 상대적으로 덜하다.[31]

하지만 열성 유전자 복사본이 두 개 있는 사람이라고 해도 완전히 냄새가 없는 것은 아니다. 그런 사람은 없다. 아포크린땀샘의 방출 장치가 작동하지 않는 경우라 해도 땀내로 바뀌는 왁스 성분의 분자가 조금씩 새어 나온다. 그리고 기름진 피부기름샘도 여기에 성분을 보탠다.

놀라운 점은 미국인들이 대체로 체취 자체를 두려워한다는 것이다. 우리는 마치 질병이 악취를 통해 전파된다고 믿었던 중세 유럽인들처럼 체취에 낙인을 찍어놓았다. 미국인들은 몸에서 냄새가 나면 뭔가 이상이 있는 사람이라 생각한다. 하지만 냄새가 전혀 나지 않는 사람도 마찬가지로 소름 끼치게 느껴질 수 있다. 파트리크 쥐스킨트(Patrick Süskind)의 베스트셀러 소설 《향수》에[32] 나오는 주인공 장 바티스트 그르누이는 아무런 체취도 없는 사람으로 태어났다. 그는 사회에서 거부당했을 뿐 아니라 사악한 반사회적 인격 장애자이기도 했다. 체취가 전혀 없는 등장인물에게서 느껴지는 어떤 섬뜩함이 그런 사람을 생각할 때 떠오르는 보편적인 혐오감을 끌어들인다.

겨드랑이 암내는 있어도 문제이고, 없어도 문제다. 어쩌면 인간사 대부분이 그렇듯 패션이든, 교통법규든, 체취든 그 지역에서 통용되는 관례를 따르는 게 제일 속 편한 방법일 것이다.

THE JOY OF SWEAT

PART 2

우리는 모두 땀으로
연결되어 있다

사랑은 냄새를 타고

모스크바의 옥타야브르스카야 전철역에 우뚝 솟은 레닌의 청동상이 고리키 공원(Gorky Park)으로 이어지는 크림스키 발(Krymsky Val) 대로를 뚫어져라 바라보고 있다. 레닌의 발아래에는 프롤레타리아 계급의 조각상 중 한 여성이 굳건한 연대 속에서 의기양양하게 겨드랑이를 드러내며 한쪽 팔을 치켜들고 서 있다. 조짐이 좋다. 지금 나는 냄새 맡기 데이트 행사에 가는 중이다. 이 행사에서 내 겨드랑이 냄새가 얼마나 매력적인지 러시아 사람들에게 평가받게 될 것이다.

실은 이런 평가를 피하려고 사람들은 매년 수십억 달러의 돈을 쓰고 있다. 체취를 불쾌하게 여기는 많은 사람이 향수, 체취제거제, 땀억제제 등으로 냄새를 가리려 한다. 하지만 이런 강박적인 체취 차단이 중요한 소통을 방해하고 있다면 어떨까? 불안, 질병, 심지어는 애정을 알리는 데 도움이 될 메시지를 막고 있는 것이라면? 우리가 이런 제품을 뿌리거나 바르는 것이 사랑을 찾을 기회를 차단하고, 오히려 냄새 때문에 자신을 더 좋아할 사람을 차단하고 있는 것이라면?

스마트폰 화면을 좌우로 넘기면서 은밀한 만남이나 영혼의 단짝을 찾아 나서는 요즘 시대에 냄새 맡기 데이트는 무척이나 아날로그적인 방식으로 이뤄진다. 이 데이트에서는 화면을 넘기는 대신 사람의 땀을 솜에 묻혀 냄새를 맡아보고 짝을 선택한다.

진행 방식은 간단하다. 냄새 맡기 데이트 참가자들은 격렬한 운동을 통해 땀을 흠뻑 흘린다. 그리고 그 땀에 흠뻑 젖은 솜 패드를 수거한 다음 라벨 없는 용기에 담는다. 이제 모든 사람이 차례로 줄을 서서 냄새 표본에 코를 대고 냄새를 맡아본다. 사람들은 자신이 제일 좋아하는 냄새를 골라 주최자에게 넘기고, 주최자는 이를 바탕으로 맞는 짝을 찾아낸다. 데이트 앱처럼 여기서도 두 사람이 서로의 냄새를 선택했을 때만 짝이 이뤄진다.

이 데이트에서 짝을 찾는 유일한 기준은 냄새다. 이는 다른 짝 찾기 전략 못지않게 합리적인 방법이다. 운명의 상대가 박제에 취미가 있는지, 무라카미 하루키(村上春樹)의 소설을 좋아하는지 따위가 뭐가 중요한가? 결국 언젠가는 사랑하는 사람의 체취를 맡는 날이 올 것이고, 아마도 그 순간이 연인으로 남을지 헤어질지를 결정하는 시점일 것이다. 냄새 맡기 데이트는 서로 재면서 눈치를 보는 단계를 생략하고 바로 본론으로 넘어가서, 예선 참가자를 가리는 첫 라운드로 체취를 이용한다.

행사의 주최자가 서로를 선택한 짝을 발표하면 그 행운의 커플은 상대의 외모와 성격도 기대에 부합하는지 관찰한다. 보통 이런 데이트 행사는 뉴욕, 런던, 리우데자네이루, 베를린의 조명 어둑한 술집같이 컴컴한 장소에서 이뤄진다. 그리고 파티의 참가자들은 거의 대부분 자발적으로 나온 사람들이다. 애초에 낯선 사람의 냄새를 맡아보고픈 욕구가 있는 사람이라야 소파를 박차고 나와 냄새 맡기 데이트에 가야겠다는 생각이 들 것이기 때문이다.

하지만 모스크바에서는 그때그때 기회가 찾아올 때마다 행사를 진행한다. 5월의 한 주말 동안에 치러지는 과학 및 기술 페스티벌의 일환으로 모스크바에서 가장 부산한 녹지공간인 고리키 공원에서 오후와 저녁 몇 번에 걸쳐 냄새 맡기 데이트 라운드가 펼쳐진다. 우연히 공원에 나와 거닐고 있던 사람들, 페스티벌에 참가한 과학 마니아, 지역 매체에서 이 행사의 광고를 보고 온 사람들 모두 참가한다. 적어도 이 행사의 주최자인 올가 블라드(Olga Vlad)의 말로는 그렇다. 그리고 장소가 러시아인 만큼, 냄새 맡기 데이트 행사에서 짝이 된 사람들에게는 공원에 있는 전용 VIP 라운지 텐트에 들어갈 수 있는 출입증 팔찌를 준다. 이곳에서 무료 보드카 칵테일을 마시며 서로를 알아가도록 말이다.

고리키 공원 입구 앞에서 나는 약 12명의 러시아 할머니 중 한 분에게서 콘 아이스크림을 샀다. 이 할머니들은 1975년 즈음의 구소련에서 타임머신을 타고 온 듯, 똑같이 생긴 회색 아이스박스에서 아이스크림을 꺼내 팔고 있었다. 나는 콘 아이스크림을 손에 들고 한 발 뒤로 물러서서 사암으로 만든 24미터짜리 거대한 아치형 입구를 감상했다. 입구는 거대한 기둥들이 떠받치고 있었고 망치와 낫 그리고 배, 사과, 빵, 포도 등 프롤레타리아 국가의 풍성한 수확물로 빛나고 있는 바구니들을 새긴 돋을새김 조각으로 장식되어 있었다.

고리키 공원은 뉴욕의 센트럴파크에 대한 모스크바의 화답이었다. 스탈린이 정권을 장악한 다음 해인 1928년에 세워진 이 공원 입구는 모스크바의 대리석 지하철 시스템과 마찬가지로 공공장소에 대한 스탈린의 비전을 상징했다. 그리고 프롤레타리아 가정에 기대하는 소박한 삶과는 어울리지 않게 사람들을 각성시키는 장엄한 구조물이었다.

고리키 공원의 1.2제곱킬로미터에 이르는 녹지공간은 겨울이면 스케이트를 타고 여름에는 사랑하는 연인들이 산책하는 장소로 오랫동안 사용되었다. 이곳이 문화적 아이콘 역할을 하고 있다는 증거는 그 이름을 딴 러시아의 헤비메탈 밴드와 냉전 시대의 스파이 소설이 있는 것만 봐도 알 수 있다. 하지만 철의 장막이 무너진 후로 이곳의 명성은 쇠퇴하고 말았다. 사람들의 무관심, 공원에서 이뤄지는 의문의 거래, 전성기를 한참 지나 언제라도 무너질 듯한 놀이기구만이 남았다. 그러다 2011년 모스크바의 시장이 수백만 달러의 예산을 투입해서 고리키 공원을 흠잡을 데 없는 취향의 공원으로 현대화하는 프로젝트를 승인한 이후 상황이 크게 변했다.

지금 이곳은 방수 원단으로 만든 거대한 빈백 의자에서 편안하게 누워 있으면 커다란 나무들이 그 위로 그늘을 드리우는 멋진 휴식 공간으로 변신했다. 사람들은 저마다 노트북을 가져와 공원의 무료 와이파이로 작업하고, 연인들은 정성스레 가꾼 정원 사이로 팔짱을 끼고 걸어가고 있다. 잔디밭에서는 사람들이 모여 요가를 하고, 푸드 트럭에서는 돼지고기 샌드위치, 추로스 튀김, 초밥을 팔고 있다.

공원의 3분의 1 정도의 공간에서는 예술 축제와 과학 축제가 열린다. 냄새 맡기 데이트도 그런 수많은 행사 중 하나였다. 이 행사들은 모두 '사람들을 끌어당기는 힘(the force of attraction)'[1]이라는 공통의 주제로 연결되어 있었다. 물론 주제와 별로 어울리지 않는 행사도 더러 있었다. 나는 '지옥 불(Inferno)'이라는 전시장 옆을 지나갔는데 그곳에서는 수많은 참가자가 길게 줄 서 있었다. '통제 그리고 지옥의 묘사라는 개념에 영감을 받은 퍼포먼스 프로젝트'의 하나로 로봇 외골격을 착용해보는 행사였다.

길을 따라 물가로 가는 길에 머리를 올백으로 넘기고 말끔하게 차려입은 한 이탈리아 남자가 텔레비전 촬영팀 앞에서 자신의 예술 작품에 대해 활기차게 이야기하고 있었다. 그는 위성 안테나를 이용해서 물 위에 떠다니는 금속 백조를 만든 작가였다. 백조는 고리키 공원의 피오네예르 연못(Pioneer Pond)을 까딱까딱 돌아다니면서 컴퓨터로 만든 소름 끼치는 음악을 방출하고 있었다.

갑자기 군복을 입은 병사 하나가 물로 뛰어들며 크게 철썩이는 바람에 모든 사람의 시선이 그쪽으로 쏠렸다. 분명 혈중 알코올 농도가 높았을 테지만 그 와중에도 병사는 침착하게 자신의 모자를 잡고 있었다. 그와 마찬가지로 군복을 입고 고주망태가 되어 있는 친구들의 환호 속에서 그 병사는 흠뻑 젖은 채 의기양양하게 모자를 흔들며 물 밖으로 걸어 나와 경례를 했다.

문득 코가 삐뚤어지도록 술에 취한 여러 남성들이 축제에 와 있다는 사실을 깨달았다. 똑같은 초록색 군복과 검정 부츠, 군용 모자를 착용한 술 취한 병사들이 시대에 뒤떨어진 엑스트라처럼 보였다. 이 병사들은 어디에나 있었다. 나무에 기대어 있기도 했고, 공원 벤치에 누워 있기도 했고, 장난치며 요가의 다운독 자세를 흉내 내기도 했다. 행사요원 배지를 찬 한 여성이 내 옆에서 고개를 저으며 한숨을 내쉬었다. "1년에 한 번씩 이 남자들이 러시아 전역에서 고리키 공원으로 모여 파티를 열어요. 이 사람들이 누구냐면…." 여자가 스마트폰을 꺼내 구글 번역기를 돌렸다. "아, 맞다. 러시아 국경순찰대 소속이에요. 축제가 러시아 국경순찰대 파티와 같은 주말에 열리는 것을 나중에 알게 됐지만 일정을 바꾸기엔 너무 늦어버렸죠."

피오네예르 연못의 물가를 따라 확성기를 든 한 행사요원이 사람들에게 영어와 러시아어로 냄새 맡기 데이트에 참가하라고 독려하고 있었다. 말도 안 되게 곧은 머리카락과 친근한 미소를 띤 한 독일 여성이 내 이름을 목록에 추가하고 물티슈를 건네주었다. 그것으로 내 겨드랑이에 뿌린 체취제거제나 그날 뿌린 향수 제품을 모두 닦아내라고 했다. 그녀의 이름은 마레이케 보데(Mareike Bode)로, 베를린의 후각예술 단체 소속으로 러시아의 축제 주최자의 초대를 받아 오후와 저녁에 냄새 맡기 데이트를 몇 차례 진행하기 위해 이곳에 와 있었다.

40명 정도가 주변을 서성거리고 있었다. 파란색 블루종을 입고 작고 붉은 장미 꽃봉오리로 만든 머리띠를 한 소피야라는 이름의 27세 여성은 인파를 지켜보고 있었다. 나는 그녀에게 체취를 맡아 보고 마음이 가는 사람이 있었느냐고 물어봤다. "네. 파트너를 선택할 방법이 그것밖에 없으니까요. 전 파트너가 체취제거제를 하지 않았을 때 냄새가 나쁘지 않았으면 좋겠어요. 남자의 체취 때문에 역겨웠던 적이 있었거든요." 그렇게 말하고는 나를 바라보며 의미심장한 표정을 지었는데 그 의미를 어떻게 해석해야 할지 알 수 없었다.

소피야가 말했다. "저도 하나만 물어볼게요. 혹시 여름에 모스크바 지하철을 타본 적이 있나요? 수많은 사람에게서 풍겨 나오는 냄새가 정말 굉장해요. 끔찍하죠. 저는 정부가 이 문제부터 빨리 해결해야 한다고 생각해요." 그녀가 비꼬듯 히죽거리며 말했다. "파트너를 찾을 때는 체취가 중요해요. 진지하게 배우자를 만나는 문제라면 먼저 대화를 나눠보고 싶어요. 하지만 섹스에 관한 문제라면 그 사람의 냄새가 좋게 느껴져야 해요."

거기에 모인 사람들은 주로 20대와 30대였다. 착 달라붙는 흰색 티셔츠를 입은 키 작은 근육질의 31세 남성 알렉세이는 이렇게 말했다. "어떤 관계에서든 여성에게서 자연적으로 풍겨 나오는 냄새는 중요합니다. 하지만 그건 아마도 제 코가 커서 그럴 거예요." 그는 이렇게 말하면서 자기의 큰 매부리코를 가리켰다.

안네 마리아는 이탈리아에서 온 21세의 교환학생이었다. 그녀는 오프라인으로 러시아 사람들을 만나보고 싶어 이곳에 왔다. 세르게이와 아냐는 이미 연인 사이로 참가했다. 두 사람은 냄새 맡기 데이트 게임에서 서로의 냄새를 선택해서 주최 측이 두 사람을 짝으로 맺어줄지 확인하고 싶다고 했다(내 생각에 이건 연인 관계를 망치기 딱 좋은 방법이다). 알렉은 말도 못 하게 부끄러움을 많이 타는 키 큰 금발의 20세 청년이었다. 그는 데이트 경험이 많지 않아서 여성의 자연스러운 체취를 좋아할지 모르겠다고 말했다.

드미트리는 까무잡잡한 피부에 멋지게 수염을 기른 진지한 표정의 30세 남성이었다. 그는 눈을 찡그린 채 사람들을 꼼꼼히 살펴보고 있었다. 어머니에게 몸에 좋다는 이야기를 들어서 매일 생마늘을 먹는다고 했다. "3년 동안 저는 아동용 무향 비누만 쓰고 체취 제거제는 쓰지 않았어요. 그래도 제 연애에는 아무런 문제도 없었죠." 그가 단언하듯 말했다. 내가 그에게 체취제거제를 사용하지 않는 이유가 무엇이냐고 물었더니 이렇게 대답했다. "향수는 거짓된 문명을 만들어냈어요. 그전에는 사람들이 작은 집단을 이뤄 살았고 마을 사람들은 서로의 냄새를 맡을 수 있었죠. 다른 사람의 냄새는 좋은 냄새였어요. 공동체 안에서 안전하다는 의미였으니까요."

우리는 태어날 때부터 후각에 의지해 사랑하는 사람이나 자신에게 필요한 사람의 체취를 익힌다. 갓 태어난 아기는 제대로 움직일 수도 없지만, 여성 네 명의 모유 패드를 아기침대의 네 구석에 놓으면 자기를 낳은 엄마의 체취를 향해 움직인다.[2] 마찬가지로 엄마도 아이를 낳고 불과 몇 시간 만에 냄새로 갓 태어난 자기 아이를 알아볼 수 있다(아이를 직접 낳지 않은 부모도 72시간 후에는 알아볼 수 있다).[3]

한편 신생아 머리에서 나는 냄새가 좋아서 코로 깊게 들이마시는 사람도 많다. 내 친구 하나는 아기 머리에서 나는 냄새를 '가족 친화적인 크랙 코카인(family-friendly crack cocaine)'이라고 표현하기도 했다. 틀린 말이 아니다. 오히려 과학적인 이야기다. 연구자들이 생후 이틀이 지난 신생아의 체취 표본을 여성(생모와 생모가 아닌 여성 모두)에게 냄새 맡게 했더니 뇌의 보상중추가 활성화됐다.[4] 어떤 연구자는 공동체에서 갓 태어난 구성원의 체취를 익힐 수 있도록 아기 냄새를 맡는 사람의 뇌가 심적 보상을 제공하는 것이라고 추측한다.

의식적으로든, 무의식적으로든 사랑하는 사람의 냄새를 맡는 행동은 평생 지속된다. 형제와 부부는 자기와 한집에 사는 사람의 냄새를 정확하게 알아맞힐 수 있다. 2년 넘게 보지 못하거나 냄새를 맡아본 적이 없는 성인 형제들도 형제의 독특한 냄새 지문(odor print)을 정확하게 알아낼 수 있다. 냄새 지문은 몸에서 흘러나오는

개인 특유의 화학물질 혼합물이다.[5]

냄새를 맡지 못하는 사람이 겪는 어려움이야말로 사회적 결속에서 체취의 중요성을 가장 잘 보여주는 사례가 아닐까 싶다. 냄새를 맡지 못하는 후각상실증(anosmia)이[6] 있는 사람은 인간관계에서 곤란을 겪을 때가 많다. 후각을 상실한 남성은 섹스 파트너가 적어지며, 여성은 자신이 맺고 있는 관계에 자신감을 느끼지 못한다고 한다. 양쪽 모두 우울증에 빠지기 쉽다. 한편 일부 연구에서는 공감능력이 뛰어난 사람은 다른 사람의 체취를 잘 기억하는 것으로 나왔다.

우리의 후각 능력이 사회 구조를 확립하고 유지하는 데 큰 역할을 한다는 사실에 놀라워하는 사람도 있을 것이다. 그 이유는 학자들이 인간의 후각 능력을 오래도록 과소평가해왔기 때문이다. 선험적 관념론(transcendental idealism)을 정립한 이마누엘 칸트(Immanuel Kant)는 우리가 코를 막아 바깥세상과 단절되면 세상살이가 더 나아지리라 생각했다. "없어도 사는 데 문제가 없을 것 같은 제일 배은망덕한 감각이 무엇일까? 바로 후각이다. 후각을 가꾸고 개선하는 건 아무 쓸모도 없는 일이다. … 냄새에 관한 한 기분 좋은 대상보다는 역겨운 대상이 더 많기 때문이다(특히 사람이 북적이는 장소는 더욱 그렇다). 심지어 뭔가 향기로운 것을 만나더라도 후각에서 오는 즐거움은 스쳐 지나가는 일시적인 것에 불과하다."[7]

역사 전반에 걸쳐 많은 사상가가 시각이야말로 세상을 경험하는 훨씬 문명화된 방법이라고 주장했다. 코를 사용하는 것은 동물적이고 저속하며 퇴보적인 것으로 여겨졌다. 사람이 개처럼 서로에게 코를 대고 쿵쿵거린다면 어떻게 사람이 개보다 낫다고 할 수 있을까? 어떻게 스스로 계몽된 존재라 할 수 있을까?

1800년대 서구 문화권에서는 후각에 대한 혐오가 인간의 후각이 별로 뛰어나지 않아 불필요하다는 신념으로 바뀌었다. 인간이 냄새나 맡는 미개한 존재일지 모른다는 가능성을 지우기 위해 우리는 인간의 후각이 뛰어나지 않다는 거짓말을 그대로 받아들였다. 최근 러트거스대학교의 신경생물학자 존 맥갠(John McGann)은 학술지 〈사이언스(Science)〉에서 이런 주장의 진위를 확인했다. "인간의 후각이 빈약하다는 것은 19세기의 미신이다."[8]

맥갠은 폴 브로카(Paul Broca)라는 19세기 신경해부학자의 거짓말을 비난했다. 브로카는 인간을 '후각 능력이 없는 존재'로 분류했는데, 이는 감각을 테스트해서 얻은 결과가 아니었다. 그는 인간의 뇌가 후각계를 희생하고 그 대가로 자유의지를 진화시켰다는 근거 없는 믿음을 갖고 있었다. 그러나 이는 잘못된 믿음이다. 대부분 사람이 개가 어떤 냄새에 넋이 나가 망설임 없이 대상을 쫓는 모습을 본 적이 있을 것이다. 그래도 인간은 그보다는 나아야 하지 않을까?

인간은 자유의지를 사랑한다. 그래서 집단적으로 거짓말을 믿기로 선택했는지도 모른다. 인간이 후각을 희생하고 그 대가로 자기결정(self-determination) 능력을 높였다는 거짓말 말이다. 하지만 후각과 자기결정 능력은 서로 배타적인 것이 아니다. 굳이 코의 능력을 부정하지 않아도 나머지 몸을 통제하는 데는 문제가 없다.

사실 인간은 후각 능력이 뛰어나다. 맥갠에 따르면 냄새를 감지하는 역할을 담당하는 인간의 후각 망울(olfactory bulb)은 "절대적인 크기 면에서도 상당히 큰 편이고 뉴런의 수도 다른 포유류와 비슷하다. 우리는 광범위한 냄새를 감지하고 구분할 수 있다. 심지어 어떤 냄새에 대해서는 설치류나 개보다도 더 민감하다. 우리는 냄새의 흔적을 추적할 수 있으며 행동이나 감정의 상태도 후각에 영향을 받는다."[9]

인간이 냄새의 흔적을 추적할 수 있다는 증거는 캘리포니아대학교 버클리 캠퍼스의 학부생들 덕분에 밝혀졌다. 2007년 당시 이 학교의 교수였던 신경과학자 놈 소벨(Noam Sobel)은 학생들에게 눈가리개를 씌운 다음 들판에서 사냥개가 토끼를 추적하듯 냄새로 초콜릿의 흔적을 찾아보라고 했다.[10]● 소벨과 동료들은 인간(혹은 배고픈 학생들)이 다른 포유류들처럼 냄새를 추적할 수 있으며, 한쪽 콧구멍과 다른 쪽 콧구멍으로 흘러들어오는 냄새의 차이를 비교해서 추적한다는 사실을 입증해 보였다.

주변 어딘가에 초콜릿이 있을 거라는 이야기를 들으면 나도 분명 코를 벌름거릴 것 같다. 코로 좋아하는 음식, 형제, 아기, 연인의 냄새를 알아보고 심지어 추적까지 할 수 있는 것이 사실 그리 놀랄 일은 아니다. 수백 번, 수천 번 지겨울 정도로 맡아서 달달 암기가

● 그 후 소벨은 이스라엘의 바이츠만 연구소(Weizmann Institute of Science)로 옮겼다.

된 냄새를 정확하게 기억하는 문제에 불과하니 말이다.

하지만 익숙한 냄새를 알아보는 것과 모르는 사람에 관한 새로운 정보를 체취를 통해 밝혀내는 것은 전혀 다른 이야기다. 사람의 체취를 바탕으로 낯선 사람에 관한 보이지 않는 사실을 직관적으로 정확히 알아낼 수 있으려면 냄새 X가 특성 Y와 상응한다는 걸 학습을 통해 배우거나, 냄새 X가 특성 Y와 상응한다는 지식을 유전적으로 암호화된 형태로 지니고 있어야 한다. 더군다나 다른 누군가의 체취로부터 뭔가를 알아내려면 그 사람 쪽으로 몸을 숙여 코를 대고 냄새를 맡아야 한다. 이는 대부분 사회에서 민망하고 섬뜩하게 여겨지는 행동이다.

그런데 과연 그럴까? 사람들끼리 나누는 대부분의 인사 방식에는 적어도 이론적으로는 상대방의 냄새를 맡아볼 수 있을 만큼 가까워지는 순간이 있다. 포옹이나 볼에 하는 입맞춤은 분명 서로의 냄새를 맡아볼 기회다. 특히 유럽이나 중동 같은 지역에서는 여러 번 얼굴을 앞뒤로 왔다 갔다 하며 볼에 입을 맞춘다(코르시카 사람들은 다섯 번까지 연속적으로 볼에 입을 맞추며 인사한다).

일본이나 한국처럼 고개를 숙이면서 인사할 때도 두 사람이 서로 냄새를 맡을 수 있을 정도로 가까워지는 순간이 생긴다. 그리고 악수의 경우도 생각해볼 수 있다. 악수할 때는 처음 보는 사람에게 코를 가까이 대지는 않지만 그 사람의 땀이나 손에 묻어 있는 체취가 자기 손에 남는다. 이 냄새는 나중에 맡아볼 수 있다. 적어도 코로나19가 전 세계를 강타하기 전까지는 그랬다.

소벨은 대학원생 이단 프루민(Idan Frumin)과 함께 아주 흥미진진한 실험을 진행했다. 악수를 한 후에 사람들이 자기 손으로 어떤 행동을 하는지 알아보는 실험이었다.[11] 이들은 사람들이 방금 처음 만난 사람과 악수를 한 후에 어떤 행동을 하는지 비밀리에 동영상을 촬영했다. 여기서 아주 재미있는 발견이 나왔다. 참가자들은 악수하고 몇 초 후에 예외 없이 자기 손의 냄새를 맡아서 처음 본 사람의 냄새 정보를 얻었다.

프루민은 내게 이렇게 말했다. "참가자들에게 그 동영상을 보여주자 많은 사람이 큰 충격을 받고 그 사실을 믿지 못했어요. 어떤 사람은 우리가 그 동영상을 조작했다고 생각했죠. 하지만 우리에게는 그렇게 성능이 뛰어난 컴퓨터도 없고, 그런 조작을 할 기술도 없었습니다." 새로 만난 사람이 자기와 성별이 같을 때는* 참가자들이 그전보다 악수한 손의 냄새를 두 배 더 맡아봤다. 반면 성별이 다른 사람과 악수를 한 후에는 악수하지 않은 왼손을 냄새 맡는 양이 두 배로 늘어났다.

과학자들은 성별이 같은 사람의 잔사물이 들어 있는 손을 냄새 맡으면 잠재적인 섹스 경쟁자에 관한 정보를 얻을 수 있다고 추측한다. 동물의 세계에서는 많은 동물이 잠재적 섹스 대상자의 냄새

---

* 이 연구를 비롯해 사람의 냄새 정보를 다룬 많은 연구에서 성전환자나 전통적인 남녀 구분법에 해당하지 않는 사람은 실험 대상으로 포함하지 않거나, 포함했어도 그 부분을 언급하지 않았다. 다양한 스펙트럼의 성별이나 성적 취향을 가진 사람을 포함한 소수의 연구를 살펴봐도 게이나 레즈비언의 범주에 분명하게 들어가는 사람들만 선발하는 경향이 있다.

만큼 자신의 섹스 경쟁자의 냄새에도 큰 관심을 나타낸다. 프루민은 이렇게 말했다. "악수는 정보를 전달하는 방법입니다. 악수하면 정보가 자기 손바닥에 남으니까 자기가 편할 때 냄새를 맡아볼 수 있죠." 이제 프루민은 학회에 가면 가끔 뒤로 물러서서 사람들이 무의식적으로 손바닥 냄새를 맡는 것을 지켜본다. "어떤 때는 제가 그러고 있는 것을 깨닫기도 해요. 사람들로부터 악수를 망쳐놓았다는 원망의 소리를 듣습니다. 특히 저와 악수할 때는 자꾸 그 생각이 나서 의식하게 된다고 해요."

과학자들은 이런 결과는 '빙산의 일각'에[12] 불과하다고 한다. 그에 따르면 악수는 서로의 냄새 정보, 우리가 만나는 사람들에 관해 유용한 정보를 얻기 위해 사용하는 표본 채취 전략이다. 예를 들어 사람들은 때때로 티셔츠에 남은 땀 냄새만 가지고도 모르는 사람의 성별을 잘 추측해낸다. 이런 추측이 항상 정확하지는 않지만 성적이 나쁘지 않기 때문에 일부 과학자들은 땀에서 성별 판별에 관여하는 분자를 찾기 위해 연구를 거듭했다. 하지만 남성과 여성에서 각각 더 강하게 나타나는 몇몇 체취 구성 성분을[13] 찾아내기는 했어도(이를테면 염소 냄새 대 양파 냄새) 이 분야를 연구하는 대부분 사람은 남녀 감별이 그저 한두 가지 화학물질의 존재 여부로 파악되는 것이 아니라고 생각한다. 그보다는 훨씬 복잡하고 카오스적인 과정을 통해 일어난다고 말이다.

많은 사람이 몸에서 나오는 냄새들이 서로 합쳐져 성별에 대한 단서를 제공한다고 믿는다. 비발디와 바흐의 음악 작품을 많이 들어본 사람이 동일한 음표 팔레트를 바탕으로 음악을 연주해도 청각적 단서를 바탕으로 두 사람의 작품을 구분할 수 있는 것과 비슷하다. 어쩌면 사람의 체취도 그와 같을지 모른다. 즉 충분히 많은 사람의 냄새를 맡아본 후에는 원래의 냄새 팔레트가 동일하다고 해도 남성에서 더 흔한 냄새 조합과 여성에서 더 흔한 냄새 조합을 가려내는 법을 배운다는 것이다.

물론 우리 머릿속에 남성과 여성의 전형적인 모습이 정립되어 있으면 시각만으로도 성별을 충분히 판단할 수 있다. 하지만 눈에 잘 드러나지 않는 특성에 관한 어떤 단서가 우리의 체취 속에 들어 있진 않을까? 2005년의 한 연구에서 모넬 화학감각센터의 조지 프레티와 동료들은 동성애자 여성, 동성애자 남성, 이성애자 여성, 이성애자 남성에게 면 패드에 겨드랑이 땀을 채취해달라고 요청했다.[14] 그 결과 연구에 참여한 동성애자 남성들은 다른 동성애자 남성에게서 나온 체취를 선호하는 것으로 나왔다.

하지만 연구진이 표로 작성한 선호도 중에는 해석이 쉽지 않은 부분도 있었다. 참가자들에게 이성애자 여성과 동성애자 여성의 체취를 제시했더니 모두 이성애자 여성의 체취를 선호했다. 예외적으로 이성애자 남성만이 동성애자 여성의 체취를 선호했다. 후각적 선호도가 성적 취향과 부합하는지는 아직 분명한 해답이 나와 있지 않다. 그리고 이 연구에서는 성적 선호도를 동성애자 남성, 동성애자 여성, 이성애자로 구분했는데, 이는 성별과 성적 취향의 전체 스펙트럼에서 우리가 욕망을 느끼는 대상과 체취 사이에 존재하는 상관관계에 대해 그 어떤 통찰도 제공하지 못한다.

요즘 사람들은 지적, 정서적, 육체적 욕구를 만족시켜줄 평생의 배우자를 원한다. 하지만 진화적으로 보면 종의 전파를 위해 사람에게 필요한 것은 단 하나, 자기와 잘 맞는 유전자를 지닌 사람이다. 그래야 태어나는 자식도 후손을 볼 수 있을 정도로 충분히 오래 살아남아서 DNA를 미래 세대로 전달할 수 있기 때문이다.

이것을 보여주는 최고의 증거가 1995년 클라우스 베데킨트(Claus Wedekind)가 대학원생 때 발표한 한 연구에서 나왔다.[15] 지금은 로잔대학교에 교수로 있는 그는 유전적으로 잘 화합되는 짝 혹은 적어도 잘 화합되는 면역계를 가진 짝을 냄새로 알아낼 수 있음을 보여주었다.

베데킨트는 여성 참가자들에게 익명의 남성이 이틀 동안 입고 있던 티셔츠에서 나오는 냄새를 맡고 그 매력을 점수로 매겨보게 했다. 더불어 모든 사람에게서 혈액 표본을 채취해서 DNA도 분석했는데, 구체적으로 주조직적합성 복합체(major histocompatibility complex, MHC)라는 면역계 유전자 집합을 분석했다. 이 유전자는 면역세포들이 외부에서 들어온 병원성 침입체를 인식하는 법을 배울 수 있도록 돕는다. 분석 결과 여성들은 MHC 유전자가 자기와 달라 함께 낳은 자식이 건강한 면역계를 가질 확률이 높은 남성의 체취를 선호하는 것으로 밝혀졌다.

현대로 접어들기 전까지만 해도 감염성 질환은 인류의 가장 큰 위협이었다. 만약 다양한 병원체에 능숙하게 대처할 수 있는 면역계를 지닌 자손을 볼 수 있다면 당신의 후손도, 당신의 유전자도 살아남을 수 있다. 다시 말해 어떻게 생겼는지, 약점이 무엇인지 알 수 없는 미래의 외부 병원체와 싸워야 한다면 최대한 다양한 면역 무기를 마련해두는 것이 최고의 선택이라는 것이다.

베데킨트가 연구를 시작할 당시에도 연구자들은 일부 동물이 이와 같은 맥락에서 짝을 선택한다는 사실을 이미 알고 있었다. 생쥐는 서로의 소변 냄새를 통해 성별이나 동정 여부 같은 것을 알아낸다. 설치류는 오줌 냄새로 자기와 다른 MHC 유형을 가진 개체를 찾고 짝을 지으려 한다. "쥐는 사회적으로 잘 아는 사이가 아니라서 가까운 친척과 짝짓기를 할 위험이 있는데, 다른 쥐와 자기가 얼마나 가까운 친척 관계인지 확인할 수 있는 단서가 존재한다면 근친교배와 그에 따르는 모든 부정적인 결과를 피할 수 있습니다." 베데킨트의 말이다.

"인간은 몇 세대에 걸쳐 소집단을 이뤄 살았기 때문에 짝으로 선택할 수 있는 사람 중 일부는 가까운 친척일 위험이 있었습니다. 어머니가 누구인지는 분명히 알 수 있었지만 아버지가 누구인지 항상 분명히 알 수는 없었으니까요. 따라서 친척과 아이를 낳을 위험이 있었죠. 이런 상황에서 그런 부분을 피하는 데 도움이 될 단서가 있다면 진화적으로 유리했을 겁니다. 우리가 애초에 이런 선호도를 발전시킨 이유가 그 때문일 수도 있죠. 하지만 지금에 와서는 이런 측면이 그다지 합리적이지 못합니다."

현재는 짝을 고를 수 있는 사람의 풀이 워낙 거대하고, 대부분은 자신의 가계도를 잘 알고 있다. 이후의 연구들을 보면 대체로 베데킨트의 연구가 옳은 것으로 나오지만 세세한 부분까지 밝히려는 시도나 MHC가 현대 인류의 파트너 선택에 큰 영향을 미친다고 입증하려던 시도들은 대부분 실망스러운 결과를 내놓았다.●

그래도 베데킨트의 MHC 연구는 체취와 남녀 사이 연애에 관한 연구 중 제일 잘 알려져 있다. 그는 생각보다 자신의 연구에 대해 알고 있는 사람이 많아 으쓱한 기분이 들 때가 있다고 했다. "파티에 가면 사람들이 저를 항상 '냄새나는 티셔츠의 사나이'라고 소개해요." 일반적인 대중만 그의 연구에 주목한 것은 아니었다. 그 후 수십 년 동안 수백 편의 과학 연구가 MHC 유전자에 대한 지식을 넓혀왔다.

하지만 MHC 연구와 관련해 여전히 중요한 의문들이 남아 있다.

● 물론 예외도 있다. 베데킨트는 경구피임약을[16] 복용하는 여성들의 남성 선호도를 연구했다. 경구피임약은 몸이 임신하고 있다고 착각하게 만드는 호르몬으로 되어 있다. 피임약을 복용한 여성은 선호도가 반대로 뒤바뀌어 자기와 MHC 유전자가 비슷한 남성을 선호했다. 여성이 임신했을 때 혹은 피임약 때문에 임신한 것 같은 조건이 되었을 때 자신과 면역계가 비슷한 남성을 선호하는 이유에 대해서는 많은 논란이 있었다. 흔한 설명은 임신한 여성은 아이를 키우는 동안 자신을 지원해줄 가족과 가까이 머물고 싶어 하기 때문이라는 것이다. 비슷한 MHC 유전자를 가진 남성은 유전적으로 친척 관계일 확률이 높으므로 비슷한 유전체를 가진 후손을 돌보는 일을 도울 가능성이 크다. 적어도 이론적으로는 그렇다.

우리는 어떻게 우리 세포의 세포핵 깊숙한 곳에 자리 잡은 면역계 유전자의 냄새를 맡을 수 있을까? MHC 유전자에서 만들어지는 MHC 단백질이 땀을 통해 흘러나와 떠다니다가 다른 사람의 코로 들어가는 것이 아니냐고 생각하고 싶을 것이다. 그것이 사실이라면(사실인지 확인해본 사람은 없다) 정말로 큰 문제다. MHC 단백질은 거대한 분자다. 땀에서 자발적으로 풍겨 나오는 냄새 분자들보다 훨씬 크다. 정말 덩치가 크기 때문에 이 단백질이 몸에서 증발되어 나오기를 기다리느니 차라리 사하라 근처의 호수에서 하마 한 마리가 저절로 증발하기를 기다리는 것이 더 나을 정도다.

그렇다고 내가 MHC가 미치는 영향에 대한 과학을 믿지 않는다는 소리는 아니다. 잠재적 파트너의 면역계에 따라 성적 선호도가 조정될 수 있다는 사실을 의심할 이유는 없다. 하지만 그 메시지가 대체 어떻게 소통되는 것인지 과학자들이 아직 밝혀내지 못했다는 점을 기억해야 한다. 베데킨트도 이 부분이 여전히 블랙박스로 남아 있음을 애석하게 생각한다. "아직 그 메커니즘을 밝혀내지 못했다는 사실 때문에 저도 신경이 많이 쓰입니다."

하지만 사랑과 섹스로 이어지는 길을 매끄럽게 닦아줄 메시지를 땀이 실어 나른다는 증거가 있다. 그중 사람들 입에 자주 오르내리는 연구로 스트립쇼 클럽에 관한 연구가 있다. 뉴멕시코에서 활동하던 과학자들은 여성이 생리주기 중 가임 가능성이 가장 큰 시기가 되면 체취 때문에 남성들에게 더 매력적으로 보이는지 알고 싶었다. 포유류 암컷 중에는 그런 경우가 많다.

여성 댄서가 랩 댄스(lap dance, 누드의 댄서가 관객의 무릎에 앉아서 추는 선정적인 춤-옮긴이)를[17] 췄을 때 남성들의 지갑에서 나오는 팁과 여성의 가임 상태를 추적했더니 여성 댄서들은 생리주기 중 가임 기간일 때 고객으로부터 제일 많은 팁을 벌었다.● 이들의 체취를 검사한 것은 아니지만 연구자들은 랩 댄서의 체취에 들어 있는 성분 중 뭔가가 고객들에게 가임 기간을 알린 것이라 주장했다. 댄서들은 한 달의 주기 내내 비슷한 의상을 입고, 똑같은 루틴으로 춤을 추고, 팁을 벌어야 한다는 개인적인 동기도 똑같았을 것이다. 그런데도 난자를 한두 개 정도 방출하라는 신호를 난소로 보내는 황체형성호르몬(luteinizing hormone)의 수치가 치솟자 어쩐 일인지 그 신호가 그 여성의 몸을 넘어 외부로 알려진 것이다. 그리고 팁을 주고 춤을 구경하는 남성들도 이런 생화학적 메시지를 알아차렸다(이 과정은 무의식적으로 진행되는 것으로 추정된다).

땀뿐 아니라 눈물도[18] 냄새를 통해 전달되는 화학적 정보의 또 다른 원천일 가능성이 있다. 2011년 놈 소벨은(초콜릿 냄새 맡기와 악수 후 냄새 맡기 실험의 그 소벨이 맞다) 〈사이언스〉에서 슬픈 영화를 보거나 속상한 뉴스를 보는 여성들의 눈물을 채취했다고 보고했다. 보고에 따르면 슬플 때 흘린 여성의 눈물 냄새를 남성에게 맡게 했더니 남성들의 성적 흥분과 테스토스테론 수치가 줄어들었다.

● 댄서들은 생리 기간에는 185달러를 번 반면 가임 기간에는 5시간에 335달러를 벌었다. 가임 기간도, 생리 기간도 아닌 시기에는 평균 260달러를 팁으로 벌었다.

여성이 울고 있는 모습만 봐도 배우자 입장에서는 오늘 밤 섹스를 기대하기는 글렀다는 단서가 된다고 생각할 수 있다. 하지만 냄새도 그런 메시지를 전달해서 성적 욕망을 생화학적으로 누그러뜨리는 역할을 할지 모른다.

소벨은 내게 그 연구를 거꾸로 해보고 싶다고 했다. 즉 남성의 눈물이 여성에게 어떤 효과가 있는지 알아보는 것이다. 하지만 당시에는 남성의 눈물 표본을 충분히 채취할 수가 없어서 통계적으로 검증될 만한 실험을 진행할 수 없었다. 그래서 그는 남성과 여성의 눈물을 급속 냉동해서 눈물 속에 들어 있는 화학물질을 보존한 다음, 나중에 충분한 양의 표본이 모이면 분석하기로 했다. 갑자기 선사시대 사람들은 땀을 흘리는 것만큼이나 자유롭게 눈물을 흘렸는지, 땀과 눈물에 어떤 메시지가 들어 있었는지 궁금해지는 대목이다.

체취에 담긴 메시지는 본질적으로 정직하다. 하인리히하이네대학교의 베티나 파우제(Bettina Pause)는 이렇게 말한다. "땀과 눈물의 생산과 방출, 그 안에 담긴 내용물 모두 의식적으로 조작하는 건 불가능합니다."[19] 우리는 말과 자세, 표정 같은 것을 통제할 수 있지만 냄새를 통제할 수는 없다. 연애와 관련된 문제에서 진화가 일말의 정직성이라도 남겨놓았다는 사실에 감사한 마음이 든다.

"좋아요. 모두들 이제 땀 한번 제대로 흘려봅시다!"

고리키 공원 잔디밭에서 검은 곱슬머리를 초록색 스카프로 질끈 묶은 앨래나 린치(Alanna Lynch)가 확성기로 사람들에게 이야기했다. 그녀는 갈색 탱크톱 상의와 검은색 요가 바지를 입고 분홍색 스니커즈를 번쩍거리며 제자리뛰기를 했다. 주변을 서성거리고 있던 참가자들이 잔디밭 위에서 그녀를 중심으로 반원 모양으로 자리를 잡았다. 그녀는 사람들에게 체취제거제, 향수, 땀억제제를 모두 닦아내야 한다고 주의를 준 다음 호기롭게 외쳤다. "자, 이제 해봅시다!" 그녀는 땀 한 바가지를 보장하는 미용체조 루틴을 시작했다.

린치는 다방면의 프로젝트에 참가했고 수상 경력도 있는 예술가다. 그중에는 소변과 혐오감에 대한 인간의 반응에 관한 프로젝트, 콤부차 스코비(kombucha scoby)에 관한 프로젝트도 있었다. 자기 머리카락으로 실을 만들어 보디슈트를 뜨개질하는 장기 퍼포먼스 작품도 진행하고 있다. 그녀는 냄새 맡기 데이트 행사도 그런 작업의 연장이라고 생각한다. 그녀와 향기연구소 연구자들은 그전에도 베를린에서 많은 사람이 참여한 냄새 맡기 데이트 행사를 개최했었다. "11월의 추운 밤이었어요. 짝을 이룬 사람이 많긴 했지만 춥지 않았으면 더 많았을 거예요. 날씨가 추워서 냄새 표본이 제대로 채취될 만큼 땀을 충분히 흘렸는지 확신이 안 들거든요."

오늘 날씨는 린치의 편이지만 그녀는 그 무엇도 우연에 맡겨놓을 생각이 없는 듯했다. 5월 한낮의 뜨거운 태양 아래서 그녀는 점 핑잭, 버피, 스쿼트, 발 높이 들어 차기, 팔굽혀펴기 등으로 우리를 녹초로 만들었다. 두 번의 운동 라운드 중 첫 번째 라운드만 돌았는데도 나는 이미 땀으로 흠뻑 젖어 있었다. 린치의 공동연구자인 마레이케 보데가 나를 지켜보고 있는 것이 보였다. 시선이 마주치자 그녀가 눈을 치켜뜨고 고개를 끄덕이며 땀 흘리는 내 모습을 격려해주었다. 어쩌면 격려보다는 대단하다는 존경의 표시가 아니었나 싶다. 땀을 많이 흘린다고 누군가로부터 인정을 받는 것도 기분이 나쁘지 않았다.

린치의 운동 루틴이 끝나자 보데가 작은 면 패드를 나눠 주었다. 린치가 확성기로 말했다. "가슴과 겨드랑이의 땀을 그걸로 확실하게 잘 닦아주세요." 우리는 각자 축축해진 면 패드를 번호가 붙은 개인 유리병에 담았다. "번호를 기억하고 계세요. 그걸 기억하고 있어야 짝이 이뤄졌는지 알 수 있어요." 나는 부끄러움이 많은 알렉이 면 패드를 유리병에 담기 전에 냄새를 맡는 것을 봤다. "자기 냄새 같아요?" 내가 묻자 그가 고개를 끄덕였다. "확실히 제 냄새예요." 그가 히죽 웃으며 말했다.

모두가 땀에 젖은 면 패드가 담긴 유리병을 제출했고 주최 측은 그 유리병들을 탁자 위에 올려놓았다. 사람들이 우르르 탁자로 몰려가서 표본의 냄새를 맡았다. 이 표본들은 성별이나 성적 취향에 따라 구분되어 있지 않았다.

나도 유리병을 하나 들어 냄새를 맡아봤다. 잘 익은 냄새, 금속 냄새, 염소 냄새가 났다. 사춘기로 접어들어 호르몬 분비가 왕성한 10대가 운동할 때 나는 냄새 같았다. 그 유리병은 두 번 다시 냄새 맡고 싶지 않았다. 그다음 유리병의 냄새는 간신히 맡을 수 있는 수준이었다. 어쩌면 내 코의 후각수용체가 호르몬 넘치는 청소년의 악취를 맡은 후 파업에 들어가서 그런 것인지도 모르겠다. 나는 뒤로 물러서서 정상적인 공기를 몇 초 들이마신 후 돌아와 같은 유리병을 냄새 맡았다. 예전에 겨드랑이 냄새 분석 전문가가 냄새를 맡던 모습을 떠올리고는 토끼식 냄새 맡기로 세 번 짧게 코로 숨을 들이마셨다. 희미하게 양파와 풀, 흙의 냄새가 났다. 마치 여름날 들판에 누워 있는 것 같은 냄새였다. 사실 꽤 기분 좋은 냄새였다. 번호를 확인했다. 23번이었다.

이어서 다른 유리병들을 냄새 맡아보니 냄새가 별로 나지 않는 표본과 냄새를 맡을 수는 있지만 그리 기분 좋은 냄새는 아닌 표본이 비슷한 수로 나뉘었다. 특별히 불쾌하지도 않지만 별로 매력적으로 느껴지지도 않는 냄새였다. 어떤 것은 양파 향기가 진하게 났다. 아마도 여성의 땀이었을 것이다. 어떤 것은 염소 냄새 같은 톱 노트를 가지고 있었다. 남성일 가능성이 크다. 하지만 사실 누구도 알 수 없는 부분이었다. 어떤 것은 카레 같은 냄새가 났고, 어떤 것은 양배추 수프 냄새가 났다.

나는 확실히 마음을 정하지 못하고 표본 몇 개의 번호를 적었다. 주최 측에 내가 좋아하는 표본 다섯 개를 목록으로 제출해야 하기 때문이다. 그러다가 15번 유리병을 만났다. 놀랍게도 완벽한 섹스를 떠올리게 하는 냄새가 났다. 그 속에 들어 있는 향기를 자세히 알아보려고 다시 냄새를 맡았더니 다른 사람에게서 느껴지는, 염소와 양파의 냄새가 뒤섞인 일반적인 배경 냄새를 감지할 수 있었다. 나머지 표본과도 아주 비슷한 냄새였다. 하지만 그 속에는 당장 다시 냄새를 맡고 싶게 만드는 뭔가가 들어 있었다. 이 냄새가 내게 에로틱한 충동을 일으킨 것은 아니다. 하지만 뭔가 근본적인 매력이 느껴졌다. 그 냄새는 한 사람이 다른 사람과 함께할 수 있는 놀라운 행동이 존재한다는 사실을 즉각적으로 일깨워주었다. 바로 섹스라는 행동 말이다.

나는 취재 수첩에 이렇게 적었다. '15!!!!!!!' 수첩 한 장 전체를 이 정보를 적는 데 할애했다. 그리고 주최 측에 제출할 종이에도 제일 앞에 15번을 적었다. 종이를 제출하면서 갑자기 청소년기에 나 느꼈을 법한 불안감이 갑자기 몰려왔다. 내가 목록에 올린 누군가가 화답할까? 내가 짝을 만나 그 잠재적 연인과 함께 VIP 라운지 텐트에 들어갈 수 있는 출입증 팔찌를 받을 수 있을까?

내가 15번 유리병에서 느낀 것과 같은 강력한 반응 때문에 사람의 성페로몬(sex pheromone)에 대한 믿음이 생겨났다. 성페로몬은 성교를 촉진하는 냄새가 나는 화학물질이다. 곤충도, 양서류도, 포유류도 갖고 있다. 그러면 인간이 갖고 있지 않을 이유가 있을까?

사람의 페로몬은 공중에 사랑의 분자가 떠다니고 있다는 암시를 계속 흘렸고, 과학자들도 수십 년 동안 뜨겁게 그것을 찾으러 다녔지만 정체는 드러나지 않았다. 엄청난 노력을 기울이고 감질나는 간접적 증거들이 수없이 나왔음에도 사람의 몸에서 풍기는 수천 가지 분자 중 사람의 페로몬을 가려낼 수 없었다. 그렇다고 이런 페로몬이 존재하지 않는다는 의미는 아니다. 다만 돼지와 나방 같은 다양한 동물에서는 그런 페로몬을 찾아냈는데 사람에게서는 그 화학물질이 무엇인지 아직 찾아내지 못했다는 이야기다.

그 좋은 사례로 봄비콜(bombykol)을 들 수 있다.[20] 1959년 누에나방에서 처음 발견된 페로몬 봄비콜은 즉각적인 성적 만족감을 보여주는 전형적인 사례다. 암컷 나방은 사랑의 갈증을 느끼면 로미오가 기다리는 방향으로 봄비콜만 방출하면 된다. 그러면 그 냄새를 맡은 로미오가 암컷에게 날아와 짝짓기한다. 이것이야말로 부티콜(booty call, 성적인 만남을 위해 전화하는 것-옮긴이)이라 할 수 있다. 이것은 대부분 시간에, 대부분 수컷에게 통한다.[21]

수컷 멧돼지에게도[22] 그런 페로몬이 있다. 그런데 신기하게도 이 페로몬은 타액에서 만들어진다. 이 털북숭이 돼지는 여기저기 돌아다니다가 가임기가 된 암컷 멧돼지를 만나면 그 방향으로 거칠게 숨을 쉰다. 암컷은 이 페로몬 냄새를 맡으면 수컷이 올라탈 수 있도록 뒤로 돌아 엉덩이를 들어 올린다. 야생 멧돼지의 언어로 이는 '우리 같이 가정을 꾸려봅시다'라는 의미다.

과학자들이 정말로 사람에게서 그런 강력한 효능을 내는 화학물질을 발견하면 무슨 일이 일어날까 생각하니 몸서리가 쳐진다. 별로 큰 상상력을 발휘하지 않아도 그런 효능이 얼마나 끔찍하게 사용될지 머릿속에 그릴 수 있다.

인간이 과거의 진화 과정에서 그런 페로몬을 만들었다고 하더라도 요즘에는 서로 경쟁하는 온갖 자극 때문에 그 효능이 분명 축소되어 있다. 우리는 시각에 대단히 의존하는 생명체가 됐다. 섹스 파트너 후보감의 외모가 그 사람과 같이 잘지를 결정하는 데 중요한 역할을 담당한다. 그리고 우리는 성적인 의사결정에 대해 주체성을 진화시켰다. 어려울 때도 있지만 인간은 체면, 사회적 압력, 법적 처벌에 대한 두려움 덕분에 섹스와 관련된 문제에서 자제력을 발휘할 수 있다.

그럼에도 이런 고려 요소가 본능에 철두철미하게 새겨진 페로몬의 효능을 꺾을 가능성은 크지 않다. 예를 들면 농부들이 인공수정을 할 때는 과정을 용이하게 하기 위해 돼지 페로몬을 흔히 사용한다. 주변에 실제 수컷이 있는지는 중요하지 않다. 암컷은 페로몬 냄새를 맡으면 엉덩이를 들어 올려 인공수정을 도와준다(어떤 인공수정 기술자는 짝짓기와 관련된 분위기를 조성하기 위해 수컷 멧돼지가 하는 것처럼 암컷 멧돼지의 뒷다리를 비벼주기도 한다). 이런 냄새-행동 관계는 숨쉬기와 똥싸기처럼 암컷 멧돼지의 생물학적 자동반사 대본에 암호화되어 있다. 암컷 멧돼지는 그저 자신의 신경생물학적 지상명령을 충실히 따를 뿐이다.

이것이 페로몬의 엄격한 정의다. 과학자들은 무엇을 페로몬이라 할 것인지를 두고 의미론적으로 흥미로운 논쟁을 벌여왔지만, 같은 종의 다른 구성원에게 동일한 반응을 일관되게 유발하는 화학물질 혹은 화학물질의 혼합물이라는 데 대부분 동의한다. 성페로몬의 에로틱한 끌림은 개개인에게 고유하게 작동하지 않고 모든 개체에 차별 없이 작동한다.

따라서 사람에게 성페로몬이 있다고 해도 그것이 당신의 유일한 사랑에게 당신을 특별한 존재로 만들어주지도 않을 것이고 그럴 수도 없다. 이는 대중문화에서 사용하는 페로몬이라는 단어의 의미와 큰 대조를 이룬다. 대중문화 속에서 페로몬의 의미는 다음과 같은 문장으로 요약된다. "저는 그 사람을 사랑할 수밖에 없어요. 그 사람의 페로몬 때문에요." 하지만 엄격한 과학적 정의에 따르면 진정한 성페로몬은 이를 발산하는 사람 앞에서 그와 성별이 다른 모든 사람이 거부할 수 없는 성적 매력을 느끼게끔 만드는 것이다.

성페로몬이 한 종의 구성원들을 마치 자식 만들기 로봇처럼 행동하게 만드는 분자임을 감안하면, 엄격한 성페로몬 개념과 체취로 서로를 발견하고 호감을 발전시키는 개념은 다르다고 할 수 있다. 이 분야를 연구하는 과학자 중에는 자신의 연구를 이야기할 때 사람의 페로몬이라는 단어를 절대 사용하지 않는 사람이 많다.

수십 년 동안 인간의 화학적 소통을 연구해온 연구자들은 페로몬의 P로 시작하는 단어를 쓰지 않고 인간 화학물질 신호(human chemical cue), 화학신호(chemical signal), 사회적 화학신호(social chemosignal) 같은 단어를 쓴다. 사람의 몸에서 풍겨 나와 공기를 타고 코로 들어가 우리의 의사결정에 영향을 미치는 정보가 무엇이든 간에, 그 정보가 우리의 의사결정을 완전히 좌지우지하는 것은 아니기 때문이다.

스톡홀름 카롤린스카 연구소의 요한 룬드스트룀(Johan Lundström)은 이렇게 말한다. "사람에게 뭐가 존재한다는 점에는 다들 동의하는데 거기에 어떤 이름을 붙여주어야 할지 모를 때는 문제가 생깁니다. 페로몬이라는 단어를 쓸 때 한 가지 좋은 점은 무슨 이야기를 하는지 사람들이 대충 알아듣는다는 겁니다. 길거리에서 아무나 붙잡고 물어보면 페로몬에 관한 이야기를 다들 들어봤다고 해요. 하지만 이 단어는 상업적으로 남용되고 있습니다. 그래서 일반 대중은 페로몬이라고 하면 성적인 만남을 떠올려요. 하지만 다른 동물에게서도 짝짓기와 관련된 페로몬은 극소수입니다. 페로몬이 짝짓기와 관련해 어떤 도움이나 정보를 제공할 수는 있지만 성적 매력을 유도하지는 않거든요. 페로몬이라는 단어가 섹스라는 개념으로 오염됐어요." 진정한 의미의 성페로몬이 어떤 작용을 하는지 안다면 사람에게서 일어나는 현상을 페로몬이라는 이름으로 부르기 어렵다.

또 다른 문제도 존재한다. 바로 화학적 증명이다. 과학자들은 아직 사람의 사회적 소통에 관여하는 주요 분자를 가려내지 못했다. 이것은 과학자들이 봄비콜이라는 분자를 밝혀낸 누에나방의 경우와 비교된다. 돼지의 경우는 안드로스테논과 안드로스테롤이라는 두 가지 분자가 작용한다. 이것들 역시 진정한 페로몬으로 여겨진다. 이 동물의 몸에서 흘러나오는 것이 관찰되었고, 성적 행동을 일관되게 일으키는 것으로 입증되었기 때문이다.

사람의 실험을 보면 하나나 그 이상의 뭔가, 즉 어떤 화학물질이 사람의 몸에서 풍겨 나와 다른 사람의 코에서 감지된다는 점은 분명하다. 하지만 이 떠다니는 화학물질이 무엇인지는 아직 오리무중이다. 우리의 땀이나 눈물, 귀지 같은 다른 체액에는 수백 가지 분자가 들어 있다는 점을 기억하자. 이런 체액들 모두 정보를 실어 나를 수 있다. 많은 연구자가 시도했지만 아직 이 체액 속에서 분자를 찾아내 사람의 페로몬이라고 설득력 있게 입증한 사람은 없다.

그렇다고 주목받는 도전자가 없지는 않다. 예를 들어 돼지의 페로몬인 안드로스테논과 안드로스테놀은 사람의 땀에서도 종종 발견되기 때문에[23] 과학자들은 이것이 다른 사람의 기분이나 신경생물학을 바꿀 능력이 있는지 실험했다. 그 결과 뇌 스캔 영상과 설문을 통해 아주 미약한 효과만 확인됐다. 그것도 땀에서 정상적으로 발견되는 것보다 수십, 수백 배 높은 농도로 그 분자의 냄새를 맡게 했을 때만 효과가 나타났다.

물론 온라인에서 페로몬 향수를 파는 사람들은 다르게 이야기할 것이다. 돼지 페로몬 안드로스테논이 들어 있는 제품은 이것이 방심하고 있는 여성을 유혹할 수 있도록 도와준다고 주장한다. 그렇지만 이 제품은 성적으로 흥분한 인간 여성보다는 몸이 달아 있는 암퇘지를 유혹할 가능성이 더 크다.

지난 수십 년 동안 사람의 페로몬을 찾으려는 수많은 연구가 무위로 돌아갔다. 그 바람에 효과도 입증되지 않은 제품들을 팔려는 사람들도 있었다.[24] 하지만 이 분야의 연구자들은 사람의 페로몬이 언젠가는 발견되리라 낙관하고 있다. 페로몬에 대해 광범위하게 연구를 진행해온 옥스퍼드대학교의 진화생물학자 트리스트럼 와이엇(Tristram Wyatt)은 사춘기에 사람의 체취가 대단히 강해진다는 것이 핵심이라고 한다. 이는 우리가 분명 체취를 섹스 기회를 획득하는 용도로 사용하고 있음을 암시한다.

요한 룬드스트룀은 이렇게 말한다. "저는 학습되는 것이든, 타고나는 것이든 체취를 통해 전달되는 일종의 사회적 정보가 있다고 믿습니다. 그것이 페로몬이냐 아니냐는 이름 붙이기의 문제에 불과합니다. 체취는 그 사람의 질병, 나이, 성별 등을 알려주는 화합물의 복잡한 혼합물입니다."

이런 체취가 주로 겨드랑이에서 방출되기 때문에 연구자들은 신체 부위 중에서도 겨드랑이에 집중한다. 한때 조지 프레티가 이렇게 말한 적이 있었다. "누군가가 당신의 엉덩이 냄새를 맡아본 적이 있나요? 우리는 직립 보행하는 생명체입니다. 그래서 겨드랑이가 코에 더 가깝죠. 사람의 페로몬을 찾는 연구자들이 대부분 겨드랑이에 초점을 맞추는 이유도 그 때문입니다."

"짝이 맺어졌습니다!"

냄새 맡기 데이트에서 행사요원이 서로 짝이 지워진 사람들의 번호를 발표하고 있었다. 나는 주머니에서 내 번호를 꺼냈다. 22번이었다.

자기 번호가 불린 다양한 사람들이 각자의 짝을 마주했다. 심지어 세 명이 짝이 된 경우도 있었다. 여름에 모스크바의 지하철을 타는 것은 코에 대한 모욕이라 생각하던 소피아는 드미트리와 짝이 맺어졌다. 체취억제제를 멀리하고 마늘을 먹고 수염을 기르는 그 힙스터 남성이다. 그리고 두 사람 모두 마리나라는 여성과도 짝이 맺어졌다. 마리나는 50대 여성으로 속이 비치는 분홍색 드레스를 입고 있었다. 그녀는 자기가 사위의 향기와 우주적으로 연결되어 있다고 말하면서 사위가 전생에 자신의 연인이었을지도 모른다고 했다. 세 사람은 VIP 팔찌를 차기 위해 손목을 내밀면서 셋이 이렇게 얽힌 것에 대해 농담을 하기 시작했다.

"그리고 22번….”

나다! 나는 한 발 걸어나가 숨을 죽이고 다음 이야기를 기다렸다.

"당신은 23번과 짝이 맺어졌어요!"

앞서 번호를 적어놓은 수첩을 봤다. 순수한 섹스를 떠올리게 해준 15번이 아니다. 23번은 갓 베어낸 건초처럼 섬세한 체취를 가진 사람이었다. 이 사람의 냄새도 위안을 주는 기분 좋은 냄새였다.

주위를 둘러보니 그녀가 저기 보였다. 꿀과 같은 색의 금발에 녹갈색 눈동자, 꽉 끼는 청바지와 멋진 낙타색 가죽 재킷을 걸치고 있었다. 환상적이었다! 어쩌다 내가 그녀와 짝이 됐을까? 그녀는 두말할 나위 없이 아주 멋진 사람이었다. 내가 여자를 좋아하지 않는다 한들 무슨 상관인가! 냄새 맡기 데이트 대회에서 우승자가 된 기분이 들었다. 나는 즐겁게 웃음을 터트리며 그녀에게 다가가 어색하게 말을 걸었다.

"우리가 짝이 된 것 같은데요? 제가 22번이에요."

"안녕하세요? 저는 아나스타샤라고 해요."

그녀가 활짝 미소를 띠며 말했다. 그녀는 핸드백 수입업자로 패션계에 종사한다고 했다. 그리고 부업으로 레스토랑 리뷰도 쓴다고 했다.

"잠깐만요! 그러면 식도락가란 말인가요? 그렇게 예민한 후각과 미각을 가진 사람이 제 체취를 선택했다고요?"

그녀가 웃음을 터트렸고, 우리는 과학 축제에서 본 여러 가지 것들에 대해 수다를 떨기 시작했다. 그런데 멀쑥하게 큰 키에 와이셔츠를 입은 30대 정도의 남성이 우리에게 다가오는 것이 보였다. 그의 이름표에는 '이반'이라고 적혀 있었다. 그가 아나스타샤를 당황스러운 표정으로 바라봤다. 그러자 그녀가 따뜻하게 미소를 지으며 말했다.

"아, 당신도 저와 짝이 맺어졌나 보군요!"

잠깐, 뭐라고? 경쟁자가 있다고? 아나스타샤는 우리 두 사람과 짝이 되었지만 이반과 나는 아나스타샤하고만 짝이 되었다. 나는 미소 띤 얼굴로 주먹을 불끈 쥐며 말했다.

"아무래도 그녀를 차지하려면 당신과 싸움을 한판 벌여야 할 것 같네요."

"좋습니다. 하지만 먼저 VIP 라운지에서 한잔하고요. 싸움은 그 뒤로 미루죠."

이반이 응수했다. 노란색 VIP 텐트가 차려졌다. 텐트의 하얀색 커튼이 음향장치의 굵직한 저음에 위태롭게 흔들리고 있었다. 수십 명의 사람이 키 높은 하얀 탁자에 기대고 있었다. 어떤 사람들은 VIP 텐트 주변에 놓인 소파에 비스듬히 기대고 누워 있었다. 올백 머리를 하고 음악이 나오는 금속 백조를 물에 띄우던 이탈리아 예술가도 러시아 사람들과 즐거운 대화를 나누고 있었다. 우리는 한쪽에 길게 설치되어 있는 바로 향했다. 슈퍼모델처럼 광대뼈 윤곽이 뚜렷한 바텐더가 보드카 베리 칵테일을 무제한으로 제공해주고 있었다.

우리는 칵테일을 받기 위해 줄을 서서 기다리면서 냄새 맡기 데이트 행사에 참가한 다른 두 사람과 대화를 나누었다. 알렉세이는 알아볼 수 있었다. 자신의 큰 코가 여성의 향기를 알아보는 데 도움이 될 거라고 믿었던 사람이다. 그는 미하일과 함께 서 있었다. 미하일은 짧게 깎은 갈색 머리에 회색 집업을 입고 있었다. 그는 조금 실망한 듯한 말투로 이렇게 말했다.

"우리는 두 사람 다 여자를 좋아하는 데 이렇게 둘이 짝이 맺어진 게 이상해요. 하지만 그가 괜찮은 사람 같아 보여 같이 공짜 보드카를 마시기로 했습니다."

모두 술을 받아 들고 몇 개 없는 탁자 중 한 곳을 향했다. 호리호리하게 키가 크고 늘어진 금발의 여자와 데이트해본 적이 없다고 했던 알렉은 동네에서 흔히 볼 것 같은 타입의 키 작은 여성과 대화를 시도하고 있었다. 그 여성은 하트 모양과 '사랑'이라는 단어가 찍힌 티셔츠를 입고 있었다.

"우리 둘 다 학생이네요!"

알렉이 소리쳤다. 어찌나 활짝 웃고 있는지 저러다 숨넘어가겠다 싶었다. 그 여성도 열정적으로 고개를 끄덕였다. 진정한 케미가 무엇인지 보여주고 있었다. 두 사람을 방해하고 싶지 않아서 나는 미소를 지으며 두 사람을 향해 무언의 건배를 한 후 다시 내가 속한 모임으로 방향을 틀었다.

나의 경쟁자인 이반이 시간이 될 때마다 유기견 보호소에서 일한다고 이야기하고 있었다. 나는 이반에게 고개를 숙이며 말했다.

"제가 포기할게요. 그렇게 고결한 취미를 갖고 계신 분과는 도저히 경쟁이 안 되겠네요."

"너무 빨리 포기하지 마세요. 적어도 제 남편이 저를 데리러 올 때까지는요."

아나스타샤가 추파를 던지듯 말했다. 이번엔 이반의 고개가 떨구어졌다. 나는 속으로 생각했다. '이봐요, 아무래도 우리 둘 다 처음부터 헛물켜고 있었나 봐요.'

나는 칵테일을 다 마시고 이반과 아나스타샤에게 인생과 사랑에 행운이 깃들기를 기원하며 먹을 것을 찾아 VIP 텐트를 나왔다. 피오네예르 연못 앞을 지나는데 예상 밖의 이중주 소리가 들렸다. 술에 잔뜩 취해 쓰러진 국경순찰대원의 코 고는 소리가 위성 안테나 백조의 음악 소리와 섞인 것이다. 바로 그때 냄새 맡기 데이트 행사장에서 나온 오래된 커플 세르게이와 아냐를 마주쳤다. 두 사람도 공원 출구 쪽으로 향하고 있었다. 나는 그들에게 물었다.

"잠깐만요. 두 사람은 VIP 라운지로 가야 하는 것 아닌가요?"

"못 가요. VIP 팔찌를 못 받았어요. 짝으로 맺어지지 못했거든요. 저는 그녀의 냄새를 알아보고 선택했지만…, 그녀는 저를 선택하지 않았어요!"

CHAPTER 5

땀 흘리는 행복을 공유하는 곳, 사우나

건장하고 몸에 털이 많은 남성이 타탄체크무늬의 테리 직물로 짠 킬트(kilt, 스코틀랜드 남성들이 입는 전통 의상으로 격자무늬의 모직으로 만든 짧은 치마다-옮긴이)와 선글라스만 착용한 채 내 앞으로 걸어갔다. 그가 온천의 남녀공용 탈의실을 지나가는 걸 보며 그도 나와 똑같은 행사를 향해 가고 있다고 결론 내렸다. 바로 사우나 극장 월드 챔피언십(the world sauna theater championship)이다.

암스테르담 외곽에 자리 잡은 네덜란드식 온천에[1] 도착했을 때 이곳은 1년에 한 번 일주일 동안 열리는 경연대회 중이었다. '포스트맨(The Postman)', '블랙스완(Black Swan)' 같은 제목의 매진 공연 티켓을 갖고 있다는 것이 왠지 짜릿한 기분이 들었다.

나는 탈의실에서 옷을 벗고 목욕 가운으로 갈아입은 다음 명함 크기의 티켓을 주머니에 넣고 킬트를 입은 사내를 따라 밖으로 나갔다. 숲의 경계를 따라 놓인 몇 개의 소형 목제 사우나 근처에 뜨거운 물이 담긴 큰 탕이 있었다. 주위에는 땅거미가 지고 있었고 수중 램프가 수면에서 모락모락 피어오르는 수증기에 조명을 비추고 있어 물에서 신비로운 느낌이 났다. 벌거벗은 사람들은 아주 평온한 얼굴로 탕에 몸을 담그고 있었다. 갑자기 이런 목가적 배경과 어울리지 않는 소리가 들렸다. 육중한 베이스음이 반복되고 있었다.

소리가 나는 곳은 야외 욕조를 몇 개 지나서 있는 거대한 원형 사우나였다. 다양한 상태로 벌거벗고 있는 200명 정도의 사람이 건물 주변으로 둥글게 두 줄로 서서 기다리고 있었다. 킬트 입은 사내가 다시 눈에 들어와서 나도 그 사람 뒤로 줄을 섰다.

사우나 바깥에 매달려 있는 스피커 몇 개가 정치인들이 유세할 때나 틀 듯한 쾌활한 음악을 뿜어내고 있었다. 서늘한 11월 저녁에 야외에서 대기 중이다 보니 사람들이 몸을 덥히려고 흘러나오는 음악에 맞춰 몸을 위아래로 까딱거렸다. 잠시 후 마이크 헤드셋을 끼고 있는 사우나 직원이 이렇게 외치며 분위기를 띄웠다. "여기서 목소리가 제일 큰 사람이 누굽니까?" 그러자 양쪽 줄에 서서 기다리고 있는 사람들이 경쟁적으로, 열정적으로 함성을 질렀다. 그 직원은 사우나 문을 열고 내 줄 앞을 막고 있던 밧줄을 푼 다음 티켓을 받기 시작했다. "밀지 마세요!"

사람들은 좋은 자리를 차지하기 위해 재빨리 바깥 옷걸이에 가운을 벗어 던지고 콜로세움 모양의 원형 사우나로 몰려 들어갔다.

깔고 앉을 수건을 빼고는 모두 벌거벗고 있었다. 어떤 사람은 은밀한 부위를 가리려고 애쓰고 있었고, 어떤 사람은 체면도 잊은 채 제일 좋은 자리를 차지하기 위해 달려들었다. 어떤 사람은 사우나의 이글거리는 열기로부터 머리카락을 보호하기 위해 양모펠트로 만든 로빈후드 스타일의 모자를 쓰고 있었다. 한 여성은 바이킹의 뿔 양쪽에 실을 꼬아 만든 빨간 장식용 수술 두 개가 달린 펠트 모자를 자랑스럽게 쓰고 있었다. 어떤 사람은 노르웨이 국기를 상징하는 펠트 모자를 쓰고 있었다. 그 사람이 내 앞을 지나갈 때 흐릿하게 빨간색과 파란색이 보였다. 나도 목욕 가운을 벗고 수건으로 앞을 간신히 가린 다음 사람들을 밀치고 달려 나갔다.

듣기로는 이 사우나 극장이 유럽의 유로비전(Eurovision)과 비슷하다고 했다. 유로비전이라면 아바와 셀린 디온의 명성을 높인 유쾌한 B급 감성의 음악 경연대회다. 유로비전은 수염을 기른 여장 남자부터 뱀파이어로 분한 메탈 가수, 바부시카 의상을 차려입고 나와 전통 음악을 귀에 쏙 들어오는 팝 버전으로 노래하는 러시아 할머니들에 이르기까지 온갖 다양하고 독특한 공연자들을 위한 공연 플랫폼이다. 사우나 극장도 그만큼 다양한 출연진이 참여한다. 다만 섭씨 85도의 뜨거운 열기 속에서, 벌거벗은 관객 앞에서 립싱크로 공연한다는 점이 다를 뿐이다.

사우나 공연장 가운데에는 거대한 오븐이 있다. 그 위에 높이 쌓아 올린 돌멩이에서 뜨거운 열기가 뿜어져 나온다. 무대는 원형 건물 둘레의 3분의 1 정도를 차지하고 있다. 그리고 무대에는 주황색 텐트를 비롯해 캠핑장이 완벽히 세팅되어 있다. 텐트의 천이 어떻게 저 뜨거운 열기를 견디고 있는지 신기했다. 무대 왼쪽에는 거대한 비디오 스크린이 자리 잡고 있었다. 나머지 둘레는 두 구간으로 좌석 공간이 마련되어 있었는데 각각 4층의 목제 벤치로 되어 있었다.

사우나의 수용 인원은 180명 정도다. 그보다 많은 사람이 이 쇼를 보기 위해 어떻게든 안으로 들어오고 싶어 했다. 2층 좌석에서는 비디오 촬영기사가 삼각대 위에 카메라를 올려놓고 만지작거리고 있었다. 안으로 들어오지 못하고 대기 줄에 서 있는 사람도 온천의 야외 레스토랑에 설치된 스크린을 통해 쇼를 관람할 수 있었다. 나는 카메라의 시야를 피할 수 있도록 카메라 렌즈 바로 아래 있는 1층 좌석에 자리를 잡았다. 야외 레스토랑에서 식사하는 사람들에게 벌거벗은 몸뚱이로 출연하고 싶은 생각은 없었기 때문이다.

마지막으로 비집고 들어온 몇몇 사람들이 앉을 자리를 마련하기 위해 여기저기서 수건의 위치를 새로 정리하고 있었다. 마이크를 잡은 사회자가 발을 포함해서 몸 전체가 수건 위에 올라오도록 벤치에 자리를 잡으라고 했다. 그래야 모든 사람의 등과 다리에서 이제 곧 줄줄 흘러내릴 땀을 수건이 머금게 된다. 그렇지 않으면 관객들의 땀이 사우나 바닥에 거대한 물웅덩이로 고이기 때문에 사람들이 자리를 뜨다가 미끄러져 넘어질 수 있다. 땀을 수건으로 흡수하면 땀의 소금기로 목제 벤치가 상하는 것도 막을 수 있고, 자기 몸에서 나온 체액은 자기 곁에 두는 것이 더 위생적이기도 하다.

주변을 둘러봤다. 만화경처럼 변화무쌍한 모습으로 앉은 벌거벗은 사람들을 보며 왠지 힘이 났다. 온갖 모양과 크기의 몸뚱이들이 공연을 기대하며 신나는 음악에 맞춰 발을 까딱이고 있었다. 사람들이 산만해지지 않도록 사회자가 사람들에게 파도타기를 시켰다. 이런 말을 보태기가 망설여지기는 하지만, 파도타기를 하면서 자신의 은밀한 부위의 품위를 지키기는 불가능했다. 아무리 아름다운 몸이라도 그 부드러운 부위가 덜렁거릴 때는 민망할 정도로 우스꽝스러워진다. 하지만 그렇다고 파도타기를 하지 않는다면 사우나 안의 모든 시선이 나와 내 벌거벗은 몸뚱이로 향할 것이다. '로마에서는 로마법을 따르자.' 나는 위로 뛰어오르며 이렇게 생각했다. 그리고 이 파도타기가 내 인생에서 가장 우스꽝스러운 순간으로 남으리라 확신했다.

이 민망한 사우나 극장 경연대회의 공식적인 이름은 '아우프구스 WM(Aufguss WM)'이다.[2] WM은 월드 챔피언십을 의미하는 독일어

'Weltmeisterschaft'의 약자다. 아우프구스는 '불어넣다'라는 의미의 독일어다.

정상적인 상황에서는 아우프구스가 진지하고 정교한 사우나 의식으로 치러진다. 아우프구스 마스터라는 사우나 직원이 에센스 오일을 첨가한 물을 의식을 갖춰 국자로 사우나의 돌난로 위에 부으면 거기서 나온 증기가 공간에 향기로운 수증기를 불어넣는다. 물이 돌난로에 닿으면 귤, 라벤더, 소나무, 유칼립투스의 향기를 머금은 뜨거운 증기가 사우나 안에 있는 모든 이를 감싼다.

그리고 이어서 수건 루틴이 시작된다. 아우프구스 마스터가 수건을 흔들기 시작하면 뜨거운 바람이 거세게 일면서 폐쇄된 공간 곳곳으로 열기가 전달된다. 겨울바람을 맞으면 풍속냉각 때문에 더 춥게 느껴지지만, 여기서는 아우프구스 마스터가 만들어내는 뜨거운 바람이 사우나를 더 뜨겁게 만든다. 사실 뛰어난 아우프구스 마스터라면 10~15분 동안 충분한 바람을 일으킬 수 있어 사우나를 하러 온 사람들이 몸에서 땀을 비 오듯이 흘리는 와중에도 머리카락이 바람에 날리는 모습을 볼 수 있다.

대부분의 아우프구스는 마음이 차분하게 진정되는 엄숙한 의식이다. 그만큼 아우프구스 마스터도 크게 존경을 받는다(카타르시스가 넘치는 의식이 펼쳐진 이후 열렬한 팬들이 아우프구스 마스터에게 수건에 사인을 받는 것도 본 적이 있다). 의식에 음악이 동원되더라도 최소로 사용하거나 뉴에이지 음악 같은 것을 튼다. 전통적인 아우프구스 의식에 참여하는 사람이라면 파도타기를 할 일이 없다. 하지만 지금 하는 것은 예사로운 아우프구스가 아니다. 이것은 아우프구스 월드 챔피언십이다!

갑자기 직원들이 튀어나와 사우나 문을 닫는다. 이어서 조명이 꺼지고 팝 음악이 잦아든다. 거의 200명에 가까운 사람이 어둠 속에 앉아 있는 가운데 마치 신의 목소리 같은 울림 있는 목소리가 스피커를 통해 우레 같은 소리로 터져 나온다. "7!"

우리는 벌떡 일어선다. 동시에 무대 위 거대한 비디오 스크린에 전형적인 영화식 카운트다운 숫자가 나온다. 하얀 배경 위에 원이 있고 그 안에 검은색으로 '7'이 쓰여 있다. 신의 목소리는 영상에 맞춰 하나씩 카운트다운을 한다. '1'까지 내려오자 뭔가 음모를 꾸미는 듯한 다른 섹시한 목소리가 마이크를 잡고 속삭인다. "사우나 극장!"

조명이 들어오면서 모든 사람의 시선이 사우나의 정문으로 향한다. 경연대회 참가자인 지리 자코브스키(Jiri Žákovský)라는 체코 남성이 등장하기를 기다리고 있는 것이다. 그는 '더 마운틴(The Mountain)'이라는 루틴을 공연할 것이다. 하지만 문이 열리지 않는다. 어색하게 몇 초가 흐르고 모두 어리둥절한 모습으로 주위를 둘러본다. 갑자기 무대 위 주황색 텐트 안에서 부스럭거리는 소리가 들리더니 지퍼가 열리기 시작한다. 그리고 방한복과 부츠 차림에 하이킹 배낭을 멘 자코브스키가 얼굴에 비 오듯 땀을 흘리며 손에는 얼음송곳을 들고 기어 나온다. 관중이 열광한다.

광적인 함성이 잦아들자 자코브스키가 당당하게 고개를 끄덕인다. 그는 수염을 기른 20대 남성으로 적갈색의 머리카락 위쪽은 길게 땋아서 내리고 그 아래로는 밀어버렸다. 그는 미국 드라마 〈왕좌의 게임(Game of Thrones)〉의 야인(wildling) 역할을 해도 좋을 성싶은 모습이었다.

그는 쇼를 보러 온 모든 사람에게 환영의 인사를 하고 관중석에 앉아 있는 아우프구스WM 심사위원에게 점수를 받는 데 필요한 몇 가지 일을 수행했다. 그러고선 공연이 13분 정도 진행될 것이라 안내하고(공연 시간이 15분을 넘거나 10분을 채우지 못하면 벌점이 있다) 이제 곧 땀이 배일 텐데 욕탕에 들어가기 전에는 꼭 몸을 씻고 들어갈 것을 당부했다. 마지막으로, 공연 중에 더위로 어지러움을 느끼는 사람이 있다면 언제라도 사우나에서 나가도 괜찮다고 말했다. 나는 그가 방한복을 입고 있으면서도 아직 어지러움을 느끼지 않는다는 사실이 믿기지 않았다.

그런데 갑자기 그의 얼굴이 어두워졌다. 그는 자기 형이 작년에 산 정상을 정복하러 나섰다가 실종됐다고 말했다. 그러면서 형의 명예를 지키기 위해 자기도 사람의 생명을 앗아가는 위험한 산을 똑같은 코스로 정복하고 싶다고 설명했다. 두 형제가 똑같은 털모자를 쓰고 있는 사진이 장엄한 겨울 산 풍경과 함께 거대한 비디오 스크린에 등장했다.

자코브스키는 관객들에게 이야기하며 마치 가파른 산비탈을 오르듯 사우나 이곳저곳을 터벅터벅 걸었다. 그러더니 갑자기 허리를 굽혀 사우나 바닥에서 형이 사진에서 쓰고 있던 것과 똑같은 털

모자를 집어 들었다. 형이 십중팔구 산에서 죽었을 거라는 슬픈 암시였다. 자코브스키가 고통스러운 얼굴로 쓰고 있던 모자를 벗어던지고 형의 모자를 썼다. 음향장치에서 나오던 헤비메탈 발라드 음악이 마무리되면서 그는 하나밖에 없는 형제를 앗아간 산에 복수를 다짐했다.

그는 다시 자신이 해야 할 일로 돌아와 캐모마일 에센스 오일이 들어 있는, 산처럼 생긴 원뿔 모양의 눈 덩어리를 사우나 돌난로 위에 올려놓았다. 눈이 녹으면서 뿜어져 나오는 증기로 자극적인 꽃향기가 사우나 안에 가득 피어올랐다. 그 향기가 마치 야생화의 바다 한가운데 있는 것 같은 분위기를 만들었다. 그가 뜨거운 돌난로 위에 물을 더 붓자 향기로운 증기가 사우나를 가득 채웠다.

그때 에어로빅 쇼가 시작됐다. 자코브스키가 두꺼운 흰색 수건을 들더니 헬리콥터처럼 휘두르기 시작했다. 수건이 돌아가면서 증기와 캐모마일 향기가 사우나 구석구석으로 퍼져나갔다. 관람객들은 증기를 잔뜩 머금은 바람이 피부 위로 스쳐 지나가는 것을 느꼈다. 그 모습을 보며 문득 리본 체조가 떠올랐다. 다만 리본의 역할을 수건이 대신하고 있었다.

그가 돌난로에 물을 붓기 전에도 사우나는 이미 엄청나게 더웠다. 여기에 바람까지 일으켜 뜨거운 증기가 피부에 와 닿으니 전보다 훨씬 더 덥게 느껴졌다. 직관에 어긋나는 이야기겠지만 인체는 뜨거운 사우나 속에서 가장 시원한 물체 중 하나다.[3] 사우나에서 피부 온도는 평소보다 높은 섭씨 42도 정도로 올라가지만 주변 공간의 온도는 섭씨 80~90도 사이이다. 증기는 100도가 넘는다. 사람의 몸이 상대적으로 시원하기 때문에 주전자에서 나온 증기가 차가운 겨울 유리창에 닿아 물방울로 맺히듯, 사우나 주변을 떠돌던 증기가 사람의 피부를 만나면 응결해서 물방울이 생긴다.

응결(condensation)은 본질적으로 발열반응이다. 반응 과정에서 열이 방출된다는 의미다. 바로 당신의 몸 위에서 말이다. 이는 사람이 땀으로 몸을 식힐 때 일어나는 것과 정반대 현상이다. 우리가 땀을 흘리는 이유는 땀이 몸에서 증발하면서 몸을 식히는 효과를 보기 위해서다. 그런데 사우나의 뜨거운 증기는 사람의 몸에서 응결하면서 오히려 체온을 높인다. 그래서 사우나에서 나온 증기가 피부에서 응결해서 체온을 높이면 우리는 이를 보상하기 위해 더 많은 땀을 흘린다.

마치 내 온몸의 구멍이 열리고 몸속에 들어 있는 물기가 마지막 한 방울까지 모두 빠져나오려고 발버둥치는 것 같았다. 땀이 내 피부에 맺힌 물방울과 합쳐져 홍수처럼 몸을 타고 흘러내려 수건을 적셨다. 내 팔꿈치에서 떨어지는 땀이 옆에 앉은 사람의 수건으로 떨어지는 것이 보였다. 나는 땀이 내 수건에만 떨어지도록 자세를 고쳐 잡았지만 무의미한 일이었다. 자세를 살짝 고쳐 잡고 나니 이번에는 꼬고 앉은 다리에서 떨어지는 땀방울이 다른 이웃의 수건으로 떨어졌다. 다행히 두 사람 모두 내게 전혀 신경을 쓰지 않고 있었다. 쇼가 너무 흥미진진했기 때문이다. 그래서 나도 내 땀에 신경 쓰느라 괜히 식은땀을 흘리지 않기로 마음먹었다.

몸에서 체액이 쭉쭉 빠져나오면서 믿을 수 없을 만큼 몸이 정화되는 기분이 들었지만 한편으로는 겁도 났다. 내 몸의 수문들이 과연 닫히기는 할지, 이러다 사우나 벤치 위에서 그대로 말라 죽는 것은 아닌지 궁금해지기 시작했다.

알고 보니 독일의 과학자들도 그 부분이 궁금했던 것 같다. 2015년에 이들은 아우프구스를 진행하는 동안 몸에서 쏟아지는 액체 중 어느 정도가 땀이고, 어느 정도가 응결된 물인지 알아내는 실험을 진행했다.[4] 그리고 몸에서 흐르는 액체 중 30~55퍼센트가 응결된 물이고 나머지는 땀이라는 결과가 나왔다. 정확한 비율은 개인의 땀 분비량과 사우나의 온습도 조건에 따라 달라진다. 하지만 이것을 알고도 마음이 편해지지는 않았다. 여전히 내 몸속에서 수분이 몇 컵씩 빠져나오고 있었기 때문이다.

한편 자코브스키는 열심히 돌아다니면서 관객들을 만나고 있었다. 그는 양손으로 수건의 끝을 잡고 조화롭고 우아한 동작으로 위아래로 휘두르며 사우나의 물리학을 활용해 장난을 치고 있었다. 아무리 뜨거운 공간이라도 열기는 위로 솟는다. 때로는 사우나에서도 바닥과 천장의 온도 차이가 5도를 넘을 때가 있다. 아우프구스 경연대회 참가자들은 수건을 위아래로 휘두름으로써 사우나 꼭대기에 있는 제일 뜨거운 공기는 아래로, 차가운 아래쪽 공기는 위로 밀어낸다. 살짝 더 뜨거운 공기와 살짝 더 시원한 바람이 서로 뒤바뀌면서 닭살이 돋았다. 그리고 몸에서 기분 좋게 열이 나는 느낌이 들었다.

음악이 잔잔해지자 이제 드디어 공연이 끝나고 이 열기에서 빠져나갈 수 있겠다고 생각했다. 하지만 그건 3막 중 1막의 끝에 불과했다. 내 수건은 자코브스키처럼 땀으로 흠뻑 젖어 있었다. 적어도 겹겹이 껴입은 그의 코스튬 의상 사이로 얼핏 보이는 피부를 볼 때 그랬다.

2막에서 자코브스키는 무대 위에 드라이아이스로 꾸며낸 가상의 눈사태에 머리끝까지 잠기고 말았다. 그가 눈사태를 피하는 동안 소나무의 향기가 사우나 전체로 퍼졌다. 그가 돌난로 위에 소나무 에센스 오일을 주입한 눈 덩어리를 올려놓았기 때문이었다. 곧 자코브스키는 더 복잡하고 화려한 수건 쇼를 시작했다. 그는 피자 요리사처럼 수건을 공중으로 휙 던져올렸다가 다시 손쉽게 잡아냈다. 그러고는 수건을 등 뒤에서 돌리더니 허공으로 다시 날려 올렸다가 반대쪽 손으로 잡았다. 그는 배낭과 얼음송곳을 비롯해 트레킹 장비로 잔뜩 무장한 상태에서 이 수건 쇼를 했다.

갑자기 스피커에서 죽은 자코브스키의 형이 저승에서 말을 하기 시작했다. 동생이 정신을 차리기를 바라는 그 영혼의 목소리는 그에게 이 등산은 자살이나 다름없다며 모험을 포기하라고 애원했다. 자코브스키는 수건으로 내면의 갈등을 연기했다. 이제 그는 수건 하나가 아니라 한 손에 하나씩, 두 개의 수건을 들고 공연했다. 나는 실내를 둘러봤다. 아우프구스에 참가한 자코브스키의 경쟁자들도 경외감에 찬 표정으로 그의 공연을 보고 있었다. 어떤 사람은 넘치는 희열을 느끼며 사우나 벤치에서 계속 벌떡벌떡 뛰어올랐다.

마침내 자코브스키도 항복했다. 죽은 형의 충고를 따라야 한다는 걸 깨달은 그는 산이 자신의 목숨마저 앗아가기 전에 하산하기로 했다. 그리고 새로운 삶의 열망을 전달하기 위해 히말라야의 특정 지역에서만 자라는 희귀한 꽃의 향기를 사우나에 불어넣었다. 그 순간 그가 미소를 지어 보였다. 이 미소는 분명 인물의 내적 성장을 보여주는 연기였지만, 공연이 완벽하게 마무리되고 있다는 의미 같기도 했다. 그는 능숙하게 수건 공연을 이어가며 관중 속 친구들을 향해 고개를 끄덕였다. 내가 아는 한 그는 단 한 번의 실수도 하지 않았다.

음악이 끝나고 그가 인사를 했고, 그를 축하하기 위해 사람들이 몰려들면서 공연장이 난장판이 됐다. 한 관객은 주먹을 들어 계속 "브라보!"를 외쳤다. 한 네덜란드 부부는 그가 유력한 1등 후보인 것 같다고 내게 속삭였다. 밖으로 나오니 킬트 입은 사내가 이탈리아 관객들에게 공연에 대해 열변을 토하고 있었다.

나는 그곳을 빠져나와 10명이 써도 부족하지 않을 정도로 노즐이 많은 긴 슬레이트 샤워실에서 시원한 물줄기로 몸을 식혔다. 굉장히 들뜬 기분이 들었다. 마치 육체적으로 대단히 힘든 일을 완수하고 승리한 것처럼 신이 났다.

사우나에서 느끼는 희열감은 기분이 좋아지는 뇌의 화학 작용과 생리적 작용 덕분이다. 사우나에 들어가서 피부의 온도가 치솟으면 심장박동수도 치솟는다. 그 안에서 10~15분 정도를 버티다가 밖으로 나올 즈음이 되면 심장이 분당 120~150회 정도로 뛴다. 많은 사람에게 이것은 가벼운 운동을 할 때의 박동수에 해당한다.

한편 그동안 몸은 약한 열충격(heat-shock)을 견디고 있었는데, 이것이 혈액 화학에 이로운 후속 효과를 낳는다. 사우나는 에피네프린, 성장호르몬, 엔도르핀의 혈중 수치를 크게 높인다.[5] 논란은 있지만 엔도르핀은 러너스 하이(runner's high, 중강도로 운동을 30분 이상 지속했을 때 느껴지는 희열감-옮긴이)의 원인으로 종종 지목되는 호르몬이다. 사우나를 하면 달리지 않고도 공짜로 이 행복감을 얻을 수 있다.

운동과 사우나는 다른 유사점도 많은 것으로 밝혀졌다. 양쪽 모두 심장과 심혈관계에 이롭게 작용한다. 하지만 분명히 해둘 것이 하나 있다. 전 세계 온천 시설에서는 사우나의 이로움에 대해 온갖 주장을 펼치고 있지만 그중 대부분은 헛소리다. 사우나를 한다고 암이 낫지는 않는다. 사우나는 현명한 화학적 해독 전략도 아니다. 사실 사우나는 해독 전략이 될 수 없다. 물론 한바탕 땀을 흘리고 나면 혈류로 분비되는 행복 호르몬 덕분에 감정에 쌓여 있던 독은 씻어낼 수 있을 것이다. 하지만 사우나가 해독 전략이라고 생각하는 것은 인체의 작동 방식에 대한 근본적인 오해일 뿐이다.

몸의 해독을 담당하는 기관은 콩팥이다. 콩팥은 혈액에서 화학적 노폐물을 제거하는 일을 전문으로 하는 기관이다. 일부 중금속,

코카인, 매운 토마토 맛 닉낙스 향료 등 우리 몸에서 배출되어야 할 화학물질을 비롯해 온갖 흥미로운 성분이 땀을 통해 빠져나오는 것은 사실이다. 하지만 이런 성분이 땀에서 나타나는 것은 우연이다. 그냥 우리 몸에 액체가 흘러나올 수 있는 구멍이 있으니 흘러나온 것에 불과하다. 체온을 낮추기 위해 땀샘은 혈액에서 물을 뽑아낸다. 순환계를 타고 그 주변에서 흘러가던 임의의 화학물질이 우연히 그 물에 딸려온 것뿐이다.

그러나 수많은 온천에서 대조군도 없이 이뤄진 수십 년 전의 연구나, 표본 규모가 너무 작아서 통계적으로 아무것도 입증할 수 없는 연구, 자신 있게 결론을 도출할 수 없는 연구 내용을 가지고 사우나가 건강에 이롭다고 주장하는 사람이 많다. 예를 들어 사우나를 하면 면역계가 활성화되어 겨울에 감기에 덜 걸린다는 주장이 있다. 이런 주장의 근거는 1970~1980년대 사이에 이뤄진 몇몇 연구에서 나왔는데, 심지어 이 연구를 지지하는 사람조차 "대부분 후향적 연구(restrospective study, 실험 대상의 과거 경험을 조사하는 방법으로 자료의 신뢰성이 떨어지는 결점이 있다-옮긴이)이고 대조군도 제대로 설정되지 않았다"[6]라고 말한 바 있다.

이 말을 했던 한 독일 연구자는 1989년에 더 진지한 연구를 진행했다.[7] 그는 50명을 선발해서 절반은 사우나 집단, 절반은 비(非)사우나 집단으로 나누었다. 6개월 동안 사우나 집단은 평균 26번, 즉 일주일에 한 번꼴로 사우나에 갔다. 이들은 33번 감기에 걸렸고 비 사우나 집단은 46번 감기에 걸렸다. 이 수치를 보면 뭔가 효과가 있는지도 모르겠다는 생각이 들지만 "두 집단 사이에서 감기의 평균 지속 시간과 강도는 유의미한 차이가 없었다. 규칙적인 사우나가 감기의 발생률을 감소시킬 가능성은 있으나 이를 입증하기 위해서는 추가적인 연구가 필요하다."[8]

많은 온천업체에서 이 30년 전 연구를 증거라 제시하며 자기네 사우나 시설이 겨울철 질병인 감기를 피할 수 있게 도와준다고 선전한다. 물론 나중에 과학자들이 규칙적인 땀 흘리기가 면역세포 재생을 활성화한다는 확실한 증거를 내놓을 가능성도 있다(아마도 사우나를 하고 나면 잠이 잘 오고, 면역력은 자는 동안에 구축되기 때문일 것이다). 하지만 분명한 사실은 아직 확실한 증거가 없다는 것이다.

그런데 사우나는 심장에 아주 좋은 것으로 밝혀졌다.[9] 이 결론은 1980년대 중반부터 지금까지 진행되고 있는 대규모 연구를 바탕으로 나왔다. 핀란드 남성들 사이에서 심혈관질환의 위험인자를 조사하는 연구였는데, 정기적으로 사우나에 가는 남성은 급성심장사, 치명적인 관상동맥 심장병, 치명적인 심혈관질환이 일어날 확률 그리고 전 원인 사망률(all-cause mortality)이 낮게 나왔다. 바꿔 말하면 규칙적으로 사우나를 하는 것이 수명 연장에 도움이 된다는 이야기다.

물론 핀란드 남성의 경우 '규칙적으로 사우나 하기'는 일주일에 네 번 이상을 의미한다. 이는 많은 핀란드 가정처럼 집에 사우나 시설을 갖추고 있는 경우에만 현실성이 있다. 사실 이 연구에 참여한 2,327명의 남성 중 아예 사우나에 가지 않는 사람은 12명밖에 없었다. 규칙적인 땀 흘리기가 광범위한 문화적 습관임을 고려해 과학자들은 일주일에 한 번 사우나에 가는 남성을 기준점으로 삼고 이들의 건강을 그보다 자주 사우나에 가는 사람의 건강과 비교했다. 그 결과 일주일에 한 번만 사우나를 하는 남성에 비해 일주일에 2, 3회 사우나에 가는 사람은 심혈관질환으로 인한 사망 확률이 27퍼센트, 일주일에 4~7회 사우나를 하는 남성은 50퍼센트 낮아졌다.

그렇다면 사우나에 가는 것이 왜 심장에 좋은 걸까? 사우나의 열기는 혈관을 확장해 순환계로 더 많은 피가 돌 수 있게 한다. 정맥이 넓어진다는 건 전신으로 피를 돌리는 데 필요한 심장의 추진력이 약해도 된다는 것이고, 이는 곧 혈압이 낮아진다는 의미다. 너무 낮아지지만 않는다면 혈압이 낮은 것은 분명 큰 이점이다.

정맥의 확장 덕분에 순환계의 활동량이 늘어나면 혈류가 대량으로 피부 표면에 도달한다. 그러면 땀샘은 혈액에서 기본 체액 성분을 뽑아내 피부 표면으로 보낸다. 땀이 증발하면서 피부의 온도를 낮추고, 이렇게 식은 피부가 그 주변을 흐르는 혈액의 온도를 낮춘다. 그리고 식은 혈액은 뇌처럼 과열을 감당하지 못하는 더 뜨거운 내부 장기로 이동해 장기의 온도를 낮춘다.

정맥이 넓어진다는 것은 피부 표면으로 흐르는 혈류가 더 많아진다는 뜻이기도 하다. 몸이 뜨거워지면 피부가 빨갛게 변하는 이유다. 급상승한 체온과 싸우기 위해 더 많은 피가 피부 표면으로 몰리고 있다는 신호다.

원칙적으로 당신이 사우나에서 느긋하게 긴장을 풀고 있는 순간에도 당신의 순환계는 긴장을 풀지 않는다. 오히려 풀로 가동되고 있다. 따라서 전신 운동이 아닐 뿐 심장은 운동할 때와 비슷한 경험을 하는 것이다. 펌프질로 순환계를 도는 혈액은 동맥반(plaque)을 청소하고 순환계에 이로운 다른 작용들을 활성화하는 연쇄적인 생화학적 효과를 발휘할 수도 있다. '발휘할 수도 있다'라고 말하는 이유는 사우나와 혈액의 작용과 관련해 사람을 대상으로는 아직 확실한 연구가 이뤄지지 않았기 때문이다.

이 연구는 햄스터를 대상으로 이뤄졌다.[10] 일본의 연구자들은 햄스터에게 적외선 사우나를 시킨 후 열이 햄스터의 순환계에 미치는 건강상의 효과를 연구했다. 그리고 열 노출이 (햄스터의) 정맥과 동맥의 내벽을 덮고 있는 내피세포에서 산화질소 합성효고 3(nitric oxide synthase 3)라는 효소의 생산을 활성화한다는 사실을 알게 됐다. 이 효소는 질소 원자 하나와 산소 원자 하나가 결합한 산화질소(nitric oxide, NO)의 생산에 박차를 가한다.

이 단순한 분자가 심혈관계 건강의 정점을 차지한다. 이 분자는 혈관에 동맥반이 쌓이는 것을 막아주고 민무늬근 세포(smooth muscle cell)의 증식을 유도해서 혈압을 낮추며, 혈소판이라는 면역 세포가 혈액 속에서 자신의 임무를 완수할 수 있도록 돕는다. 사우나 여행을 다녀온 건 그리 나쁜 선택은 아니었던 것 같다.

하지만 그렇다고 헬스클럽 회원권을 취소하는 것은 너무 성급한 결정이다. 사우나를 통해 심장에 비슷한 이로운 효과를 얻을 수 있다고 해도 운동을 사우나로 대체할 수는 없다. 사우나에 앉아 있는 것만으로는 운동만큼 칼로리를 소비할 수 없고 근육을 늘리거나 강화하지도 못한다. 그리고 사우나가 심장 건강에 이롭다는 증거는 일주일에 여러 번 사우나를 가는 사람에게[11] 해당하는 이야기다. 다만 운동하는 것이 어려운 사람에게는 사우나가 심장 건강을 위한 훌륭한 첫걸음이 되어줄 수 있다. 그리고 운동하고 있는 사람이라면 사우나에 가는 것이 심장 건강에 도움이 될 수 있다.

동핀란드대학교의 야리 라우카넨(Jari Laukkanen)이 이끄는 연구진은 앞서 30년 넘게 사우나 연구에 참여했던 핀란드 남성 코호트 집단(cohort, 코호트 집단이란 통계상의 특정 인자나 특정 연령을 공유하는 사람들의 집합을 말한다-옮긴이)과 새로운 여성 코호트 집단을 통해 규칙적인 사우나가 양쪽 집단 모두에서 뇌졸중 위험을 줄여준다는 사실을 발견했다. 연구진은 현재 이것이 알츠하이머병 등 다른 노화성 질환에도 적용되는지 조사 중이다. 한편 다른 과학자들은 사우나를 비롯해 전통적인 땀 흘리기 의식이 마약이나 알코올 중독을 극복하는 데 도움이 되는지, 문제 청소년들이 더 건강한 대처 습관을 키우는 데 도움이 되는지 조사하고 있다.

뉴멕시코대학교의 심리학자 스티븐 콜만트(Stephen Colmant)는 땀을 통한 심리치료와 관련해 발표된, 몇 없는 연구 중 일부를 진행한 바 있다.[12] 그는 뜨거운 공간에 들어가 있는 것이 육체적, 심리적으로 도전적인 문제일 수 있다고 내게 말했다. 즉 굉장히 도전적인 문제이기 때문에 실험 참가자는 그 과정에서 인내심과 평정심을 키울 필요가 있다. 이는 다른 여러 가지 어려운 문제를 극복할 때도 도움이 되는 속성이다.

콜만트와 동료들은 이렇게 적었다. "처음에는 열기가 마음을 진정시킨다. 그리고 몸이 열기에 반응해서 땀을 흘리기 시작하면 근육은 긴장이 해소되는 경험을 하면서 더욱 긴장이 완화된다.[13] 열기가 더 강렬해지면 사우나를 하는 사람은 긴장을 풀고 마음의 평온을 유지해야 하는 도전에 직면한다. 이때는 명상할 때와 같은 주의력이 필요하다. 이제 경험이 긴장 완화의 단계에서 인내의 단계로 넘어가면서 참가자는 선택의 길에 놓인다. 하나는 열기와 관련된 부정적인 생각이나 느낌이 비집고 들어와 경험을 장악하게 내버려두는 것이고, 하나는 역경에 직면했을 때 잘 적응하고 대처할 수 있게 도와주는 생각과 느낌에 초점을 맞추는 것이다."[14] 바꿔 말하면, 열기를 인내하는 법을 배울 수 있다면 인생의 도전 과제에 잘 대처하는 법도 배울 수 있어 자신의 능력에 대한 믿음이 커진다는 것이다.

사우나에서 시간을 보내는 것은 분명 도전적인 과제다. 아우프구스 사우나를 처음 경험하면서 과연 내가 이 열기를 버티면서 끝까지 갈 체력이 있는지 의문이 들었다. 신체적, 정신적 도전 과제를 극복하고 나면 깊은 성취감이 느껴진다. 그냥 편하게 구경하는 관객의 입장이었지만 아우프구스 세션을 몇 개 버티고 살아남으니 육체적 탈진이 오히려 반갑게 느껴졌다. 사우나에서 땀을 흠뻑 흘리고 난 후에는 밤에 믿기 어려울 정도로 잠을 푹 잤다.

자코브스키의 공연이 끝난 뒤에 미국 금주령 시대에 밀주 제조 업자였던 크루엘라 드 빌(Cruella de Vil)과 101마리 달마시안, F1 자 동차 경주 레이서에 관한 이야기 등 수십 편의 아우프구스 월드 챔 피언십 공연이 이어졌다. 그리고 자코브스키가 개인 부문 우승을 차지해 아우프구스 월드 챔피언에 등극했다.

그는 내게 이렇게 말했다. "아우프구스에 참여하게 된 것은 우 연이었어요. 저는 체육관에서 인명구조원으로 일하고 있었는데 그 곳 사우나의 아우프구스 마스터가 한번 아우프구스를 해볼 생각이 없느냐고 묻더군요. 그래서 이렇게 말했죠. '아니요. 여기저기 수건 을 흔들고 다니는 바보 같은 짓은 하고 싶지 않습니다.'" 동료는 계 속해서 그를 꼬드겼고, 그는 마침내 사우나에 발을 들이기로 했다. "완전히 빠져들었죠. 아우프구스가 진행되는 동안 사우나에서 행 복한 얼굴로 앉아 있는 사람들을 보며 이렇게 생각했어요. '나도 사 람들을 행복하게 만드는 일을 해보고 싶다.'"

눈이 내리는 1월의 어느 날 국제사우나협회(International Sauna Association)의 회장 리스토 엘로마(Risto Elomaa)를 그의 고향 핀란드 헬싱키에서 만났다. 그는 이렇게 말했다. "저는 아우프구스 극장이 싫습니다. 전통적인 아우프구스는 훌륭하죠. 하지만 사우나 극장이 라고요? 그건 아니죠."

핀란드 사람 중에는 이렇게 사우나 극장을 경멸하는 사람이 적지 않다. 10년이 넘게 개최된 사우나 극장 월드 챔피언십에서 핀란드 국적의 참가자가 있었다는 증거는 찾지 못했다. 근처 노르웨이에는 아우프구스 극장이 한 분야로 튼튼하게 뿌리를 내리고 있으며 월드 챔피언십에는 멀리 캐나다와 말레이시아에서 온 참가자들도 있었다. 하지만 핀란드 사람들은 아우프구스 이야기를 꺼내면 경멸과 조롱이 뒤섞인 반응을 보인다.

한번은 헬싱키의 동네 사우나에 가서 땀을 내다가 옆에 앉아 있던 한 여성과 대화를 나누게 됐다. 내가 아우프구스 극장 이야기를 꺼냈더니 그 여성은 숨이 막혀 캑캑거릴 정도로 심하게 웃기 시작했다. "사우나에서 옷을 차려입고 수건을 가지고 춤을 추면서 돌아다닌다고요? 진짜 말도 안 돼요."

엘로마가 아우프구스 극장을 경멸하는 이유는 사우나의 품위를 유지하는 문제 때문이었다. "사우나에 들어가면 땀을 흘립니다. 그리고 로욜리(löyly, 돌난로 위에 물을 부어 수증기가 뿜어져 나오도록 하는 것을 일컫는 핀란드 용어)을 뿌리죠. 그 안에서 긴장을 풀고 바깥세상의 모든 것을 잊어버립니다. 그러고 나서 밖으로 나올 때는 새로운 사람이 되어 있죠. 무릇 사우나란 그래야 하는 겁니다. 아우프구스 경연대회에 참석하는 사람들은 사우나가 아니라 극장에 가는 겁니다. 사우나 자체를 즐기는 것이 아니죠."

핀란드 사람이라고 하면 보통 말이 없고 내성적인 사람이란 이미지가 떠오른다. 엘로마는 말이 없지도, 내성적이지도 않았다. 이

은퇴한 화학공학자는 말을 돌리는 일 없이 직설적으로 말했다. 그의 아내 에이야 엘로마(Eija Elomaa)는 최근 사우나 비디오게임을 개발하는 문제로 사우나협회에 연락한 소프트웨어 기술자에게 남편이 고함을 지르는 모습을 보고 자신이 '미스터 사우나'하고 결혼했다며 미소를 지었다.

"정말 바보 같은 아이디어죠. 게임은 사우나에 진짜로 가는 게 아니잖아요. 그냥 책상 앞에 앉아서 컴퓨터에서 가상의 로욜리를 뿌리는 거예요. 그리고 컴퓨터 화면에서 보여주는 온도와 습도를 보면서 그 열기를 버틸 수 있을지, 그 가상의 사우나를 나와야 할지 결정하죠. 이게 뭡니까? 정말 마음에 안 드는 아이디어예요. 전 사람들이 그냥 사우나에 갔으면 좋겠어요."

분명 핀란드에는 그냥 사우나가 아주 많다. 핀란드는 인구가 약 500만 명에 불과한데 땀 흘리는 사람들을 위한 안식처는 300만 개가 넘는다. 사우나를 숭배한다는 말로는 핀란드 사람들을 설명하기에 부족하다.

20세기 전까지만 해도 사우나는 핀란드 사람들의 삶의 모든 측면에 스며들어 있었다. 사우나 안에서 태어나는 사람도 많았고 (그 안은 살균된 따듯한 공간이다) 고기도 사우나 안에서 훈제했으며 옷에 붙어 있는 벼룩도 사우나에서 제거했다. 그리고 죽는 것도 사우나 안에서 죽었다. 핀란드 사람들이 사우나를 자기네 것이라 자부하는 것도 이해할 만하다. 핀란드어의 단어 중 흔히 사용되는 국제 용어로 자리를 잡은 것은 사우나가 유일하다고 할 수 있다.

하지만 뜨거운 방에서 긴장을 푸는 것, 뜨거운 돌 위에 물을 부어서 증기로 가득 차게 만드는 것은 핀란드에서 발명된 게 아니다. 증기욕이 파키스탄에서[15] 멕시코까지,[16] 어디에나 존재했었다는 고고학적 증거가 있다. 이 전통은 아메리카 대륙으로부터 북극을 가로질러 핀란드로 전해졌을 수도 있고 중동의 여행가, 증기욕을 사랑했던 로마인, 터키인과 하맘 목욕탕 덕분에 생긴 것인지도 모른다. 아니면 땀을 흘릴 때 느끼는 즐거움이 워낙 보편적인 것이어서 전 세계 사람들이 각자 독립적으로 그런 관습을 만들어냈을 수도 있다. 엘로마는 이렇게 말했다. "사우나를 발명한 것이 그리 특별한 일은 아닙니다. 오븐 난로가 있고, 돌이 좀 있고, 의자가 있고. 그게 전부니까요."

하지만 작은 개인용 사우나를 현대 서구사회에서 대중화한 주역은 핀란드 사람들이다. 다른 유럽인들은 옷을 벌거벗으면 역병에 취약해질지 모른다는 두려움에 옷 벗기를 주저했지만 핀란드인들은 알몸으로 사우나에 들어갔다. 엘로마의 말에 따르면 수천 년 동안 사우나는 '핀란드의 생활문화'였다.

하지만 핀란드 사람들이 아우프구스 극장에 대해 느끼는 이런 못마땅함의 뿌리는 전 세계적으로 웰니스(wellness, 웰빙과 피트니스를 결합한 말로 생활과학으로서의 운동을 일상생활에 도입해서 건강한 생활을 추구하는 것을 의미한다-옮긴이)와 관련해 주목받고 있는 분야가 핀란드식 사우나 전통이 아니라 핀란드식 사우나에서 진행되는 독일식 아우프구스 의식이라는 점이다. 이를 잘 보여주는 사례가 있다. 마이애미를 기반으로 활동하는 글로벌 웰니스 연구소(Global Wellness Institute)에서 최근에 주최한 글로벌 웰니스 서밋(Global Wellness Summit)에서는 올해의 웰니스 트렌드 톱 8에서 아우프구스를 1위로 지목했다.[17] 그 뒤는 침묵(묵상 같은 것), 예술 및 창조적 웰니스(성인용 컬러링 북) 등이 이었다. 아직 아우프구스 경험이 없는 사람이라면 아마도 10년 안에는 주변 온천에서 아우프구스를 접해볼 기회가 생길 것이다.

이렇게 인기를 끌고 있는 아우프구스 산업이 존재하게 된 데는 핀란드 사람들의 역할이 컸다. 핀란드 사람들이 20세기가 시작될 무렵 땀을 흘리는 재미를 다른 유럽인들에게 전파했고, 그 덕에 독일에서 아우프구스를 발명할 무대가 마련됐기 때문이다. 아우프구스의 기원을 명확하게 밝혀냈다고 주장하는 역사가는 아직 만나보지 못했다. 하지만 이 분야의 사람들에게 물어보면 누군가는 분명 나치 독일 절정기에 바이에른의 가르미슈파르텐키르헨에서 열린 1936년 동계올림픽을 이야기할 것이다.

전하는 이야기에 따르면 독일 선수들이 핀란드 선수들만큼 메달을 따지 못해 히틀러가 무척 화가 났다고 한다. 그는 그 이유를 알기 위해 부하들을 핀란드로 파견했고, 부하들이 돌아와 핀란드 선수들이 운동하고 난 후에는 사우나에서 긴장을 푼다는 이야기를 전했다. 그래서 건조하고 아주 뜨거운 사우나에 들어가 뜨거운 돌 난로에 물을 부어 증기를 만들어내는 핀란드의 로욜리 전통이 게르만족의 관심을 끌게 된 것이다. 하지만 사실 핀란드는 가르미슈

파르텐키르헨 동계올림픽에서 메달 수가 독일보다 많지 않았다. 핀란드와 독일은 전체 메달 수가 여섯 개로 같았고, 독일 선수들은 핀란드 선수들보다 금메달과 은메달을 더 많이 땄다. 최대 메달 획득 국가는 15개로 노르웨이였다. 그리고 15개 중 일곱 개가 금메달이었다.

핀란드처럼 노르웨이 사람들도 땀 흘리기를 즐긴다. 아마도 어쩌면 누군가가 이 두 국가의 이야기를 섞어 그럴듯한 신화를 꾸며내지 않았나 싶다. 하지만 신화들이 대개 그렇듯 그 안에는 어느 정도 진실이 담겨 있다.

분명 핀란드 선수들은 모든 주요 스포츠 행사에서 그래왔듯이 나치 독일의 올림픽에서도 사우나를 지었다. 하지만 사우나의 비밀은 1920년대에 이미 핀란드 국경 너머로 퍼졌 가능성이 크다. 핀란드식 사우나의 포괄적 역사에 대해 쓴[18] 투오모 사르키코스키(Tuomo Särkikoski)는 '날아다니는 핀란드인'으로 불린 파보 누르미(Paavo Nurmi) 같은 달리기 선수를 지목했다. 누르미는 선수로 활동하는 동안 올림픽 메달 12개를 따고 세계신기록을 22개 보유한 인물이다. 소문에 따르면 누르미는 "세계적인 명성과 평판은 썩은 월귤(lingonberry)만큼의 가치도 없다"[19]라고 주장하며 대중의 시선을 피할 때가 많았지만, 사우나가 경쟁자를 물리치는 데 도움이 되었다는 사실만큼은 망설이지 않고 나서서 밝혔다고 한다.

나치 독일의 1936년 올림픽 기간에 핀란드 선수들은 사우나에서 원기를 회복했고 제3제국의 선전선동가 레니 리펜슈탈(Leni

Riefenstahl)은 이 모습을 영화에 담았다. 사르키코스키는 이렇게 말한다. "아리아인 인물을 유명하게 만들어야 한다는 명령을 받은 그녀는 사우나를 하는 몸 좋은 핀란드 선수들의 이미지를 아리아인의 우월성을 표현하는 데 사용했다." 핀란드의 사우나 마니아와 제3제국 간의 협력은 거기서 끝나지 않았다.

사르키코스키는 히틀러의 가장 가까운 조언자 중 한 명이었던 하인리히 힘러(Heinrich Himmler)가 사우나에 특별한 관심이 있었다는 고문서 기록을 찾아냈다.[20] 그는 특히 땀 흘리기가 아리아의 우생학적 목표인 생식력 개선에 기여하는지에 관심이 많았다. 힘러는 이동하는 병사들에게 이동식 사우나가 유용할지 알기 위해 핀란드의 사우나 전문가와 서신을 왕래하기도 했다.

제2차 세계대전 이후에는 대부분의 유럽인이 주말에 온천에 갈만큼 넉넉하지 않았다. 나라가 파산한 독일인들은 특히 그랬다. 하지만 1980년대에 들어서는 독일어를 사용하는 지역에서 사우나에서 긴장을 푸는 것이 웰니스 개념으로 급격히 인기를 끌었다. 이는 베를린 장벽을 사이에 둔 동독과 서독 모두 마찬가지였다.

공산주의 동독에서 자란 내 독일 친구 한 명은 1980년대에 토요일 밤이면 가족들과 함께 아파트 거실에 설치해서 사용하던 이동식 사우나에 대한 향수가 있다. 이 사우나 통에는 한 사람이 들어가서 목만 내놓고 앉을 수 있을 정도의 공간밖에 없었다. 거북이목 같은 고무 장치가 달려 땀을 흘리는 사람이 머리는 밖으로 뺄수 있었다. 세 명의 가족이 주말이면 거실에서 순서대로 돌아가며 사우나를 했다고 한다. 한 사람이 목 아래로 땀을 내는 동안 나머지 두 사람은 소파에서 몸을 식혔다.

1990년대에는 사우나 문화가 널리 퍼졌고, 수건을 이용해서 증기를 실내 구석구석으로 퍼뜨리는 아우프구스 의식이 독일, 오스트리아, 독일어를 사용하는 이탈리아의 알프스 쥐트티롤 곳곳의 온천에서 나타나기 시작했다.

사업적으로 크게 주목을 받고 있는 또 다른 사우나 파생상품이 있다. 2017년 기준으로 7,500만 달러 가치의 시장을 형성하고 있는 적외선 사우나(infrared sauna)다.[21] 그런데 적외선 사우나는 엄밀히 말하면 사우나가 아니다. 이것을 사우나라고 부르면 국제사우나협회 회장님으로부터 한 소리를 들을 것이다. "적외선 사우나라고 부르지 마세요. 엄밀히 말하면 그건 사우나가 아니에요. 그냥 적외선 한증실(infrared sweat cabin)이라고 하세요."

엘로마가 너무 깐깐하게 따지는 것 같지만 이것은 정당한 주장이다. 1999년에 사우나의 엄밀한 정의를 내리기 위해 독일 슈투트가르트에서 국제 사우나 모임이 열렸다. 그리고 논의 결과 적외선 기술은 사우나의 정의에서 밀려났다. 엘로마의 말에 따르면 국제 사우나계에서는 사우나의 정의를 엄밀하게 확립해야 할 여러 가지 이유가 있었다고 한다. 그중에는 사우나에 대해 돌고 있는 외설적인 평판을 해소하는 문제도 포함되어 있었다.

엘로마는 이렇게 설명한다. "1999년에 독일은 매음굴이나 다름없는 사우나가 가득했습니다. 사우나 간판을 달고는 있지만 그 안의 최고온도는 간신히 땀이 날까 말까 할 정도였어요." 성 산업이 사우나에 편승해서 돈을 벌지 못하도록 국제사우나위원회 (International Sauna Congress)에서는 사우나의 온도가 벤치 위 약 1미터를 기준으로 섭씨 75~80도 사이여야 한다고 정했다.

최저온도 조항을 정해놓으면 위생에도 도움이 된다. 엘로마는 이렇게 설명한다. "바닥 온도는 적어도 섭씨 57도가 돼야 합니다. 아니면 바닥에서 세균과 곰팡이가 자랄 수 있거든요. 특히 습식 사우나의 경우는 더 그렇습니다." 최저온도보다 높게만 유지한다면 설사 무좀이 있는 사람이 그곳에 다녀간다고 해도 맨발로 다녀서 무좀에 옮을 걱정은 하지 않아도 된다(헬싱키의 핀란드사우나협회 [Finnish Sauna Society]의 연구자들은 1970년대에 이 온도 기준치를 찾아냈다. 당시 이 기관은 자체적인 실험실을 갖추고 지역 병원에 공동연구자들을 두고 있었다. 냉전 시기답게 이 연구자들은 핵폭발로 인한 낙진에서 나온 방사능을 사우나에서 땀으로 배출할 수 있을지도 평가했다. 실험 결과는 그리 낙관적이지 못했다. 화학적 해독을 담당하는 것은 콩팥이고, 방사성핵종[radionuclide] 역시 화학물질임을 고려하면 놀랄 일은 아니다).

많은 적외선 한증실 사업체에서 공식 최저온도 이상의 온도를 제공하고 있지만, 1999년에 발표된 사우나의 정의에서 적외선 한증실이 배제된 이유는 온도가 아닌 다른 요소 때문이었다. 엘로마는 이렇게 설명한다. "사우나는 벽이 목재로 되어 있는 방입니다. 그 안에는 난로가 있어야 하고, 그것도 반드시 돌난로가 있어야 해요. 그리고 그 돌 위에 물을 부을 수 있어야 합니다."

적외선 한증실에는 돌난로가 없다. 그곳에서 열원에 물을 뿌렸다가는 화재가 일어나거나 최소한 합선이 일어날 것이다. 미국에서 '적외선 사우나'라는 이름으로 불리는 것은 사실상 히터로 데우는 폐쇄 공간에 불과하다. 여기서 히터는 추운 사무실을 따뜻하게 데우거나 꼬챙이에 꽂은 고기를 구울 때 사용하는 전기식 히터와 동일한 것이다. 엘로마는 이렇게 노골적으로 표현했다. "말하자면 포드와 페라리의 차이죠."

사우나 마니아들 사이에서 밑바닥 취급을 받는 적외선 사우나와 달리 사우나의 최고봉으로 인정받는 것이 있다. 구식 연기 사우나(smoke sauna), 특히 그중에서도 핀란드사우나협회 본부에 있는 사우나세우라(Saunaseura)다. 이것은 헬싱키 외곽 발트해 가장자리의 숲 지대에 자리 잡은 넓은 연기 사우나 복합시설이다. 왕족, 국가 수장, 외교관들이 땀을 내기 위해 즐겨 찾는 장소이며 핀란드사우나협회의 회원이나 손님이면 일반인도 즐길 수 있다.

나도 사우나세우라에 방문하고 싶었지만 사우나 에티켓 때문에 그럴 수가 없었다. 핀란드의 공공 사우나에서는 남녀가 한데 어울려 나체로 땀을 흘리지 않는다(핀란드에서 정 그런 경험을 하고 싶다면 헬싱키 부두에 있는 솜파사우나[Sompasauna]라는 무정부주의적인 무료 공공 사우나를 찾아가면 된다). 사우나세우라는 여성의 날과 남성의 날이 분리되어 있어 사우나를 할 때 옷을 입을 필요도 없고, 이성 앞에서 알몸으로 다니면서 체면을 잃을 위험도 없다. 이런 점은 독일, 네덜란드와 큰 대조를 이룬다. 이들 국가에서는 사우나에서 모두 벌거벗고 있는 경우가 많아서 아무 생각 없이 찾아왔던 여행객들이 이런 격식(혹은 비격식)에 깜짝 놀라는 경우가 많다.•

여기서 곤란한 문제가 생겼다. 사우나세우라에서는 핀란드사우나협회의 회원들만 사우나 시설로 손님을 데리고 갈 수 있는데, 내가 아는 회원은 엘로마밖에 없었다. 그리고 그는 남자였다. 그래서 엘로마는 아내 에이야에게 나를 데려가게 했다. 그녀는 퀼트 전시회 행사 주최로 바쁜 와중에서도 아주 우아하게 이 역할을 받아들였다. 내가 오후 시간을 뺏겨가며 기자의 가이드 노릇을 하는 것이 짜증 나지 않느냐고 물었더니 그녀는 익살스러운 미소와 함께 이렇게 말했다. "당신이 처음이 아니에요."

• 사우나를 자주 찾는 사람들은 대부분 알몸 상태로 땀을 흘리는 것이 수영복을 입고 땀을 흘리는 것보다 더 기분이 좋다는 데 동의한다. 하지만 그러기 위해서는 당연히 공공장소에서 알몸으로 있는 것을 편하게 느낄 수 있어야 한다. 남성의 날과 여성의 날을 따로 구분하는 사우나라면 일부 사람들은 공공장소에서 알몸으로 있는 것이 더 편할 수 있겠지만, 이런 관습은 사실상 전통적인 남녀 구분에 해당하지 않는 사람이나 성전환자를 배제한다. 모든 사람에게 알몸을 강요하면 성을 오직 남녀로만 구분하는 데 따르는 불평등 문제는 해결할 수 있겠지만 자신의 성 정체성을 드러내고 싶지 않은 사람에게 그렇게 할 것을 강요하게 된다.

우리는 오후 일찍 핀란드사우나협회에 도착했다. 1월의 핀란드에서 '오후 일찍'이라는 말은 해가 이미 저물기 시작해서 간신히 구름을 뚫고 들어온 빛이 겨울 풍경 너머로 긴 그림자를 드리운다는 의미다. 이 고립된 사우나 복합시설 주변에는 발트해까지 이어지는 눈에 쌓인 자작나무와 상록수밖에 없었다. 긴 선창이 얼어붙은 해초를 지나 물속으로 이어져 있었다. 나무를 태운 연기와 바다 냄새가 공기를 채우고 있었고 기온은 쌀쌀한 영하의 날씨였다.

"오늘 발트해에 입수하실 건가요?"

내가 주차장에서 출입구로 걸어가면서 그녀에게 물었다.

"물론이죠. 당신도 할 건가요?"

"물론이죠."

나는 속으로 침을 꼴딱 삼키며 따라 말했다. 많은 전통적 사우나와 마찬가지로 연기 사우나도 장작을 땐다. 하지만 일반 사우나는 장작 난로를 이용해서 사우나의 돌만 가열하고 연기는 굴뚝으로 배출하는 반면, 연기 사우나에서는 연기를 다시 사우나 내부에서 5시간 이상 돌려서 섭씨 93도 정도를 유지할 정도로 바위를 충분히 덥힌다. 돌이 가열된 후에는 사우나 이용자들이 그을음을 뒤집어쓰지 않도록 사우나 내부를 호스 물로 씻어낸다. 그러면 연기로 검게 그을린 사우나 내부에 고급스러운 나무 향 그리고 그냥 뜨겁기만 한 열기에서는 느낄 수 없는 정서적 온기가 배어든다.

엘로마의 말로는 사우나세우라의 매력에는 특별한 사우나용 돌도 한몫한다고 했다. 이 돌은 핀란드의 작은 도시 오리마틸다의 오래된 광산에서만 나오는 감람암(peridotite)이라는 회녹색 화산 광물이다.

사우나에서 쓰는 돌은 열용량(heat capacity)이 좋아야 한다. 이 열용량은 깨지지 않고 고온에서 버티는 능력, 열을 오래 품어 사우나를 따듯한 상태로 유지하는 능력을 말한다. 그래서 화산에서 나온 돌이 제격이다. 이글거리는 지구의 내부에 비하면 사우나의 온도는 뜨거운 축에도 못 낀다.

사우나 돌난로에 제일 흔히 사용되는 것은 휘록암(diabase)이라는 돌이다. 미인대회에서는 절대 우승하지 못할 돌이다. 사우나를 갖고 있어서 공짜로 쓸 돌을 구하는 경우가 아니면 이 회색의 거친 돌을 수집하고 싶은 마음도 전혀 들지 않을 것이다(그래도 스톤헨지를 만든 사람들은 이 돌이 무척 마음에 들었는지 그 걸작에 이 돌을 사용했다). 하지만 솔직히 말해서 어둑한 사우나 조명 아래서는 바위야 어떻게 생겼든 대부분 신경 쓰지 않는다. 그리고 휘록암은 견고하며 가격도 감당할 만하다. 아주 다공성이 아니라는 점도 중요하다. 그래야 돌에 부은 물이 내부로 스며들지 않고 증기가 되어 밖으로 튀어나온다.

돌은 예쁜 것이든, 밋밋한 것이든 결국 언젠가는 금이 가서 깨지기 때문에 새것으로 갈아주어야 한다. 자주 이용되는 공용 사우나라면 몇 달마다, 개인 사우나라면 몇 년마다 교체해야 한다. 금이간 사우나 돌은 바스러져 먼지를 만들어낸다. 로욜리나 아우프구스를 하는 동안에는 이 먼지가 수증기를 타고 공기 중으로 떠오를수 있다. 그러면 폐에 들어갈 수도 있다는 의미다. 사우나 이용자가운데 이것을 바라고 찾아오는 사람은 없을 것이다.

탈의실에서 에이야가 자작나무 가지가 새겨진 내 사우나용 펠트 모자를 보고 감탄하듯 고개를 끄덕였다. 사우나와 관련해 그녀가 나를 살짝 신뢰하기 시작했다는 기분이 들었다. 그녀가 오후를 함께 보낼 기자가 적어도 사우나용 모자를 따로 갖고 있을 정도의 수준은 된다는 이야기니까 말이다.

핀란드식 사우나의 전통에 따라 우리는 먼저 샤워실로 가서 몸을 흠뻑 적셨다. 샤워실 한편에서 에이야가 벽만 한쪽에 우묵하게 들어간 공간을 보여주었다. 여기서 약간의 비용을 내면 때를 밀 수 있다. 몇 시간 정도 땀을 한 바가지 흘리고 때를 밀 때 떨어져 나오는 죽은 피부의 양을 보면 정말 입이 벌어진다. 이런 때밀이 시설은 터키의 하맘, 대한민국의 찜질방 등 땀을 내는 전 세계 시설에서도 찾아볼 수 있는데, 때를 밀고 나면 몸 전체가 아기 피부처럼 매끄러워진다.

샤워실의 다른 한편에는 휴게실과 구내식당 공간으로 가는 통로가 있다. 그곳으로 가면 땀을 내느라 지친 몸을 쉬면서 큰 유리창 너머로 사우나의 마당과 물가를 내다보며 식사도 할 수 있다.

"들어갈까요?"

에이야가 말하며 목재로 된 작은 문을 열었다. 문 안쪽은 검댕으로 아주 새카맣게 그을려 있는 데다 어둡기까지 해서 왼쪽에 있는 돌난로와 입구에서 몇 계단 위쪽에 앉아 있는 여성 여섯 명을 간신히 알아볼 수 있었다. 나는 깊이 숨을 들이마시며 톡 쏘는 냄새가 나는 따뜻한 공기가 폐에 가득 차오르는 것을 느꼈다. 연기에 그을린 냄새가 아주 기분 좋게 느껴졌다.

작은 창문과 환기구 몇 개를 통해 들어오는 어둑한 불빛에 눈이 적응하자 나무 양동이와 국자가 눈에 들어왔다. 그 안에는 자작나무 가지가 물에 잠겨 있었다. 여성들은 하던 이야기를 잠시 멈추고 목 인사로 우리에게 인사를 건넨 다음 활발하게 다시 대화를 이어나갔다. 에이야가 내게로 몸을 기울여 낮은 목소리로 그들의 말을 번역해주었다.

"지하철 공사 때문에 짜증이 좀 났나 봐요."

내가 영어로 말하는 소리를 듣자 그 여성들은 힘들이지 않고 언어를 바꿔 자신의 대화에 나도 끼워주었다. 대부분의 온천 시설에서 사우나는 신성불가침의 장소다. 이곳은 혼자 고독을 즐기며 긴장을 푸는 장소다. 독일에서 친구와 함께 사우나에 가서 수다를 떨었다가는 따가운 시선과 함께 조용히 하라는 핀잔을 들을 것이다. 독일 사우나에서는 낯선 사람들끼리 대화를 시작하기가 어렵다. 하지만 핀란드 사우나에서는 모두 벌거벗은 상태에서 서로를 알아간다. 나는 핀란드 사람에게 말을 시키고 싶으면 사우나에 집어넣으라는 글을 읽은 적이 있다.

"로욜리 좀 뿌릴까요?"

에이야가 사우나 안을 둘러보며 물었다. 모두가 고개를 끄덕였다. 그녀가 양동이에 들어 있는 국자를 잡고 물을 좀 떠서 뜨거운 돌 위에 뿌렸다. 곧바로 난로에서 증기가 솟아올랐다. 사우나의 나무 향기, 연기 향기 속에서 뜨거운 바람에 실린 자작나무 향기를 느꼈다. 양동이 물속에 자신의 향기를 불어넣은 자작나무 가지의 선물이었다. 에센스 오일이 널리 사용되는 독일식 아우프구스와 달리, 연기를 제외하면 핀란드식 사우나에서 나는 향기는 자작나무나 소나무 가지에서 나는 향기밖에 없다.

에이야가 물을 한 국자 더 떠서 바위에 부으니 두 번째 증기가 뿜어져 나와 우리 모두를 감쌌다. 모두가 그 습기 많은 공기를 들이마시느라 실내가 잠잠해졌다. 등에서 방울져 나오던 땀이 수문이라도 연 듯 쏟아져 내렸다. 나는 비흐타(vihta)를 써도 되는지 물어봤다. 비흐타는 양동이에 담가둔 자작나무 가지를 말한다. 나는 천천히 비흐타로 내 몸을 때리기 시작했다. 거기서 뜨거운 바람이 나와 내 피부에 닿았고, 이어서 젖은 이파리가 내 몸을 때리는 곳에서 따끔거리는 느낌이 났다. 기분이 좋았다. 마치 피학적인 마사지 같았다.

우리는 이글거리는 열기와 자연의 향기를 즐기며 한동안 침묵 속에 앉아 있었다. 몇 분 정도 지나자 살짝 한계에 도달한 느낌이 들기 시작했다. 에이야가 내게로 고개를 돌리고 전문가다운 눈빛으로 나를 쳐다봤다.

"이제 나갈 준비가 됐나요? 지금 느낌이 어때요?"

"믿기 어려울 정도로 좋아요. 하지만 살짝 어지럽기는 하네요."

"그러면 이제 입수하러 갈까요?"

한겨울 발트해에 뛰어들어야 한다는 사실을 깜박 잊고 있었다.

"좋아요."

나는 생각보다 더 열정적으로 대답했다. 사우나에 있는 다른 여성들에게 작별 인사를 하고(저들은 대체 언제 한계가 오는 건지 궁금했다) 우리는 테라스로 향했다. 영하의 날씨가 의외로 상쾌하게 느껴졌다. 나는 수건으로 몸을 감싸고 물을 바라보고 있는 몇몇 여성들과 함께 서 있었다. 디지털 표시장치를 보니 기온은 섭씨 영하 9도, 수온은 섭씨 2도를 가리키고 있었다.

"지금 아니면 절대 못 하는 거야."

나는 이렇게 말하고 테라스에서 선창으로 이어지는 길로 에이야를 따라나섰다. 이왕 할 거면 괜히 꾸물거리고 싶지 않았다. 선창 끝에서 우리는 수건과 슬리퍼를 벗었다. 그리고 사다리 난간을 손으로 잡고 물속으로 내려가기 시작했다. 놀랍게도 물이 주변 공기보다 더 따듯하게 느껴졌다. 실제로 주변 공기보다 물이 따듯하기 때문이다. 나는 사다리를 잡고 있던 손을 놓고 머리부터 바다로 뛰어들었다.

1, 2초 후 물 위로 올라오니 제일 먼저 선창 위에서 바라보고 있는 에이야의 걱정스러운 얼굴이 보였다. 내가 물 위로 얼굴을 내밀자 그녀가 눈을 동그랗게 뜨면서 "아!" 하고 큰 숨을 내쉬었다.

"괜찮아요? 아시다시피 우리는 보통 바닷물 속에 머리를 담그지 않아요! 여기에 안 좋거든요."

이렇게 말하며 그녀가 자기 머리를 두드렸다.

"기분이 정말 좋았어요."

내가 사다리를 오르며 대답했다. 진심으로 하는 말이었다. 그녀
도 바다로 내려가 머리를 물 밖으로 내민 상태에서 물속을 조심스
럽게 걸었다. 그런 다음 우리는 바다에서 나와 슬리퍼를 신고 건물
안으로 들어왔다.

다시 테라스로 돌아올 즈음 우리 모두 몸이 얼음덩어리처럼 차
가워졌다. 에이야가 식당에 가서 난롯불을 쬐면서 따뜻한 연어 수
프로 몸을 녹이자고 했다. 기다리는 동안 나는 벽에 붙여놓은 영
국의 필립 왕자와 전직 미국 핀란드 대사의 메모를 둘러봤다. 그
것을 보니 엘로마가 핀란드의 사우나 외교에 대해 한 이야기가 떠
올랐다.

"사우나에는 무기가 없습니다. 안전한 곳이죠. 사우나는 전화도
사용할 수 없는 장소예요." 그는 사이버 감시의 위험을 완전히 배
제할 수는 없지만 사우나에서는 사람들이 자유롭게 대화를 나눌
수 있다고 설명했다. 하지만 사우나 외교가 이뤄지려면 상대방을
사우나로 데리고 가서 협상을 더 고분고분하게 받아들일 때까지
땀을 흘리게 만들어야 한다는 전제가 필요하다. "사우나에 가는 것
은 핀란드식 환대의 일부입니다. 모든 외교적 방문에서 사교 행사
로 진행되죠. 모든 사람이 그 초대에 응하지는 않습니다만, 러시아
에서 온 사람이라면 보통 사우나를 좋아합니다."

핀란드는 오랫동안 이 동쪽의 거대한 이웃 국가와 말도 많고 탈
도 많은 관계를 유지해왔다. 지난 세기 동안 러시아는 반복적으
로 핀란드를 정복하려는 경향을 보여왔다. 1917년 이후로 핀란드

는 독립을 유지하고 있지만 러시아는 핀란드에게 강압적으로 의지를 관철하려고 할 때가 많았다. 냉전 시대에는 더 그랬다. 내가 엘로마에게 사우나 외교로 실질적인 외교적 성취를 거둔 적이 있었는지 묻자, 그는 냉전이 절정이었던 1970년대 후반 이야기를 꺼냈다. "드미트리 우스티노프(Dmitry Ustinov)는 소련군의 가장 중요한 인물이자 국방부 장관이었습니다. 그는 당시 핀란드의 대통령이었던 우르호 케코넨(Urho Kekkonen)을 만나러 왔습니다. 소련에서 핀란드와 합동군사작전을 시작하고 싶었거든요. 그리고 핀란드는 그 군사작전에 절대적으로 반대하고 있었습니다."

핀란드가 반대한 이유는 당시 위협을 느끼고 있었을 다른 서유럽 국가들과 우호적인 관계로 남고 싶었기 때문이다. 엘로마의 말에 따르면 러시아인들은 케코넨에게 고분고분 말을 들으라고 엄청난 압박을 가했다. 그리고 두 사람은 케코넨의 여름 별장 사우나에서 저녁 늦게까지 논의를 이어갔다. "그 사우나 안에서 무슨 말이 오갔는지는 저도 모릅니다. 하지만 다음 날 밤에 우스티노프가 떠났어요. 핀란드는 군사작전에 참여하는 것에 동의하지 않았고, 러시아인들은 이 문제를 두 번 다시 꺼내지 않았죠."

이 이야기가 진짜일까? 그럴지도 모르고, 어쩌면 아닐 수도 있다. 핀란드의 역사학자 한누 라우트칼리오(Hannu Rautkallio)에 따르면 소련의 지도자였던 니키타 흐루쇼프(Nikita Khrushchev)가 그보다 수십 년 앞선 1950년대에 사우나에서 핀란드의 정치 엘리트와 실제로 자리를 함께했었다고 한다.[22] 조국으로 돌아간 흐루쇼프는 부르주아와 사우나에서 벌거벗고 신나게 놀고 왔다며 비난을 받았다. 당원들 앞에서 체면을 세우기 위해 그는 사람들에게 자기는 자본주의자와 사우나에서 벌거벗고 있지 않았다고 안심시켰다. 다만 반바지를 입고 있었다고 했다.

연어 수프를 다 먹고 난 후 에이야는 집으로 돌아가 일을 마무리하기 위해 나를 사우나세우라에 혼자 남겨두고 떠났다.

"좋은 시간 보내세요."

그녀가 미소를 지으며 말했다. 어쩐지 머리부터 물속으로 첨벙 뛰어드는 일은 조심해야 한다는 암시를 담고 있는 듯한 미소였다. 작별 인사를 한 후 나는 다시 땀을 내기 위해 사우나로 돌아왔다. 이번에는 내가 직접 돌난로에 물을 부어 로욜리를 해봐야겠다고 마음먹었다.

내가 들어갔을 때는 30대로 보이는 여성 두 명이 핀란드어로 대화를 하고 있었다. 잠시 후 나는 그들에게 로욜리를 해도 되느냐고 물어봤다. 에이야는 누구라도 불편하게 여기는 사람이 있으면 사우나의 온도를 더 올려서는 안 된다고 말했다. 실제로는 대부분의 사람이 괜찮다고 하고, 오히려 그 틈을 기회 삼아 얼음장 같은 바닷물에 몸을 담그러 나가는 사람도 있다. 허락을 받은 후에 나는 물을 조금 떠서 돌난로 위로 몸을 숙였다.

"잠깐요! 뒤로 물러서세요!"

누군가 영어로 소리쳤다. 고개를 돌리니 두 여성 중 한 명이 깜짝 놀란 얼굴로 나를 보고 있었다.

"팔을 뻗어서 물을 붓고, 얼굴은 다른 데로 돌리고 있어야 해요. 그래야 증기에 화상을 입지 않아요. 그리고 물을 천천히 부어야 해요. 아주 천천히요."

"네, 로욜리는 처음 해보는 거라서요."

"그래 보였어요."

그 여성이 대답했다. 불친절한 목소리는 아니었다. 나는 그녀의 지시를 따랐다. 그렇게 했는데도 뜨거운 공기가 맹렬하게 나를 덮쳤다. 그 여성이 끼어들지 않았다면 얼굴을 델 뻔했다. 나는 감사의 미소를 지어 보이고 뒤로 기대앉아 뭉게뭉게 피어오르는 증기를 흠뻑 들이마셨다.

CHAPTER
6

누군가 당신의 땀 정보를 유출한다면

2016년 잉글랜드 북쪽의 웨스트요크셔 경찰서에 누군가가 한 여성의 집을 무단으로 침입한 사건을[1] 조사해달라는 요청이 들어왔다. 경찰은 피해 여성의 유리창에서 범인의 지문을 채취하는 데 성공했고 그 지문이 그 여성을 스토킹해온 남성의 것임을 밝힐 수 있었다. 수사관은 지문을 셰필드핼럼대학교의 화학자 시모나 프랜시스(Simona Francese)에게도 보냈다. 프랜시스는 지문 뒤에 남아 있는 화학적 흔적을 전문적으로 분석하는 일을 한다.[2] 사실 지문은 본질적으로 그냥 땀자국에 불과하다.

우리가 남기는 지문은 자신의 투명한 생물학적 잉크로 찍어놓은 손가락 자국이다. 땀이라는 액체 속에 녹아 있는 복잡한 화학 분자 칵테일인 것이다. 프랜시스와 연구진이 범행 현장에서 채취한 지문의 융선(隆線)을 분석했더니 코카인의 흔적이 나왔다.[3] 무단으로 침입한 남성이 당시 코카인에 취했었다는 의미다.

그리고 더 특이한 것도 나왔는데 바로 코카에틸렌(cocaethylene)이라는 분자였다.[4] 코카인을 코로 들이마시고 이와 함께 알코올도 마신 사람은 두 성분이 혈액 속에 동시에 흘러 다니게 된다. 이 혈액이 간에 도달하면 간은 두 약물을 분해하려고 한다. 이런 대사가 일어나는 동안 간은 부분적으로 분해된 알코올과 코카인으로부터 코카에틸렌이라는 잡종 분자를 만들어낸다.[5] 이 표식이 다시 혈류로 다시 빠져나와 그 무단 침입자의 지문에서처럼 땀 속 카메오로 출연할 수 있다.

프랜시스는 이렇게 말한다. "알코올은 코카인의 효과를 강화합니다. 그러면 범죄를 저지르는 동안 그 사람의 정신 상태가 어땠을지 대충 감이 오죠." 나중에 알게 된 바로는 그 남성이 다시 경찰서로 와서 코카인 검사를 받았고, 결국은 술을 마셨다는 것도 실토했다고 한다. 그녀가 범인의 지문에서 찾아낸 정보가 옳았음을 확인해준 것이다.

마늘이 많이 들어 있는 음식을 먹거나 밤새 코가 삐뚤어지게 술을 마셔본 사람이라면 자기가 잔뜩 먹었던 것들이 땀을 통해 빠져나온다는 사실을 알 것이다. 때로는 이 성분에서 향기가 나기도 하고, 그보다 드물긴 하지만 색을 띠기도 한다. 하지만 나머지 다른 성분들도 다 그럴까? 냄새도, 색깔도 없는 수백 가지 화학물질이 땀을 통해 스며 나와 당신이 먹는 약이나 마약, 당신의 신원과 건강 상태, 심지어 정신 상태에 대한 힌트도 알려줄 수 있는 걸까?

흔적에 불과한 양이기는 하지만 지문 속에는 자신의 생활방식에 대한 사적인 진실이 남는다. 정교해진 분석 기법 덕분에 연구자들은 이제 지문에서 발견되는 것처럼 흔적밖에 남지 않은 땀에서도 이런 비밀을 추적할 수 있다.

법집행관들은 1880년대 말 이후로 지문에 주목해왔다. 찰스 다윈(Charles Darwin)의 사촌인 프랜시스 골턴(Francis Galton)은 모든 사람이 손가락에 자기만의 고유한 소용돌이무늬를 갖고 있어 이 무늬로 신원을 확인할 수 있다는 개념을 대중화했다.[6] 그리고 지난 세기 동안 경찰은 주로 이 땀자국을 시각화해서 범죄 현장에서 채취한 지문과 잠재적 용의자의 지문을 비교할 방법을 찾아내는 데 수사의 초점을 맞춰왔다.

색이 없는 지문을 맨눈에 보이게 만드는 법의학 기술은 땀 속의 화학 성분을 이용하는 경우가 많다. 그 좋은 예가 바로 닌하이드린(ninhydrin) 염색약을 이용해 지문을 선명한 자홍색으로 물들이는 고전적인 방법이다.[7] 에크린땀샘에서 나오는 땀에는 미량의 단백질과 아미노산이 들어 있다. 닌하이드린은 이런 성분과 반응해서 지문을 밝은 자홍색으로 물들인다. 마찬가지로 질산은(silver nitrate) 용액을[8] 이용해 투명한 지문을 검은색으로 바꾸는 기법도 땀에 들어 있는 소금 성분, 즉 염소 이온이 질산은과 반응해서 선명한 검은색 화합물을 만든다는 사실을 이용한 것이다.

법집행관들은 아름답고 선명한 지문을 추출해서 그 패턴을 용의자의 패턴이나 범인 지문 데이터베이스에 들어 있는 패턴과 맞춰

보고 싶어 한다. 하지만 범죄 현장에서 얻은 지문과 짝이 맞는 패턴이 하나도 없다면 어떻게 할까? 완벽할 정도로 선명한 지문을 추출했다고 해도 해당 인물이 구금된 적이 없거나 데이터베이스에 지문이 입력되어 있지 않은 경우라면 수사에 진척이 없다. 이런 문제 때문에 법의학 연구자들은 지문 자체에 남겨진 화학물질로부터 추가적인 정보를 얻을 수는 없는지 궁금해졌다. 1969년 영국의 원자력공사(Atomic Energy Authority)는 에크린땀에 제일 풍부하게 들어 있는 성분, 즉 소금으로부터 유용한 정보를 얻을 수 있는지 확인하기 위해 500명의 지문을 조사한 보고서를 발표했다.[9]

이 보고서는 지문의 땀에서 발견되는 염소 이온의 농도에 초점을 맞췄다. 이 개념은 견고한 논리에 기반을 두고 있는데, 예를 들면 낭포성 섬유증(cystic fibrosis)은 땀 속의 염소 농도로 진단할 수 있다. 이 병에 걸린 사람은 땀의 염분 수치가 평균보다 높기 때문이다.[10] 과학자들은 지문 속 염소 농도와 그 지문을 남긴 사람의 특성(예를 들면 나이, 성별, 직장 같은 특성들) 사이에서 발견되는 추가적 상관관계를 조사했다. 하지만 이 연구는 새로운 법의학 기법으로 이어지지 않았다. 여기에는 연구자들이 지문 속 화학물질을 잘못 선택해서 초점을 맞춘 것도 한몫했다. 소금 농도는 건강한 사람들 사이에서도 대단히 다양하게 나타난다. 어떤 사람은 낭포성 섬유증으로 오진될 정도로 짠 땀이 난다.

법의학자들이 50년 동안 소금에 초점을 맞춘 이유는 땀 속에서 손쉽게 측정할 수 있는 성분이었기 때문이다. 당시에는 분석 기술이 지금처럼 정교하지 못해서 단백질이나 호르몬 등 극소량만 남아 있는 지문 속 다른 화학물질을 정확히 측정할 수 없었다. 이런 분자들은 기계의 성능을 넘어선 것이었다.

하지만 2000년대 중반에 들어서면서 상황이 변했다.[11] 실험실 장치들이 크게 발전해서 법의학자들은 지문 속에 들어 있는 화학물질의 구성만 보고도 지문을 남긴 사람이 근래에 코카인 같은 마약이나 그보다는 온건한 카페인 같은 성분을[12] 섭취한 적이 있는지 확인할 수 있게 됐다.

이후 영국 내무부를 비롯한 법집행기관들은 성별이나 나이 같은 특성을 지문을 통해 확인할 수 있는지[13] 알아보기 위해 연구자들에게 지문 속에 들어 있는 모든 화학물질을 연구하게 했다. 그리고 프랜시스 같은 과학자들에게 진행 중인 사건과 미해결 사건에서 나온 지문에 접근할 수 있는 권한도 부여해서 추가적인 단서를 뽑아낼 수 있는지 확인하려 했다. 법의학 지문 화학 분석은 아직 유아기에 머물고 있지만 이 기법의 장점이 최대로 발휘되면 DNA 염기서열 분석만큼이나 범죄 사건에 큰 영향을 미칠지도 모른다.

내 땀 지문에서 무엇을 찾아낼 수 있는지 확인하려고 잉글랜드 셰필드로 프랜시스를 찾아간 이유도 그 때문이었다.

철강 산업과 음울한 건축물들로 유명한 셰필드는 여러 세기 동안 사람들에게 무시당해왔다. 1785년에 이곳을 찾은 프랑스의 로슈푸코(Rochefoucauld) 공작은 이렇게 적었다. "셰필드는 몰골사나운 오두막들 하며 기이한 공장 건물들로 아름다운 도시가 되기는 애초에 글렀다."[14] 그 후 거의 100년이 지나고 작가 월터 화이트(Walter White)는 이런 농담을 했다. "셰필드만 이곳에 없었다면 셰필드는 얼마나 아름다운 장소가 되었을까?"[15] 심지어 조지 오웰(George Orwell)도 셰필드를 헐뜯었다. "셰필드는 구세계에서 가장 꼴사나운 도시라 불려도 할 말이 없다."[16] 그는 이렇게 썼다. "악취는 또 어떻고! 어쩌다 드물게 황 냄새가 안 난다면 이는 가스 냄새가 나기 시작했기 때문이다."[17] 이 가혹한 글은 독일이 제2차 세계대전 동안 이 산업도시를 맹폭하기 전인 1937년에 쓰였다.

셰필드 기차역 밖으로 나온 나는 방치된 공원을 가로질러 구불구불 이어진 길을 따라 터덜터덜 민박집으로 향했다. 그리고 카바레 볼테르(Cabaret Voltaire) 음악을 틀었다. 카바레 볼테르는 셰필드의 유명한 전자음악 밴드 중 하나다(셰필드는 신시사이저 팝의 산실이었다.[18] 하지만 세련된 음악적 전통으로 자리 잡을 수 있었던 문화가 데프 레퍼드[Def Leppard]라는 저급한 헤어메탈[hair-metal] 밴드가 등장하면서 끔찍하게 망가지고 말았다). 양귀비꽃 사이에 셰필드의 콜레라 희생자를 기리는 호리호리한 네오고딕 양식의 기념비가 세워져 있었다. 아무래도 이 도시는 행운과는 인연이 없는 것 같다. 심지어 이 기념비조차도 1990년에 번개를 맞는 바람에[19] 새로 교체해야 할 지경이었다.

그 외에는 평범한 도시 풍경과 스카이라인 사이로 마치 컬링 스톤(컬링 경기에서 선수들이 브룸이라는 빗자루로 얼음을 쓸어 방향과 속도를 조절하는 둥그런 돌을 말한다)처럼 생긴 네 개의 거대한 철강 건물이 세워져 있었다.[20] 이 신기하게 생긴 건물은 셰필드핼럼대학교의 학생회관이었다. 다음 날 아침 나는 시모나 프랜시스를 만나기 위해 이 건물로 향했다.

청바지와 하이힐, 빨간색 실험실 가운을 입고 멜로디 같은 이탈리아 억양을 구사하는 프랜시스는 지난 10년간 지문에서 최대한 많은 화학적 정보를 얻어낼 방법을 연구했다. 그녀가 미로처럼 헷갈리는 계단과 건물을 따라 연구실로 가면서 내게 말했다. "저는 항상 법의학에 관심이 많았어요. 하지만 이탈리아에서 대학에 다니기 시작했을 무렵에는 법의학과가 없었죠."

대신 프랜시스는 화학을 공부했고 질량분석법(mass spectrometry)을 이용해서 약물이 피부를 통과하는 방법 같은 의학적 연구를 시작했다. 처음에는 돼지 피부를 이용해서 약물의 흡수를 연구했다고 했다. 실험 대상을 사람의 피부로 바꿀 때가 되자 그녀는 지역의 조직은행(tissue bank)에 사람의 표본을 구하는 허가를 신청했다. "마침내 사무실에 상자가 하나 도착했어요. 저는 병원에서 사람의 몸에서 무작위로 몇 군데를 골라 채취한 피부 조각들을 보내주었으리라 생각했죠. 하지만 상자를 열어보니 가슴 하나가 통째로 떡하니 들어 있는 거예요. 한참을 보고만 있다가 동료들을 불러 실험을 시작했죠."

머지않아 프랜시스는 약물이 피부로 흡수되는 방식보다 피부로

부터 흘러나와 지문에 남는 것이 무엇인지 밝히는 연구에 초점을
맞추기로 했다. "저는 지문을 볼 때마다 빠져들고 말아요. 정말 아
름답거든요. 화학을 공부한 사람이 보면 지문은 그냥 생명 없는 대
상이 아니에요. 그 안에는 발견되기를 기다리는 온갖 유기물과 무
기물이 들어 있거든요."

　내 경우에는 먼저 커피를 마신 후 카페인 성분이 지문에 나타나
는지 확인해서 내가 카페인 애호가인지를 추적해보기로 했다. 원
래는 매운 토마토 맛 닉낙스의 붉은 식용색소가 땀으로 빠져나오
게 만들려고 했지만, 그 맛은 생산이 중단된 지 오래라고 해서 계
획을 접어야 했다. 그 대신 카페인이 어떻게 지문을 통해 스며 나
오는지 확인하는 것도 멋진 대안일 것 같았다. 하지만 그러기 위해
서는 아침을 일깨워줄 모닝커피의 도움 없이 셰필드핼럼대학교까
지 가야 한다는 사실을 알고는 슬퍼졌다. 프랜시스는 카페인에 찌
들지 않은 깨끗한 기자와 함께 실험하고 싶어 했다. 그래야 기준으
로 삼을 카페인-프리 지문을 얻을 수 있기 때문이다.

　프랜시스는 유리창이 있고 윙윙거리는 장치들과 컴퓨터로 가
득한 밝은 실험실로 나를 데려갔다. 그곳에서 그녀는 질리언 뉴턴
(Jillian Newton)을 소개해주었다. 뉴턴은 대학의 질량분석기 시설에
서 일하는 과학자로, 질량분석기를 가동해 내 지문에 들어 있는 화
학물질을 분석할 것이었다. 그녀가 보디 해킹(body hacking) 프로젝
트를 위해 만난 기자는 내가 처음이 아니었다. 그리고 내 프로젝트
는 상대적으로 시시한 축에 속했다. 그녀의 기억에 남아 있는 가장

인상적인 프로젝트는 썩어가는 닭고기에서 방출되는 냄새를 연구하는 것이었다.[21]

이 프로젝트는 한 〈BBC〉 제작자의 머리에서 나온 것으로, 그는 뉴턴에게 부패하는 음식이 온실가스 배출에 어떤 역할을 하는지 평가하는 프로젝트를 위해 부패하는 닭고기에서 나오는 메탄의 양을 계산해달라고 요청했다(온라인에서 이 부패 과정을 저속 촬영한 영상을 찾아볼 수 있다[22]). 그런데 공교롭게도 그 썩는 냄새가 근처에 있던 대학 청소부 사무실로 흘러 들어갔다. "청소하시는 분들을 적으로 만들어서는 안 되죠. 그래서 일을 하려면 가끔 외교적 역량이 필요할 때도 있습니다."

요즘 뉴턴은 다른 어려운 문제에 대해 고민하고 있었다. 모기를 얼린 다음 절반으로 자르는 과제가 있는데, 모기의 얇은 슬라이스 전체에 퍼져 있는 생물분자를 연구하기 위함이었다. 하지만 그녀의 말에 따르면 모기의 몸통은 너무 연약해서 칼이 닿자마자 산산조각이 나고 만다. 그래서 자르는 동안 모기를 안정적으로 붙잡아줄 수 있는 유연한 물질에 모기를 묻을 계획이다. 일단 슬라이스가 제대로 나오면 그녀는 내 지문 표면에 묻어 있는 화학물질을 측정할 때 사용할 그 질량분석기로 모기의 몸 표면을 스캔할 것이다.

프랜시스가 내가 입을 실험실 가운을 가져왔다. 내가 가운을 입는 동안 그녀는 내 앞 탁자 위에 작은 금속판을 내려놓았다. "여기를 누르세요. 어떤 손가락이든 상관없어요. 너무 세게 누르면 안 되지만 뭔가 남을 정도로는 눌러야 해요." 그냥 지문만 남기면 되는 너무 간단한 과제였지만 나는 과정을 망치지 않으려고 정신을 집중했다. 그동안 프랜시스와 뉴턴은 기대하는 표정으로 나를 지켜봤다. 나는 집게손가락을 선택해서 금속판 표면에 눈으로 간신히 보일까 말까 한 손가락 땀의 흔적을 남겼다.

뉴턴이 금속판을 기계에 넣고 레이저 스캔을 지문 위에 올렸다. 레이저는 지문 속에 들어 있는 분자들을 완전히 파괴하지는 않으면서 부드럽게 공기 중으로 날린다. 그러면 이 분자들이 기계의 다른 부분으로 들어가 분석이 이뤄진다. 뉴턴이 추가적으로 내 지문에 폴리머 매트릭스 코팅(polymer matrix coating)을 스프레이로 뿌려두었다. 이것은 내 땀에서 발견되는 화학물질들이 기계의 비행관(flight tube)으로 이동할 수 있도록 거드는 역할을 한다.

일단 분자들이 공중으로 날아오르면 그 분자들의 질량을 측정할 수 있다(이 기계를 질량분석기라고 부르는 이유다). 그러면 내 지문에서 날아오른 분자들의 모든 질량을 완벽하게 정리한 목록이 나온다. 예를 들어 내 지문에 카페인이 들어 있었을 경우 연구자들은 195라는 항목이 나타나리라 예상한다. 195는 카페인 혹은 $C8H10N4O2$ 분자 하나에 들어 있는 탄소 원자 8개, 수소 원자 10개, 질소 원자 4개, 산소 원자 2개와 폴리머 매트릭스 성분을 합친 질량에 해당한다.

뉴턴이 나의 카페인 섭취 전 지문의 데이터를 취합하는 동안 프랜시스가 좋은 소식을 전해주었다. "이제 커피를 마시러 가죠." 몇 층 아래 있는 카페에서 커피를 마시며 프랜시스는 영국과 네덜란드의 법집행기관과 협업을 진행하고 있다고 말해주었다. 그녀의 말로는 학계 과학자들이 지문 화학 분석법을 아직 개선하는 중이라고 한다. "하지만 그동안에도 영국과 외국의 경찰들은 우리가 무엇을 할 수 있는지 보려고 진행 중인 수사에서 나온 표본을 우리에게 보내요."

경찰과의 협업과 아울러 프랜시스는 마약 재활 클리닉과도 협력해서 아편을 하다 재활하는 사람들의 지문을 테스트하는 일을 진행하고 있었다. "이 사람들의 지문에서 메타돈(methadone)이 나오리라 예상할 수 있어요. 하지만 코카인도 발견됐죠." 즉 질량이 304, 290, 200인 세 가지 분자 집합이 발견된 것이다. 이 분자는 코카인과 우리 몸이 코카인을 분해할 때 만들어지는 두 분자, 엑고닌 메틸 에스테르(ecgonine methyl ester)와 벤조일엑고닌(benzoylecgonine)에 해당한다. 프랜시스의 연구 결과는 이 클리닉의 환자 중 코카인을 복용하는 사람이 있음을 암시한다.

프랜시스가 자기 시계와 내 빈 커피잔을 바라봤다. 내가 커피를 마시기 시작한 지 한 시간쯤 됐다. "이제 돌아가서 지문에서 카페인이 발견되는지 확인해보죠." 다시 실험실로 돌아온 나는 아까보다는 더 자신 있게 지문을 찍었다. 두 번째로 지문을 찍자 뉴턴이 내 카페인 지문이 찍힌 금속판에 보호용 폴리머 스프레이를 뿌린 후 질량분석기에 집어넣었다. 그리고 레이저를 켜서 그 빛을 내 지문 위로 쏘았다.

우리 앞에 높인 컴퓨터 스크린 위로 질량분석기가 내 지문에 들어 있는 수백 가지 분자의 목록을 뽑아냈다. 뉴턴이 데이터를 살펴보는 동안 나는 질량분석기가 얼마나 많은 분자를 탐지하는지 보며 앉아 있었다. 내 땀에서 수백 가지 화학물질이 나온다는 것은 나도 알고 있었다. 하지만 지문에 흔적처럼 묻어 있는 땀 속 분자들이 바로 지금 내 눈앞 컴퓨터 스크린 위에 척척 올라오고 있었다. 내 몸에서 얼마나 많은 것이 새어 나오고 있는지 눈으로 확인하고 있으니 문득 불안해졌다.

카페인에 해당하는 항목에서 크게 솟구친 정점이 나타났다. 뉴턴이 말했다.

"여기 있네요."

"세상에나. 죄지을 생각은 아예 하지 말아야겠네요."

그러자 프랜시스가 싱긋 웃으며 말했다.

"카페인 때문에 유죄가 드러날 수 있다면 분명 그래야겠죠."

프랜시스 같은 법의학 연구자들이 지문에서 합법적이든 불법적이든 약물을 복용했다는 단서를 찾는 일에만 관심이 있는 것은 아니다. 예를 들어 엄격한 채식을 하는 사람인지, 아니면 육식도 하는 사람인지[23] 등 사람의 생활 습관에 대해서도 알고 싶어 한다. 채식했다가 육식했다가 하는 사람들은 그에 따라 체취가 변한다는 말을 종종 한다. 땀 속 화학물질 중 냄새가 나는 것들만 체취에 영향을 주기 때문에 냄새는 안 나지만 민감한 분석 장치로 감지되는 화학물질이 더 많이 포함되어 있을 것이다. 이것을 이용하면 그 사람이 즐겨 먹는 음식이 무엇인지 알 수 있다.

아니면 어떤 피임법을 선호하는지도 알 수 있을지 모른다. 프랜시스에 따르면 사람의 손가락에 묻었다가 땀과 뒤섞여 지문으로 남은 윤활제를 분석하면 좋아하는 콘돔 브랜드도 확인할 수 있다.[24] 그녀의 말로는 성폭행 증거 조사 용품(rape kit)과 DNA 검사법이 등장하면서 성폭행범들이 정액에 들어 있는 DNA 흔적을 남기지 않으려고 콘돔을 착용한다고 한다.

지문에 남아 있는 콘돔 윤활제를 찾아내는 것이 결정적인 증거는 될 수 없지만 성폭행 피해자의 증언을 뒷받침해줄 수 있고, 용의자의 범위를 줄여줄 수도 있다. 범인이 사용하는 다른 화학물질도 도움이 될 수 있다. 사람들은 하루 동안 피부보습제, 선크림, 벌레퇴치 스프레이 등을 지문으로 남기고 다니기 때문이다.

그리고 당신이 통제할 수 없는 것들도 땀을 통해 빠져나온다. 바로 당신의 성별이나 건강 상태를 드러내는 화학물질이다. 몇몇 연구 그룹에서 남성과 여성이 땀을 통해 방출하는 단백질과 펩티드 농도가 다르다는 것을 밝혀냈다.[25] 우리 면역계에서 이런 덩치 큰 분자를 만들어내는 데는 이유가 있다. 이것은 땀샘에서 피부로 배출되어 작은 병원체에 대한 1차 방어벽으로 작용하는 천연의 항생제다. 남성과 여성 모두 이런 성분을 방출하지만 호르몬의 차이 때문에 땀 속에 들어 있는 화합물의 비중이 달라지는데, 이로써 생물학적 성별을 구별할 수 있다.

지문을 통해 생물학적 성별을 구분하는 프랜시스의 기법은 정확도가 85퍼센트다. "이 정도면 꽤 훌륭하죠. 하지만 법의학에서 사용하려면 훨씬 정확해야 해요. 법정에 쓸 기술이라면 마땅히 그래야겠죠." 그래서 프랜시스는 다양한 기증자로부터 받은 200개 정도의 지문으로 성별 확인 기법의 정확도를 개선하는 연구를 진행 중이다.

뉴욕 주립대학교 올버니 캠퍼스의 화학자들도 같은 문제를 해결하기 위해 연구 중이다.[26] 이들의 예비 연구에서는 땀에서 나오는 아미노산의 양의 차이로 남녀를 구분할 수 있다는 암시가 나왔다.[27] 평균적으로 여성은 남성보다 아미노산의 수치가 두 배 정도 높다.

프랜시스는 이렇게 말한다. "성별 구분 문제를 확실하게 해결하고 싶어요. 살인은 대부분 남성이 저지른다고 흔히들 생각하는데, 어리석은 생각이죠. 사실이 아니에요. 여성이 그런 범죄를 저질렀을 가능성을 무시하면 안 되죠. 지문에서 이런 정보를 뽑아낼 수 있다고 상상해보면 어떨까요? 이 사람은 여성이고, 이런저런 인종적 배경을 가지고 있고, 이런 약을 복용하고 있고, 나이는 50세 전후라고 말이죠."

그녀는 지문에서 사람이 아프다는 사실을 암시하는 질병의 표지도 찾고 있다. "이런 정보는 어떨까요? '음, 지문을 보니 당신은 범죄를 저질렀군요. 그나저나 당신, 암에 걸렸어요.'"

이 지문 기법은 경찰 수사 혹은 암 진단을 위해 몇 주씩 기다려야 하는 대기 시간을 단축하고픈 사람에게는 아주 유용할 것이다. 하지만 사생활 문제는 어떨까? 전체주의 정권이 이런 기술을 악용할 위험은? 인사과에서 질병이 있는 사람을 지문으로 걸러내서 고용하지 않으려고 한다면? 프랜시스는 이렇게 말한다. "그런 염려를 충분히 이해합니다. 하지만 지식이 오용될 잠재적 가능성 때문에 진보를 막아서는 안 된다고 생각해요. 이 기술이 오용되는 사례가 아예 없을 거라는 이야기는 아니에요. 하지만 진보를 막을 이유는 못 된다는 거죠. 지식은 정부의 지침에 따라 활용되어야 하고, 그 점이 가장 중요하다고 생각해요."

민주 정부가 여기에 대응해서 이 새로운 지문 분석 기술의 오남용을 방지할 법안을 신속하게 만들어낼 수 있을까? 은밀히 이뤄지는 DNA 수집 사례를 생각해보자. 여러 해 동안 미국과 외국의 경찰에서는 영장이 없이 용의자의 생물학적 흔적을 수집했다.[28] 하지만 전화 도청은 영장을 발급받아야 합법이다. 대화 내용 수집이 DNA 수집보다 훨씬 더 온건한 수사 활동이라 할 만한데도 말이다.

형사는 관심 대상이 담배를 피우는지, 커피를 마시는지, 점심을 먹는지만 지켜보고 있으면 된다. 그렇게 지켜보다 그 사람이 담배 꽁초, 음료수 컵, 식기 등을 버리고 가면 급습해서 쓰레기를 확보하고 DNA를 긁어내 분석한다. 이런 관행을 지지하는 사람들은[29] 누군가가 쓰레기에 자신의 생물학적 잔사물이 들어 있음을 알고도 버렸다면 비밀리에 법의학적 증거를 수집해도 정당한 일이라 주장한다. 영장 없이 사람의 DNA를 수집해서 분석하는 것을 정당한 일이라 생각한다면 지문을 통해 사람의 땀 성분을 채취하고 분석하는 것을 잘못된 일이라 생각할 리도 없다.

하지만 모든 사람이 여기에 동의하는 것은 아니다. 사생활 옹호자들은 DNA 수집 사례에 대해 문제를 제기하고 있다. 은밀한 표본 수집 방식에 관한 판단은 대법원으로 올라갈 가능성이 크다. 심지어 법집행관을 위한 전문 뉴스 웹사이트에서조차 독자들에게 DNA를 수집하려면 영장을 청구하라고 경고하고 있다. 폴리스원닷컴(PoliceOne.com)의 헤드라인에는 다음과 같은 글이 실렸다. "비밀 DNA 표본 수집 방식이 대법원의 문을 두드리고 있다. 이 문제를 잘 파악해서 당신의 수사 관행이 대법원 판결이라는 형태로 의도치 않았던 결과를 낳지 않게 해야 한다."[30]

최고 법정에서 나온 판결이 없다 보니 형사들은 훌륭한 수사와 사생활 침해 사이의 회색지대에서 자기만의 방식을 찾을 수밖에 없다. DNA 수집과 분석에 대해 어떤 판결이 나오든 이는 화학적 지문 분석의 판례로 남을 것이다.[31] 부디 지문에 대한 법의학적 분석이 널리 사용되기 전에 판결이 나오기를 바란다.

한편 프랜시스가 작업하고 있는 기법이 표준의 법의학 도구로 자리 잡기까지는 여러 해가 걸릴지도 모른다. 그녀는 법의학적 지문 증거가 법정에 처음 등장하는 날이 전환점이 될 것으로 믿고 있다. "이게 새로운 기법이다 보니 당연히 반대 측 법률팀에서는 한번도 사용되지 않았던 증거라며 신뢰할 수 없다고 주장하겠죠. 저는 법집행기관에 최대한 많은 서비스를 제공할 계획을 세우고 있어요." 그녀는 이렇게 말하며 카페인이 풍부하게 들어 있는 내 지문의 파일을 열었다.

"이제 마지막으로 당신의 데이터를 보면서 또 뭐가 있는지 확인해보죠."

"어라? 이거 뭐지?"

뉴턴이 소리쳤다. 내 지문에 카메오로 출연한 수백 가지 화학물질 중 질량이 398인 화학물질 하나가 굉장히 풍부하게 들어 있었던 것이다.

"오, 이거 신기하네요." 프랜시스가 질량이 398인 화학물질의 데이터를 클로즈업하면서 말했다. "이 질량을 가진 화학물질이 지문에서 이렇게 다량으로 검출되는 경우는 처음 봐요." 그녀가 흥얼거리며 말했다. "어쩌면 당신이 만들어내는 특이한 피부 분자가 땀과 섞인 것일 수도 있어요. 아니면 당신이 사용하는 스킨일 수도 있죠. 지문을 찍기 전에 당신이 얼굴을 만지는 것을 봤거든요." 나는 조금 무안한 느낌이 들었다.

프랜시스가 소프트웨어를 조작해서 내 지문 스캔에서 이 화학물질이 발견되는 곳만 표시되게 했다. 그 화학물질은 어디에나 있었다. 지문의 융선마다 이 화학물질이 충분히 묻어 있어서 이 이상한 지방성 분자만 가지고도 내 지문의 윤곽을 확인할 수 있었다.

"그러니까 이 지문 분자가 제 몸에서만 만들어지는 분자일 수도 있다는 말인가요?"

"혹시 사이코패스의 생체지표일지도 모르죠."

뉴턴이 말했다. 나는 웃었다.

"아이고, 들켰네."

"죄짓고는 못 살겠네요. 이렇게 희귀한 땀 분자가 증거로 제시되면 유죄 판결을 피하기 어렵죠."

프랜시스가 덧붙였다.

"제 미래에 찬물을 끼얹으시는군요."

"이제 마지막으로 하나 더 보여줄게요."

컴퓨터 스크린에서 프랜시스가 사진을 한 장 열었다. 마치 수많은 사람이 똑같은 장소를 만진 것처럼 여러 개의 지문이 마구잡이로 중첩된 사진이었다. 지문들이 너무 중첩되어 있어서 구분이 불가능했다. 어느 한 지문만 따로 떼어내서 데이터베이스를 검색해볼 수가 없었다.

"어떤 사람이 다른 사람에게 폭행을 당하는 상황을 상상해보세요. 그런데 한 표면에 피해자의 지문이 찍혀 있고, 그 위로 폭행범의 지문이 중첩되어 찍혀 있어요. 그러면 경찰은 여기서 막히고 맙니다. 두 융선 패턴을 구분할 수 없으니까요. 하지만…." 그녀가 잠시 말을 멈췄다. "우리는 할 수 있죠."

나처럼 모든 사람은 땀 속에 자기만의 고유한 분자를 만들어낸다. 그리고 이 분자가 지문에 남는다. 이렇게 여러 지문이 표면 위에 어지럽게 중첩되어 있으면 시각화 소프트웨어를 이용해서 고유한 특정 분자, 즉 어지럽게 중첩된 지문을 만들어낸 여러 사람 중

한 명의 땀에서만 나타나는 화학물질이 존재하는 곳만 볼 수 있다. 다른 지문 화학물질들을 모두 걸러내면 어지러운 다른 지문들은 사라지고 그 한 가지 화학물질을 만들어내는 사람의 지문만 남는다. 이렇게 중첩된 지문을 디지털 방식으로 분리해서 지문 데이터베이스에 조회하는 것이다.

"소프트웨어에 이렇게 말하면 돼요. '두 지문에만 고유하게 존재하는 분자를 보여줘.' 그러면 소프트웨어가 별도의 두 지문 이미지를 제공해줘요."

프랜시스는 어지럽게 중첩된 지문을 하나하나 따로 분리해서 깨끗한 이미지로 추려내는 것을 보여주었다. 그러다 갑자기 그녀가 시계를 보며 말했다. "이제 가야겠어요. 헝가리 정부와 법집행기관에서 일하는 사람과 약속했거든요."

언젠가는 땀에 들어 있는 생물학적 흔적을 흘리고 다니지 않으려고 모두가 장갑을 끼고 다니는 날이 올지 모른다. 하지만 현재는 그와 반대다. 우리 몸이 어떻게 작동하는지 내부를 확인할 수 있는 땀 포착 기술을 개발하려는 상업적 수요가 존재한다. 이런 수요는 자신의 상태를 모니터링하고자 하는 사람들의 집착 때문에 생겨나고 있다.

많은 사람이 자신의 체력을 추적하기 위해 만보기 같은 장치를 이용해서 매일 걸음 수를 측정한다. 프로와 아마추어 선수 모두 훈련 목표를 달성하기 위해 운동하는 동안 심박수를 측정한다. 여성들은 임신이나 피임을 위해 체온을 예의 주시하며 가임기를 추적한다. 흔히 사용되는 이런 자가 감시 전략 중에 과학자나 의료인의 도움이 필요한 것은 없다. 그냥 신용카드 한 장과 호기심만 있으면 된다.

현존하는 자가 모니터링 장치들은 주로 물리적 측정에 의존한다. 체온, 심박수, 걸음 수 등은 물리학과 공학의 교묘한 조합을 통해 파악된다. 그리고 여기서 얻은 데이터를 스마트폰으로 보낸다 (보통은 클라우드의 회사 데이터베이스에도 보낸다).

자기 모니터링의 다음 이정표는 화학적 측정이다.[32] 당신의 피부와 접촉해서 땀의 화학 성분을 분석한 후, 술을 너무 마셔서 운전할 수 없는 경우에 알림 메시지를 보내는 장치를 생각해보자. 아니면 당신의 지문을 인식한 후 지문 속에 들어 있는 화학 성분을 분석해서 당신이 알코올이나 대마초, 코카인, 메스암페타민 (methamphetamine, 흔히 필로폰으로 알려져 있는 중독성 강한 마약 성분-옮긴이), 아편, 졸음을 유발할 수 있는 멀미약 같은 성분 때문에 운전에 문제가 없는지 확인한 후에만 엔진에 시동을 걸어주는 자동차는 어떨까?

프로든, 동호인이든 운동선수들은 땀에 들어 있는 젖산의 농도를 실시간으로 감시해서 자기가 하는 운동이 유산소 운동인지 무산소 운동인지, 즉 탄수화물을 태우는지 지방을 태우는지 확인하고 싶을 것이다. 사람의 근육세포는 가용한 산소 수치에 따라 유산소 대사(aerobic metabolism)와 무산소 대사(anaerobic metabolism) 사이를 오간다. 이런 정보를 즉각적으로 얻을 수 있다면 선수는 단거리달리기를 준비하느냐, 마라톤을 준비하느냐에 따라 근육에 들어가는 힘을 줄이거나 늘릴 수 있다.

아니면 운동장에서 뛰고 있는 선수들 모두에게 땀을 모니터링하는 패치를 붙여주는 경우를 상상해볼 수 있다. 선수 중 한 명의 땀에서 극단적인 피로나 육체적 스트레스를 나타내는 화학적 표지가 검출되면 그 정보가 스마트폰이나 태블릿에 알림으로 뜬다. 코치는 이를 바탕으로 선수교체 시기를 결정할 수 있다. 군대나 운송산업에서도 이런 땀 모니터링 장치를 이용해서 전투 중인 병사, 장거리 비행 중인 파일럿, 운전하는 트럭 운전기사의 상태를 살펴볼 수 있다.

그리고 당뇨병이 있는 사람에게도 사용할 수 있다. 땀에 들어 있는 포도당 양을 추적하는 것은 흔히 화학적 모니터링의 성배(聖杯)로 여겨진다.[33] 연속적인 혈당 모니터링 방식 중에서 가장 덜 침습적인 것도 여전히 스티커 패치 아래에 바늘을 묻거나 피부밑에 관을 삽입하는 방법을 사용한다. 그러나 만일 땀을 계속해서 감시하는 스마트워치 등으로 바늘을 찌르지 않고 혈당을 측정할 수 있다면 당뇨병 환자들의 삶의 질을 혁신적으로 개선할 수 있다.

이런 땀 모니터링 장치들 모두 현재 연구와 개발이 진행 중이다. 화장품 기업 로레알(L'Oréal)에서는[34] 땀을 이용해서 pH(수소이온농도, 산성도)를 측정하는 피부 패치를 발매할 예정이라고 발표했다. 이 제품은 고객들의 화장품 선택을 도와주는데, 땀 속의 염소 농도를 추적해서 낭포성 섬유증을 진단하는 접착식 장치도 곧 시장에 나올 날이 머지않았다.

아직은 초기 단계의 이 산업이 꽤 유망하긴 하지만 예전에 큰 실패를 맛본 적도 있다. 이 이야기는 이 분야 산업에 대한 경고의 목소리이기도 하다. 2001년 시그너스 주식회사(Cygnus Incorporated)라는 기업에서 FDA의 승인을 받아 글루코워치(GlucoWatch)를 출시했다.[35] 이 장치는 혈당 수치를 추적할 방법으로 당뇨병 환자들에게 판매됐다. 글루코워치는 피부에 작은 전류를 가해[36] 사이질액을 빨아낸다. 사이질액은 에크린땀샘에서 땀의 원천으로 사용하는 바로 그 체액이다. 그리고 이 체액으로 당분을 조사한다.

글루코워치 안에 들어 있는 효소가[37] 포도당과 만나면 과산화수소가 만들어지는데, 과산화수소의 수치가 높을수록 혈당 수치도 높은 것이다. 하지만 이는 정확한 혈당 수치가 아니라 근사치에 불과했다. 그래서 당뇨병 환자가 이 장치를 인슐린 투여량 계산에 사용해서는 안 됐다. 그냥 포도당이 감소하거나 증가하는 일반적인 추세를 파악해서 혈당 변화가 일어나고 있음을 경고하는 용도로만 사용해야 했다.

회사 측에서는 글루코워치가 손가락을 찔러 피를 내는 검사법을 대체할 수 있다고 주장한 것은 아니었으며[38] 다만 내부 혈당 수치에 대한 보조적인 정보만을 제공한다고 했다. 하지만 이렇게 말했음에도 글루코워치에 대한 과장된 기사가 끊임없이 미디어를 오르내렸다. 캐서린 오퍼드(Catherine Offord)라는 기자는 이렇게 적었다. "〈데일리 메일(Daily Mail)〉은 이 장치를 '당뇨병 환자들의 수고를 덜어주는 손목시계'라고 불렀다. FDA의 국장 직무대행은 이 기술을 '매일 손가락을 바늘로 찔러서 검사하지 않아도 되는 새로운 제품 개발을 향한 첫걸음'이라 불렀다.[39] 사람들의 흥분이 생생하게 느껴졌다."[40]

하지만 정작 당뇨병 환자들 사이에서는 이 흥분이 오래가지 못했다.[41] 일부 사용자는 이 장치 때문에 고통스러운 발진이 생겼다.[42] 그리고 글루코워치를 통한 혈당 평가가 신뢰성이 떨어지는 것으로 밝혀졌는데, 한 연구에서는 거짓 경보 비율이 51퍼센트로 나왔다.[43] 몇 년 안 가 글루코워치의 생산이 중단되었고 회사는 여기저기 팔리다가 결국에는 존슨 앤드 존슨(Johnson & Johnson)으로 넘어갔다.[44]

사람들은 편리하고 신뢰성 있는 혈당 추적 장치를 열망하지만 이를 설계하는 데는 어마어마한 어려움이 따른다.[45] 피부에는 세균들이 살고 있고 그중 많은 종이 우리만큼 당분을 즐겨 먹는다는 단순한 사실만 생각해봐도 그렇다. 따라서 굶주린 미생물들이 영향을 미치기 전에, 땀이 피부 표면으로 나오자마자 당 수치를 측정해야 한다. 그러면 센서가 갓 솟은 땀이나 사이질액을 측정해야 한다. 이것이 또 다른 문제를 낳는다. 땀이 흘러나오게 만들기는 어렵지 않다. 하지만 실제로는 정교한 측정이 불가능해진다. 운동이 혈당 수치를 낮춰버리기 때문이다.

이는 당뇨병 버전의 하이젠베르크의 불확정성 원리(Heisenberg's uncertainty principle)라 할 수 있다. 불확정성의 원리란 한 계(界) 안에서 뭔가를 측정하려 하면 측정 과정 자체가 필연적으로 그 계를 변화시키기 때문에 정확한 측정이 애초에 불가능함을 말한다(온도계로 물방울 온도를 측정하는 경우와 비슷하다. 물방울 온도를 재기 위해 온도계를 물방울에 대면 온도계가 기존의 물방울 온도를 변화시키기 때문에 거기서 측정되는 온도는 원래의 물방울 온도와 차이가 생긴다-옮긴이).

필로카핀(pilocarpine)이라는 약을[46] 사용하면 이 딜레마를 피할 수 있을지 모른다. 전류를 이용해 이 약을 피부에 적용하면 인공적으로 땀샘을 열 수 있다. 하지만 필로카핀을 이용해서 포도당 수치를 모니터링하려면 그 약을 지속적으로 피부에 노출시켜야 한다. 이는 비용도 많이 들고 번거롭다. 그리고 필로카핀에 주기적으로 노출되는 것이 해롭지는 않지만, 사람이 이 약에 잦은 빈도로 장기간 노출되었을 때 해가 되는지는 아직 밝혀지지 않았다(쥐에게 필로카핀을 고농도로 적용했을 때 발작이 발생한 적이 있다[47]).

개발자들이 포도당 모니터링 장치에 땀을 일정하게 공급할 수 있는 방법을 찾아낸다고 해도 또 다른 장애물이 기다리고 있다. 극복하기 가장 어려운 장애물이라고 해도 과언이 아니다.[48] 바로 혈액 속 포도당 수치와 사이질액 또는 땀의 포도당 수치 사이에 일대일 상관관계가 존재하지 않는다는 것이다. 일반적으로는 양쪽 모두 동일한 그래프 궤적을 따른다. 혈당 수치가 올라가거나 떨어지면 땀과 사이질액에서도 똑같이 올라가거나 떨어진다. 하지만 정확한 측정에 목숨이 달린 사람의 경우는 이런 측정이 완벽하거나, 거의 완벽해야 한다.

땀 속에 들어 있는 다른 생체지표들은 포도당보다 추적이 훨씬 쉽다.[49] 땀 모니터링 세계에서 노다지를 캐고 싶은 회사가 있다면 땀 속에 들어 있는 상대적으로 안정적인 화학물질 그리고 죽느냐 사느냐의 문제가 아닌 생활방식에 대한 해답을 제시하는 화학물질을 모니터링하는 장치에서 시작하는 것이 현명할 것이다. 예를 들어 알코올을 생각해보자.

땀에서 알코올을 추적하는 장치는 이미 시장에 나와 있다. 하지만 스마트워치보다 훨씬 투박해서 이 장치를 착용하는 사람이 짜릿한 흥분을 느끼지는 못할 것이다. 2003년에 스크램 시스템스(SCRAM Systems)에서 스크램 알코올 연속 모니터링 장치(SCRAM Continuous Alcohol Monitor), 줄여서 스크램 캠(SCRAM CAM)이라는 땀 감시 장치를 발매했다.[50] 그리고 머지않아 법원과 법집행기관이 이 장치를 채택해서 알코올과 관련된 범죄로 유죄 선고를 받은 사람이 술을 마시지 않도록 감시하는 용도로 사용했다. 특히 금주가 가석방의 조건일 때 많이 사용했다.

이 장치는 덩치가 큰 발찌로 사실상 피부 음주측정기다. 착용자가 땀을 흠뻑 흘리지 않을 때라도 발찌에 있는 센서 밑 피부의 에크린땀샘에서는 소량의 땀이 계속 만들어지고 있다. 이 센서는 알코올에 반응하도록 설계되어 있는데, 착용자가 맥주 한 병 이상에 해당하는 알코올을 섭취했을 때는 꽤 정확히 작동한다. 샌안토니오 텍사스대학교의 건강과학센터(University of Texas Health Science Center)에서 수행한 연구에 따르면 실험 참가자가 맥주를 두 병 또는 세 병 마셨을 때 이 장치는 땀구멍으로 빠져나오는 알코올을 각각 95퍼센트와 100퍼센트의 확률로 감지했다.[51]

이 장치가 사법기관에 유용한 또 다른 이유는 땀 속 알코올 수치가 30분마다 측정된다는 점에 있다.[52] 기존에 가석방 담당관이 매일 혹은 매주 측정하던 것과 비교하면 훨씬 규칙적이다. 과거에는 감시 대상인 사람들도 가석방 담당관이 방문하는 시간 사이에 술을 마셨다가 측정하러 올 때쯤에는 깰 수 있었다. 하지만 장치를 착용하고 있으면 알코올 수치가 전파를 타고 당국에 즉각 보고되기 때문에 그런 꼼수가 아예 불가능하다.

스크램의 보고에 따르면 어느 하루를 기준으로 잡았을 때 이 제품을 착용하고 있는 사람은 2만 2,000명이고[53] 제품이 출시된 이후 이 장치를 이용해 감시가 이뤄진 사람은 76만 명이 넘었다.[54] 하지만 땀으로 알코올을 모니터링하는 장치가 존재한다는 것이 대중에 알려진 것은 팝스타 린지 로언(Lindsay Lohan)과 배우 트레이시 모건(Tracy Morgan),[55] 미셸 로드리게스(Michelle Rodriguez)[56] 등 몇몇 유명 인사들 덕분이었다. 로드리게스가 이 장치를 "VCR 군번줄(VCR Dog

Tag)"이라고 불렸던 일화는 유명하다.[57] 아마도 소형 전자장비에 익숙해진 사람들에게는 삐삐 크기의 스크램 캠이 크고 거추장스럽게 느껴져서 그렇게 불렀을 것이다.

경찰이나 국가에서 자신의 땀을 감시한다고 생각하면 짜증부터 나는 사람이 많을 것이다. 또는 자기가 운전하면 안 될 정도로 취했는지를 스마트폰 알림으로 확인하고 싶은 사람도 있을 것이다. 스크램 캠의 언론 담당 대변인은 대중에게 판매할 장치를 제작할 계획은 없다고 말했지만 다른 회사에서 큰 관심을 보이고 있다고 했다. 미래에 스마트워치에 땀 속 알코올을 측정하는 소형 부품이 들어가는 모습을 어렵지 않게 상상할 수 있다.

한편 일류 학술지를 보면 한 달이 멀다 하고 웨어러블 화학 감지 기술(wearable chemical-sensing technology)에 관한 새로운 발표들이 쏟아져 나오고 있다. 대부분 장치는 땀 속 화학물질을 모니터링할 수 있는 소형 전자회로가 장착된, 손목 밴드처럼 생긴 피부 패치다.

이 분야의 연구자들은 여러 가지 공학적, 화학적 장애물과 씨름하고 있다.[58] 패치가 땀이 흐르기 시작해도 떨어지지 않을 정도로 점착성은 뛰어나면서 피부에는 자극을 주지 않게 만들어야 한다. 그리고 잘 구부러지고 늘어날 수도 있어서 몸의 곡면에 편안하게 밀착되고, 신체활동에 관여하는 서로 다른 근육 형태에도 적응할 수 있어야 한다. 그 과정에서 전자장치가 손상을 입어서는 안 되며 배터리가 없어도 기능할 수 있는 회로 기술도 개발해야 한다. 데이터 처리도 문제다. 정보를 서버나 스마트폰으로 보내는 가장 효율적인 방법은 무엇일까? 그리고 패치를 이용해서 만성질환을 진단하고 모니터링할 계획이라면 모니터링과 동시에 약물을 투여해서 그 질병을 관리할 수 있는 능력도 갖춰야 한다.

하지만 우리가 착용하고 다니는 물건에 이런 땀 모니터링 장치 장착이 표준으로 자리 잡는 것은 결국 시간문제다. 그리고 이런 장치가 시장에 대량으로 쏟아져 나오면 기술회사가 습득하는 개인 정보의 양도 치솟을 것이다. 분명 회사에서도 개인 정보를 익명화할 방법들을 제공할 것이다. 핏비트나 다른 비슷한 애플리케이션에서도 이미 이런 옵션을 제공하고 있다. 하지만 해킹 방지는 고사하고 익명성만 확실히 보장받고 싶어도 사용자들은 사생활 보호를 위한 설정 방법을 적극적으로 알아봐야 할 것이다.

경찰에서 민간 기업에 무료로 제공하는 DNA 데이터와 가계도 데이터를 이용해서 수십 년 묵은 캘리포니아 연쇄살인범 사건을 해결했을 때도 일부 사람들은 디지털 의료 프라이버시에 관한 우려를 표시했다. 그리고 많은 사람이 신속하게 행동에 나섰다. 기후변화와 마찬가지로 디지털 프라이버시에 대해 걱정하는 사람들도 이 문제를 대단히 심각하게 받아들이고 있다. 이미 판도라의 상자가 열렸다고 생각하는 사람도 많다.

데이터와 보안에 관한 문제를 핏비트, 스포티파이(Spotify), 23앤드미(23andMe), 아마존 같은 민간 기업에 맡기는 것에 대해 이미 많은 사람이 심드렁한 걸 보면 우리 사회는 체취를 흘리는 것은 신경 쓰면서 땀 관련 데이터를 흘리고 다니는 것에 대해서는 그리 걱정하지 않는 것 같다. 하지만 기업이나 조직에서 땀 데이터를 이용해 입사 지원자를 솎아내고, 민간건강보험의 보장 범위를 정하고, 약물 사용 여부를 몰래 검사하고, 아이를 키우기에 적합한 부모인지 판단하는 날이 오는 것 역시 시간문제임을 알아야 한다.

CHAPTER
7

가짜 땀을 만드는 사람들

시셀 톨로스(Sissel Tolaas)는 클레오파트라처럼 자른 백금색 머리카락, 꿰뚫어 보는 듯한 파란 눈동자에 밝은 빨간색 립스틱을 하고 있었다. 그렇지 않아도 큰 키가 하이힐 때문에 더 두드러져 보인다. 그녀는 멋진 스타일로 사람을 주눅 들게 할 뿐 아니라 향기로 작품을 만드는 세계 최정상의 냄새 예술가 중 한 명이다.

톨로스는 나를 세심히 살펴보다가 베를린의 자기 아파트로 초대했다. 그 아파트는 세기가 바뀔 즈음에 지어진 건물로 천장이 말도 안 되게 높은 널찍한 방이 또 다른 방으로 이어지는 구조로 되어 있다. 그녀가 스튜디오로 쓰고 있는 방에 가면 벽과 벽을 가득 채우고 있는 선반 위로 수천 가지 향수병이 잘 정돈되어 있는데 이것이 그녀의 향기 팔레트다. 냄새 예술가에게는 이것이 화가의 그림물감과도 같다.

이 노르웨이 예술가는 원래 향수 화학자로 교육을 받았지만 샤넬(Chanel) No.5 향수를 디자인하는 게 아니라 모아놓은 냄새 수집품으로 온갖 복잡하고 흥미진진한 냄새를 창조 혹은 재창조한다. 드레스덴의 군사역사박물관(Museum of Military History)의 의뢰로 제1차 세계대전의 냄새를 만들 때는 참전용사와 역사가들을 인터뷰해 진흙, 시체, 말, 화약, 괴저, 씻지 않은 몸, 속이 느글거리는 썩는 냄새 등이 적절히 섞인 냄새를 만들어내기도 했다. 전시회에 찾아온 사람이 단추를 누르면 제1차 세계대전의 냄새가 노즐에서 뿜어져 나온다. 그 냄새가 어찌나 끔찍했는지 처음에 준비했던 냄새가 다 떨어지자 박물관 직원이 그녀에게 두 번째 냄새는 강도를 좀 낮춰달라고 부탁했을 정도였다.

톨로스는 캔자스시티, 상하이, 멕시코시티 같은 도시의 전형적인 냄새들도 재창조했다. 디트로이트의 냄새를 만들 때 그녀가 영감을 얻기 위해 냄새를 맡아본 대상 중 하나는 버려진 쉐보레 로라이더(Chevy low-rider) 차량에서[1] 나온 불타는 타이어였다.

그녀는 체취, 특히 그중에서도 겨드랑이 땀 냄새를 조달하는 역할도 한다. 2004년 MIT에서 그녀는 예술가 레지던트 과정의 일환으로 외상후스트레스장애(PTSD)가 있는 참전용사부터 광장공포증(agoraphobia)이 있는 남성에 이르기까지 극심한 불안증으로 진단받은 남성들을 치료하는 심리학자들을 찾아다녔다. "부시 행정부 시절이었어요. 저는 테러와 편집증이라는 개념에 전반적으로 관심이 많았죠. 공포의 냄새를 맡을 수 있는지 확인하고 싶었어요."

그녀는 21명의 환자를 만나 자신의 프로젝트를 설명하고 익명으로 연구를 진행할 것을 약속했다. "오랜 시간에 걸쳐 신뢰를 쌓고 나니 그들도 제게 땀을 제공하겠다고 했습니다." 그녀는 그들에게 불안하거나 공황에 빠질 때마다 겨드랑이 냄새를 채취해달라고 요청했다. "한 남성은 가학피학성 변태 성욕에 정말 깊이 빠져 있었어요. 그는 라텍스 옷을 입고 클럽에 갔다가 갑자기 두려움에 빠지곤 했죠. 극단적인 사회공포증(social phobia)을 앓고 있었어요. 전 클럽으로 그를 따라가 그의 체취를 직접 채취하기도 했죠."

사람의 체취를 채취하기 위해 톨로스는 향수 제조자들이 희귀한 야생화의 향기를 채취하기 위해 고안했던 기술을 사용했다. 대박 날 향수를 만들기 위해 이국적이고 새로운 냄새를 찾아다니는 향기 화학자들은 희귀한 냄새를 채취하기 위해 온갖 수고를 마다하지 않는다. 화학자 겸 향기 탐험가 로먼 카이저(Roman Kaiser)가 정글의 나무 꼭대기에서 자라고 동틀 무렵과 해질 무렵에만 향기를 내뿜는 희귀한 난초의 향기를 채취하기 위해 체펠린 비행선에 매달려 작업했던 일화는 유명하다.[2]

냄새라는 덧없는 존재를 붙잡기 위해 톨로스는 작은 유리 앰풀에 고무관으로 연결된 소형 진공흡입기를 이용한다. 새끼손가락보다 작은 이 앰풀에는 작은 휴지 조각처럼 보이는 물질이 들어 있다.

이 휴지 조각이 유리 앰풀을 통과하는 냄새 분자들을 붙잡아 나중에 그 냄새를 다시 분석할 수 있게 해준다. 기기 전체는 주머니에 들어가는 트럼프 카드 한 벌 정도의 크기다. 크기가 작아서 몸에 휴대하고 다니다 흥미로운 냄새가 있으면 수집하기에 편리하다. 장치를 새로운 수집용 앰풀에 연결하고 진공흡입기를 켜서 냄새를 빨아들이면 된다.

그렇게 해서 톨로스는 불안을 느끼는 남성의 체취를 수집하고 냄새를 분석한 다음 그녀의 거대한 향기 팔레트를 이용해서 각각의 냄새를 재현했다. 그리고 재현한 겨드랑이 냄새를 MIT 과학자들과 함께 '긁어서 냄새 맡기(scratch-and-sniff)' 캡슐에 담아 전시회 방문객들이 맡아볼 수 있게 해주었다. 그 후로 10년 넘게 지났지만 '21/21 냄새의 공포: 공포의 냄새(21/21: The Fear of Smell—the Smell of Fear)'라는 이 프로젝트는 아직도 전 세계에서 전시회를 개최하고 있다. 샌프란시스코 현대미술관, 도쿄 현대미술관 등 많은 곳에서 전시회가 열렸다.

톨로스는 이렇게 말했다. "장소에 따라 반응이 각각 달라요. 미국 사람들은 체취에 대해 편집증이 심해요. 냄새를 전시해도 사람들이 냄새 맡기를 주저했죠. 그리고 이렇게 물어요. '이거 안전한가요? 위생적인 거 맞아요?' 진짜 편집증이 심해요. 그냥 화학적으로 합성한 물질에 불과한데 말이죠."

그리고 이런 이야기도 해주었다.

"한국에서 있었던 일이에요. 어떤 군인이 손자와 함께 그곳을 찾았어요. 그는 6번 남성의 체취를 맡고 울기 시작했어요. 그래서 제가 물었죠. '왜 그러세요?' 그가 말하길 그 냄새에 감명을 받았다고 하더군요. 전쟁에서 살을 맞대고 함께 모여 싸우던 전우들이 떠올랐대요. 그 냄새를 구할 방법을 알고 싶어 했죠. 그래서 제가 그에게 평생 맡아볼 수 있을 분량을 보내줬어요."

톨로스는 냄새를 미술관 벽에 걸어놓는 데서 그치지 않고 직접 자신의 몸에 뿌리고 다닌다. "제 목표는 스컹크가 되는 거예요. 그러니까 냄새란 것이 대체 무엇이냔 말이죠. 우리는 냄새를 주로 소통에 사용해요. 냄새를 이용해서 '내게로 와'라고 말할 수 있죠. '나를 내버려둬. 혼자 있고 싶어'라고 말할 수도 있어요."

이런 작업을 하게 된 동기가 무엇이냐고 묻자 그녀가 말했다. "저는 선동을 전문으로 하는 사람이에요. 회사들이 세상 모든 곳에서 냄새와 맛으로 온갖 것을 통제하고 있어요. 이들은 악취를 없애고 냄새를 위장하죠. 그들은 현실을 숨기려 해요. 저는 현실을 드러내서 보여주고 싶어요. 나쁜 소리나 장면이 있다고 그것을 굳이 숨기지는 않잖아요. 냄새를 숨김으로써 우리는 너무 많은 것을 놓치고 있어요. 냄새라는 것을 이용해서 현실을 보여주어야 한다고 말하고 싶네요."

두려움 혹은 그 어떤 것이든 간에 냄새를 재창조할 때는 수많은 시행착오가 따른다. "냄새를 만들 때는 한 성분이 한 방울만 더 들어가도 처음부터 다시 시작해야 해요." 톨로스가 합성한 냄새 중에는 수백 가지 분자가 들어간 것도 있다. 한번은 냄새를 재창조하면서 500가지 정도의 향기 성분을 사용한 적도 있었다.

불안에서 나온 땀 냄새는 모두 제각각 특징이 있다. 어떤 것은 산패한 냄새가 나고, 어떤 것은 사향 냄새가 난다. 하지만 모든 사람의 겨드랑이 냄새에 원래부터 들어 있는 염소 냄새와 양파 냄새에 더해 그녀의 냄새 혼합물에 공통으로 들어가는 한 가지 냄새가 있다. 바로 치즈에서 발견되는 분자다.[3] "이 분자는 모든 남성에게 존재해요. 세균에서 만들어지는 것이죠."

하지만 톨로스는 그 분자의 이름은 말해주지 않았다. 향수 발명가들과 마찬가지로 그녀도 자기만의 비밀 레시피를 지키려 한다. 나는 흉내 내기야말로 가장 위대한 형태의 아부가 아닐까 생각하게 됐다. 톨로스의 땀 냄새 작품은 땀에 바치는 사랑의 송가인 셈이다.

가짜 땀이 톨로스의 땀 향수만 있는 것은 아니다. 인공 땀 시장의 수요를 충족시키기 위해 전 세계에서 작은 병에 담긴 인공 땀이 유통되고 있다. 법의학계, 직물 산업, 보석 산업 등 다양한 산업 분야들은 가짜 땀이 안정적으로 공급되지 않으면 정부 규제를 따르거나 제품의 품질을 확보하는 데 어려움을 겪는다.

인공 땀 시장이 존재한다는 사실이 놀랍다. 어차피 대부분 사람의 몸에서 땀이 충분하게 흘러나오고 있는데 왜 가짜 에크린땀이나 아포크린땀이 들어 있는 병을 하나에 150달러나[4] 주고 산단 말인가?

의복 제조업체에서[5] 땀을 모방한 제품을 구입하는 이유는 사람들이 옷을 입고 땀을 흘렸을 때 섬유 염색약이 스며 나오거나, 겨드랑이처럼 땀이 많이 나는 부위에서 변색이나 탈색이 일어나선 안 되기 때문이다. 기타 줄도[6] 손가락의 땀 성분에 부식되어선 안 된다. 그리고 개인용 전자 제품을[7] 만드는 제조업체에서도 스마트폰이나 태블릿 같은 제품이 땀이 묻은 손가락에도 제대로 반응하게 만들어야 한다.

한편 귀걸이, 손목시계, 의복용 지퍼 등 피부와 접촉하는 금속 제품을 생산하는 업체에서도 땀 때문에 보석에서 니켈 성분이 너무 많이[8] 침출되지 않는지 확인할 필요가 있다. 침출되어 나온 니켈이 접촉피부염(contact dermatitis)이라는 발진을 일으킬 수 있기 때문이다. 그리고 금도금 제품이 땀 묻은 손으로 만졌을 때 변색되거나 벗겨지는 것을 좋아할 사람은 없을 것이다. 합성 땀 제조업체에서는 특정 pH의 인공 땀, 즉 땀을 구성하는 수백 가지 화학물질 포트폴리오 중 땀과 접촉하는 안경테 같은 제품에 문제를 일으킬 만한 특별한 성분이 들어 있는 인공 땀을 제공한다.

과학수사연구소(Crime Laboratory)도 인공 땀에 대한 수요가 꾸준한 곳이다.[9] 법의학자들은 지문을 시각화할 때 지문을 밝은 보라색으로 바꾸기 위해 보통 닌하이드린이라는 시약을 바른다. 하지만 지문의 색이 드러나지 않는다면? 아예 그곳에 지문이 존재하지 않았던 것일까, 아니면 시약에 문제가 있는 것일까?

여기서 가짜 땀이 등장한다. 범죄와 관련된 지문을 분석할 때 법의학자들은 닌하이드린이 제대로 작용하고 있는지 확인하기 위해 항상 대조군 지문을 만든다. 보통은 자기 손가락을 이용한다. 하지만 법의학자들이 모두 손가락에 땀이 많은 것은 아니다. 그리고 하루에도 이런 대조군 지문 채취를 여러 번 해야 하고 그때마다 손을 계속 씻기 때문에 손가락이 다시 땀으로 젖을 때까지 기다렸다가 대조군 지문을 채취하는 건 효율적이지 않다. 그래서 잉크 대신 가짜 땀에 적신 인주를 사용한다.

완벽한 땀 모방품을 만들어내기는 불가능하다. 땀은 개인마다 특화된 화학물질의 집합체이기 때문이다. 그래서 합성 땀 제품은 보통 특정 산업의 구체적인 니즈를 충족시키도록 제작된다. 법의학팀의 경우 합성 땀은 올바른 염도와 pH를 가져야 하지만 무엇보다 지문이 보라색으로 변하도록 닌하이드린과 반응하는 단백질과 아미노산이 함유되어 있어야 한다.

픽커링 랩스(Pickering Labs)라는 합성 땀 제조회사에서는 서로 다른 50종 이상의 합성 땀 제품을 '인공 땀(Artificial Persperation)'이라는 라벨이 붙은 병에 담아 판매한다. 픽커링 랩스에 합성 땀 판매 규모를 물어봤더니 그곳의 영업부장 레베카 스미스(Rebecca Smith)가 난색을 보이며 말했다. "매년 팔리는 인공 땀이 수백 리터 정도 됩니다."[10]

픽커링 랩스는 가짜 땀을 판매하는 몇 안 되는 회사 중 하나다. 그리고 타액, 소변, 귀지 같은 다른 체액의 합성 모방품과 비교하면

"인공 땀은 제일 많이 팔리는 품목"이다."[11]

이윤이 훨씬 많이 남는 인공 땀 사업은 스포츠음료 산업이다. 스포츠음료는 격렬한 운동을 하면서 잃어버린 소중한 땀 성분을 보충해준다. 이 수십억 달러 규모의 산업이 시작된 것은 1970년대였다. 그전에는 운동선수들이 주로 물을 마심으로써 체액을 보충하거나, 아니면 1962년에 나온 유쾌한 영화 〈비브 르 투르(Vive le tour!)〉[12]처럼 창의성을 발휘하기도 했다(투르 드 프랑스[Tour de France]라는 프랑스에서 매년 열리는 국제 사이클 대회에 관한 영화다).

영화에서는 햇살이 가득한 마을을 통과하는 사이클 선수들의 모습이 흐릿하게 나오고 그 위로 쾌활한 음악이 흘러나온다. 해설자가 프랑스어로 사이클 선수들을 진지하지만 살짝 말썽꾸러기 같은 모습도 있는 사랑스러운 악동으로 묘사하는데, 특히 경주를 벌이다 갈증이 난 상태로 작은 마을에 도착했을 때 이들의 악동 기질이 발휘된다.

여기가 이 경주에서 가장 중요한 순간 중 하나입니다. 바로 물 마시기 습격이죠. 사이클 선수들이 사람들을 밀치며 카페로 들어갑니다. 약탈하러 들어온 건 아니지만 레드와인이든, 샴페인이든, 맥주든 마실 것을 달라고 요구하죠. 괜찮은 게 없다 싶으면 그냥 물을 요구하기도 합니다. 사실 물을 마셔야 옳죠.

그러고는 돈도 내지 않고 나가버립니다. 그래서 투르 드 프랑스가 끝나고 나면 주최 측 앞으로 청구서가 몇 장 날아오죠. 선수가 이 과정에서 2, 3분 정도 뒤처져 그 후 20킬로미터 구간은 앞서 달려간 선수들의 뒤를 쫓아야 하는 경우도 생깁니다.

하지만 그럴 만한 이유가 있죠. 땀을 너무 많이 흘리기 때문입니다. 계산해보면 더운 날에 투르 드 프랑스를 뛰는 선수는 체중이 4킬로그램까지 빠집니다. 이것은 땀 4리터에 해당하는 양이죠. 그래서 마시고 또 마셔야 합니다.[13]

1960년대에 투르 드 프랑스에 참가한 선수들은 카페의 음료라도 털어서 마셨지만 같은 시기의 마라톤 선수들은 경주 중간에 수분을 보충하지 않고 몇 시간짜리 경주를 마무리했다. "1970년대까지 마라톤 선수들은 수분을 보충하면 속도가 느려질까 두려워 경기 도중에는 음료를 마시는 것이 금기시되었다. 어떤 사람은 마라톤 경기 도중 물을 마시는 것을 나약함의 상징이라 여기기도 했다."[14] 남아프리카공화국의 스포츠과학자 티머시 녹스(Timothy Noakes)의 기록이다.

1950년대와 1960년대에 울트라 마라톤(정식 마라톤 경기의 풀코스에 해당하는 42.195킬로미터보다 더 먼 거리를 달리는 마라톤-옮긴이)에 참가했던 재키 메클러(Jackie Mekler)는 녹스에게 이렇게 말했다. "대부분 선수는 아무런 수분 보충 없이 마라톤을 완주하는 것을 궁극의 목표이자 자신의 체력에 대한 검증으로 여겼죠."[15]

이런 일화들을 보면 굉장히 마초 같고 불합리해 보인다. 현대에 와서는 수준에 상관없이 모든 선수가 수분 보충을 중요하게 생각한다. 수분 보충은 피부에 땀이 비치기 시작하는 순간부터, 심지어는 그전부터 시작된다. 내부에서 물을 마시고 싶은 갈증이 생길 때까지 기다리는 대신 사전에 수분을 보충하려는 경우가 많은데, 갈증을 느끼는 것이 아니면 경주에 앞서 물을 대량으로 마실 필요가 없다.

현대의 전문 마라톤 선수들은 경주를 시작했을 때보다 끝냈을 때 몸이 더 가벼운 경우가 많다.[16] 일부 선수는 체중이 가벼워야 근육이 일을 더 잘할 수 있다고 생각해서 일부러 몸을 더 가볍게 만드는 것을 목표로 삼는다. 탈수가 심하면 분명 죽을 수도 있다. 하지만 그런 일은 수화도(hydration level)가 15퍼센트 아래로 떨어지기 시작했을 때만 일어난다.[17] 물 없이 며칠 정도 사막에 버려지는 경우가 아니라면 일반적인 마라톤 경기에서는 그런 일이 벌어지기 어렵다.

암스테르담 자유대학교의 운동생리학자 하인 다넌(Hein Daanen)의 말에 따르면 사실 결승선을 통과할 때 수분이 완전히 보충된 상태가 아니라도 최적의 경기 결과를 얻을 수 있다. 아직 연구가 진행 중이기는 하지만 그는 이렇게 말한다. "마라톤 결승선을 탈수 상태로 통과하는 것이 아주 긍정적인 일이 될 수도 있습니다. 몸이 가벼워서 더 잘 달릴 수 있으니까요."

하지만 운동 능력에 문제를 일으키지 않는 선에서 어느 정도까지 탈수되어도 좋을까? "과학계에서 아주 논란이 큰 문제입니다." 다넨의 말이다. 그의 말에 따르면 많은 스포츠과학자가 체중의 3퍼센트를 안전한 탈수 기준으로 보지만 이는 선수 고유의 생리학, 스포츠의 종류, 훈련받은 방식, 대회의 환경조건에 좌우된다.

한편 웨인 주립대학교의 스포츠 수분보충 과학자 타미 휴버틀러(Tami Hew-Butler)의 설명에 따르면 물을 너무 많이 마셔도 저나트륨혈증(hyponatremia)이라는 치명적인 물 중독(water intoxication) 증상이 생길 수 있다. 물을 과도하게 섭취하면 뇌가 안에서 부풀어 오를 수 있다. 그러면 부풀어 오른 뇌가 뇌줄기(brain stem)를 원래의 자리에서 밀어내기 때문에 치명적인 결과를 낳을 수 있다. 1993~2019년에 마라톤 선수 다섯 명이 저나트륨혈증으로 사망했지만[18] 탈수로 사망한 선수는 한 명도 없었다.

휴버틀러는 1990년대에 휴스턴 마라톤대회 메디컬 텐트에서 자원봉사자로 활동하면서 저나트륨혈증을 직접 목격했다. 그녀가 스포츠과학에 관심이 생긴 것도 이 때문이었다. 다행히도 저나트륨혈증에 빠졌던 사람들은 죽지 않고 살아남아 휴버틀러에게 물을 그렇게 많이 마신 이유를 말해줬다. 휴버틀러는 이렇게 말한다. "그들은 탈수를 두려워했어요. 그래서 목이 마르지도 않았는데 마셨다고 하더군요." 그들은 자신의 몸이 내는 목소리에는 귀를 기울이지 않은 채 수분 보충이 중요하다는 말만 듣고 과도한 양의 물을 마신 것이다.

정말로 수분 보충이 필요해지면 우리 몸은 갈증의 신호를 보 낸다. 이런 갈증 신호가 전달되기 전에는 수백만 년에 걸쳐 진화 한 정교한 수분 보존 시스템이 작동한다.[19] "인간생리학에서 아주 놀라운 부분 중 하나는 운동이 항이뇨호르몬(antidiuretic hormone, ADH)의 분비를 자극한다는 겁니다. 이 호르몬은 수분과 염분을 보 존하게 만들죠." 휴버틀러의 설명이다. 갈증의 수준과 상관없이 땀 을 통한 수분 손실을 예상하고 수분을 보충하라는 것은 마케팅이 만들어낸 미신이다. 그런 미신으로 덕을 보는 것은 음료회사밖에 없다. 휴버틀러는 이렇게 말한다. "자신의 몸이 내는 목소리에 귀 를 기울여 갈증이 날 때 물을 마시세요."

갈증의 신호가 오면 무엇을 마셔야 할까? 원하는 건 무엇이든 마 셔도 된다. 물도 좋고 주스, 무알코올 맥주, 우유도 좋다. 정 그래야 겠다면 스포츠음료도 상관없다. 스포츠음료를 마시도록 사람들을 설득하기 위해 많은 기업이 마케팅에 어마어마한 돈을 지출하고 있을 테니 말이다.

상업화된 최초의 스포츠음료 게토레이(Gatorade)는 1960년대에 한 신장병 전문의와 동료들이 플로리다대학교 미식축구팀 게이터스 (Gators)를 위해 회복 음료로 개발한 것이다.[20] 게토레이라는 이름 이 바로 이 게이터스에서 나왔다. 음료의 성분은 물, 소금, 설탕,

귤 향료[21] 등으로, 오랫동안 설사를 한 후에 손실된 전해질을 보충하기 위해 마시는 염분수분보충제(rehydration salts)와 대단히 비슷했다.

하지만 대부분 사람이 부엌에서 직접 만들어 먹을 수 있는 간단한 혼합음료임에도 불구하고 게토레이는 곧 미국 미식축구 리그에서 막대한 성공을 거두기 시작했다. 과학적으로는 의심스럽지만 선수들의 경기 수행 능력을 높이는 효과가 있다는 주장이 먹힌 것이다.

1970년대에 게토레이의 모회사는 다른 시장을 넘보기 시작했다. 티머시 녹스의 글에 따르면 "마라톤 선수가 되기를 꿈꾸는 새로운 조깅 인구"를[22] 비롯해 활동적인 사람들에 대한 관심이 특히 커졌다. 이 회사는 유명 인사나 '게토레이 갈증 해소(Gatorade Thirst Quencher)'같이 귀에 쏙쏙 들어오는 문구들을 이용해 마치 이 음료만 마시면 체력 증진 혁명을 일으킬 것처럼 홍보했다.

그리고 곧 게토레이는 파워에이드(Powerade)와 루코제이드(Lucozade, 급성위장염 환자의 수분 보충을 위해 오랫동안 사용돼온 영국식 처방을 새롭게 개명해서 스포츠음료 시장에 내놓은 것이다) 같은 경쟁자들을 맞이했다.

스포츠음료는 당분의 농도는 올리고 염분의 농도는 낮추며 향료를 첨가해서 염분수분보충제보다는 맛이 더 좋도록 디자인됐다. 한 영양사는 스포츠음료는 그냥 짭짤하고 밋밋한 탄산수라고 말했다.[23] 음료 산업 시장 분석가들이 스포츠음료 시장과 탄산음료 시장을 하나로 묶어서 예측한다는 점은 시사하는 바가 크다.

마라톤을 뛰는 사람이라면 몇 시간 동안 운동하고 난 후에 마시는 달달한 스포츠음료가 몸에 활기를 불어넣어 준다는 사실을 잘 알 것이다. 하지만 스포츠음료에는 칼로리가 잔뜩 들어 있어 일반인들이 하는 평균적인 운동량으로는 이 음료의 에너지를 간신히 태울 수 있을 정도에 불과하다.

사실 운동 지속 시간이 90분 이하라면 스포츠음료의 칼로리는 오히려 역효과를 초래하는 수준이다.[24] 이는 옥스퍼드대학교의 칼 헤네건(Carl Heneghan)이 주도해 〈영국의학저널(British Medical Journal)〉에 발표된 스포츠음료에 대한 종단적 연구(longitudinal study, 동일한 연구 대상을 장기간 추적하며 관찰하는 연구 방식. 횡단적 연구는 동일한 시점에서 서로 다른 집단들의 특성을 비교하는 방식으로 진행한다-옮긴이)에서 나왔다.

헤네건과 연구진은 한 음료회사가[25] 스포츠음료가 건강하게 수분을 보충할 방법이라고 정당화하는 데 사용한 연구들을 조사했다. 이들이 내놓은 분석 결과는 단호했다. "증거에 기반한 방법론을 적용하면 40년에 걸친 스포츠음료 연구가 별다른 성과를 보여주지 못하는 것으로 보인다. 특히 그 결과를 일반 대중에게 적용하면 더욱 그렇다."[26]

이들은 스포츠음료 연구가 일관되게 작은 규모의 표본을 사용하고 있음을 발견했다(표본이 작으면 연구 결과에 대한 신뢰성도 낮다). 많은 연구가 아주 특이한 훈련 환경과 조건에서 선수들을 연구에 참여

시켰다. 이는 대부분 사람이 운동하면서 접하는 일반적인 시나리오와 맞지 않는다. 그리고 좋은 과학의 필수 조건이라 할 수 있는 맹검 대조군(blind study)도 설정하지 않고 데이터를 수집한 경우가 많았다.

하지만 설탕 문제는 열외로 하고, 땀으로 잃어버린 염분을 보충한다는 스포츠음료의 존재 이유에 대해 생각해보자. 땀샘에서 땀을 흘려보낼 때 소금 성분을 열심히 다시 거둬들이는 데는 그럴 만한 이유가 있다. 소금은 아주 소중한 자원이다. 바닷물과 비슷한 우리의 몸 내부에서 신경을 흥분시키고 심장을 수축시키는 등 온갖 생물학적 과정을 유지하려면 안정적인 염분 농도가 필요하다. 인간은 소금 없이는 살 수 없기 때문에 역사를 거슬러 올라가 살펴봐도 우리 인간이 먹을 수 있는 소금 결정을 손에 넣기 위해 수많은 전쟁과 탐사를 벌인 것을 알 수 있다.[27]

하지만 사람마다 땀 분비량이 제각각인 것처럼 땀의 염도도 제각각이다. 어떤 사람의 땀샘은 염분 회수 능력이 더 탁월하다. 땀샘으로 들어가기 전 사이질액의 염분 농도는 약 140밀리몰(mM, 밀리몰은 물 농도의 1,000분의 1을 말한다-옮긴이)이다. 이것이 피부에 도달할 즈음이면 대부분은 40밀리몰로 떨어진다.[28] 하지만 어떤 사람은 땀으로 두세 배 정도의 염분을 잃는다.[29]

자신은 아니더라도 주변에서 이렇게 짠 땀을 흘리는 사람을 본 적은 있을 것이다. 짠 땀을 흘리는 사람은 운동복이 땀으로 젖었다가 마르면 바위처럼 딱딱해지고 하얀색 줄무늬가 남는다. 부드러운 옷감이 두껍게 달라붙은 소금 때문에 광물질 혼합물로 변하는 것이다.

전문 모터사이클 선수 유진 래버티(Eugene Laverty)도 그런 경우다. 모터사이클 스포츠는 그냥 아드레날린만 솟구치는 경기가 아니다. 가죽옷을 입은 상태에서 이뤄지는 운동량이 대단하다. 모터사이클 경주복은 최대한 공기가 잘 통하도록 온갖 기발한 디자인 요소가 들어가 있지만 가죽은 분명 통기성이 좋은 옷감이 아니다. 그래서 모터사이클 선수는 땀을 엄청나게 많이 흘린다.

처음에 아일랜드에서 모터사이클 대회에 참가했을 때만 해도 래버티는 별문제를 느끼지 못했다. 하지만 경주를 위해 스페인을 오가기 시작하다가 결국 날씨가 더운 프랑스로 이동하게 됐다. 그때부터 그는 몸의 기운이 점점 더 빠져나가는 기분이 들었고 심하게 쥐(근경련)가 나기 시작했다.

"여가 시간에는 소파에 누워 있는 것 말고는 아무것도 할 수가 없더군요." 고된 경주 참가로 녹초가 되어버린 걸까? 아니면 뭔가 다른 일이 벌어지고 있는 걸까? 래버티는 혹시 자신의 문제가 소금과 관련이 있는 것인가 싶어 소금 보충제를 복용했고 곧 훨씬 나아졌다.

몇 년 후 그는 자신의 땀을 공식적으로 검사하면서 자신이 땀으로 평균보다 훨씬 많은 소금을 잃어버린다는 것을 알게 됐다. 그래서 염분이 굉장히 많이 들어 있는 수분 보충 음료를 마시기 시작했다. 게토레이보다 소금은 세 배 많고, 당분은 3분의 1로 줄인 음료였다. 그러자 기운이 다시 돌아오고 경련도 줄어들었다.

타미 휴버틀러나 앨런 매커빈(Alan McCubbin) 같은 스포츠과학자들은 전해질을 유지하는 것이 실제로 운동 능력을 개선하고 근경련을 예방하는지에 관한 연구가 거의 없다고 지적한다. "많은 사람이 이런 주장을 기정사실로 받아들이고 있어요. 하지만 이를 구체적으로 다루는 연구는 거의 없는 실정이죠." 매커빈의 말이다.

그나마 발표된 연구 내용을 살펴보면 선수들이 손실된 전해질을 서서히 보충해야 한다고 말하지만[30] 정확히 얼마나 서서히 보충해야 하는지는 여전히 연구가 진행 중이다. "철인3종경기나 울트라마라톤 선수가 시간당 600밀리그램의 소금을 잃는다고 해보죠. 그러면 한 시간에 600밀리그램을 보충해야 할까요, 아니면 그 절반을 보충해야 할까요? 아니면 두 배로 보충해야 할까요? 보충이 필요하기는 할까요? 이런 것이 실제로 어떤 차이를 만들까요? 이런 것들이 제가 지금 연구하고 있는 부분입니다."

한편 래버티 같은 선수들은 프리시즌 하이드레이션(Precision Hydration)이라는 회사를 찾고 있다. 이 회사는 선수들의 땀에 들어 있는 소금 수치를 측정한 후 개인맞춤형 스포츠음료를 판매한다.

이스트런던 항만 구역의 거대한 회의장 건물에서 열린 철인3종경기 쇼 한가운데에 프리시즌 하이드레이션의 부스가 자리 잡고 있었다. 관람객들은 수영, 사이클, 달리기에 유용한 첨단공학 운동복부터 비싼 석류 추출물에 이르기까지 여러 가지 제품들을 착용해보고 시음해보고 구입하며 시간을 보낸다. 그게 지겨워지면 날씬하고 탄탄한 몸을 자랑하는 철인3종경기 선수의 동기부여 강연을 들으러 갈 수도 있다. 나는 땀 염도 테스트를 받기 위해 줄을 서서 기다리는 동안 한 근육질의 수영 선수가 파도 많은 날의 바다 수영에 대해 재미있게 설명하는 것을 지켜봤다.

스포츠과학자들은 땀을 분석할 때 알몸의 운동선수를 커다란 비닐봉지 안에 들여보내[31] 땀을 채취하기도 한다. 하지만 요즘에는 그보다 재미없는 방식으로 땀을 채취하는 연구자가 많아서 나는 고마운 마음과 실망스러운 마음을 동시에 느꼈다. 내가 받을 땀 염도 테스트에서는 필로카핀이라는 약을 사용한다. 땀 분비를 자극하기 위해 이 약을 1인치(2.54cm) 직경의 원으로 내 팔의 피부 위에 올려놓는다.[32] 그리고 이 약이 들어 있는 젤 디스크(gel disk)를 전기 회로에 연결하고 약한 전류를 흘려 필로카핀을 피부 속으로 밀어넣는다.

나는 앞서 검사를 받은 사람에게 어떤 느낌이냐고 물어봤다. "문신 새기는 것과 비슷해요." 이 말에 나는 조금 걱정스러워졌다. 하지만 막상 내 차례가 되어 받아보니 필로카핀 전류는 살짝 얼얼한 정도였다. 약이 땀샘을 활성화할 때까지 몇 분 기다린 후 이 회사의 CEO 앤디 블로(Andy Blow)가 약물 디스크를 떼어내고 땀이 난 부위에 새로운 디스크를 붙여주었다. 두 번째 디스크에는 코일 모양의 관이 달려 있었는데, 땀이 이 코일을 따라 빙글빙글 돌며 움직이는 것이 보였다. 몇 마이크로리터의 땀이면 내 땀의 염분 농도를 측정하기에 충분했다.

블로는 나의 땀 수집 상태를 확인했다. 그가 내 몸에서 땀이 만들어지는 속도를 보고 존경스럽다는 듯이 고개를 끄덕였다. 나는 자랑스럽게 말했다.

"제가 땀이 좀 많거든요."

"정말 그렇네요. 꽤 빨라요. 하지만 그렇다고 땀도 짜다는 의미는 아니죠."

그가 말했다. 분석은 1분도 채 걸리지 않았다. 블로의 말로는 내 염분 농도가 딱 평균이라고 한다.

"50밀리몰이 나왔어요. 딱 중간이네요. 하지만 하루에 몇 퍼센트 정도씩은 출렁일 수 있습니다."

그러고는 이렇게 덧붙였다. "저는 땀을 1리터 흘릴 때마다 당신보다 두 배 많은 염분을 잃어요. 더운 날에 경주하면 완전히 무너졌죠. 평균적인 사람을 위해 만들어진 스포츠음료를 먹고 있었거든요. 그러다 제가 땀으로 훨씬 많은 염분을 잃는다는 사실을 알게 됐어요."

프리시즌 하이드레이션을 공동창업하기 전에는 그도 철인3종경기 선수였다. "우리 회사에서는 선수가 이 스펙트럼의 어디에 해당하는지 확인해서 염분 상실에 맞서 싸울 전략을 제공합니다. 스포츠음료 시장에서는 모든 사람에게 미디엄 사이즈를 제공하고 싶어 하죠. 하지만 사람에 따라 스몰, 미디엄, 라지, 엑스라지까지 다양한 니즈가 존재해요. 우리는 그에 맞춰 다양한 염분 섭취 전략을 제공하죠."

이제 주류 스포츠음료 회사에서도 개인맞춤형 수분보충 산업에 뛰어들고 있다. 게토레이는 전해질 손실을 실시간으로 측정할 수 있는 땀 모니터링 패치를 개발 중이다. 그리고 쥐가 잘 나는 선수들을 위해 전해질이 들어 있는 건조 분말 제품을 시장에 내놓기 시작했다. 하지만 문제는 따로 있다. 그 어떤 스포츠음료도 땀으로 잃어버린 소금을 완전히 보충할 수는 없다는 것이다. 심지어 프리시즌 하이드레이션에서 나오는 제일 짠 제품이라도 불가능하다.

대다수 사람은 땀으로 손실된 전해질을 스포츠음료로 완전히 보충하는 것이 불가능하다. 땀으로 손실된 만큼의 소금을 스포츠음료에 집어넣으면 도저히 마실 수 없는 음료가 나온다.[33] 땀이 얼마나 짠지 생각해보라. 그렇게 짠 액체라면 한 모금 입에 넣기도 힘들 것이다. 스포츠음료 회사에서는 설탕을 잔뜩 집어넣어 음료의 짠맛을 가리고 있지만 그래도 염분 농도가 일반적인 땀보다 한참 아래다. 결국 다른 방법은 없다. 염분의 태반은 짠 음식을 통해 보충된다.

문제는 운동하는 동안 수분 보충 음료로 몸에 소금을 공급해주는 것이 운동 후 짭짤한 감자 요리를 먹는 것보다 운동 수행 능력을 높이고 근육 경련을 감소시키는 효과가 있느냐는 것이다. 휴버틀러는 다음과 같이 말한다.

💧 미식축구 시즌 전 훈련처럼 아직 날씨에 적응하지 못한 상태에서 더운 날 하루에 두 번씩 여러 날에 걸쳐 운동하거나, 더운 날 18시간 넘게 진행되는 경주에 참가하는 경우라면 더 많은 나트륨을 잃게 됩니다. 따라서 염분 보충제가 중요하죠. 하지만 가볍게 5킬로미터 달리기를 하거나 근력 운동을 하는 경우라면 이야기가 달라지죠. 스포츠음료가 맛이 좋아서 먹는 거라면 나쁠 게 없죠. 하지만 얼마나 효과가 있을까요? 그 음료가 그렇게 많은 나트륨을 공급해줄까요? 아마도 아닐 겁니다.

기자 크리스티 애슈완든(Christie Aschwanden)은 운동선수들의 회복 전략에 관한 사이비과학을 다룬 서적 《준비 완료(Good to Go)》에서 이렇게 결론 내렸다. "물(혹은 맥주. 오스트레일리아의 한 연구자가 수분을 더 많이 공급해줄 맥주를 만들어보려 이런 시도를 했지만 결국 실패로 끝났다)에 소금을 첨가할 이유는 없다."[34]

그녀의 말에 따르면 장시간에 걸쳐 운동한다고 해도 "염분 손실이 일어난 경우 우리는 식욕과 배고픔의 정상적 메커니즘을 통해 그 손실을 보충하게 된다. 왠지 짭짤한 음식을 먹고 싶은 생각이 든 적이 있었다면 이미 이런 메커니즘을 경험해본 적이 있는 것이다." 이어서 그녀는 이렇게 적었다. "이 연구를 보면 사람들은 땀을 통해 잃어버린 염분이나 미네랄을 보충해줄 음식을 알아서 골라 먹는다는 사실을 알 수 있다. 염분을 보충할 필요가 있다고 해서 염분을 마셔야 한다는 의미는 아니다."[35]

THE JOY OF SWEAT

PART 3

우리가 잘못 알고 있는
땀의 진실

CHAPTER
8
향수, 고대 사치품에서
현대 필수품이 되기까지

역사적으로 우리는 향수를 이용해 자기 몸에서 나는 냄새를 바꿔 왔다.[1] 여기서 말하는 '우리'는 부유했던 선조를 의미한다. 사실 대부분 역사는 부유하고 권력 있는 사람들의 이야기다. 그리고 부유한 자들은 향수를 즐겼다.

시대와 장소에 따라 향수를 뿌리기 전에 목욕을 하는 경우도 있었지만[2] 어쨌거나 사람들은 자신의 체취를 가리기 위해 꾸준히 향수를 몸에 뿌리면서 살아왔다. 향수를 덮어쓰는 것이 그저 자기 몸의 악취를 감추기 위한 것만은 아니었다. 보호 용도로 향수를 뿌리는 경우도 있었다.[3] 향수는 다른 사람의 고약한 악취로부터 주의를 딴 데로 돌리기 위한 용도로도 쓰이고, 질병을 막아주는 용도로도 쓰였다. 과거 사람들은 질병이 나쁜 공기를 통해 전파된다고 생각했기 때문이다. 그래서 보석 달린 반지나 펜던트에 향수를 담고 다니다가 불쾌한 냄새가 나는 곳에 가면 반지나 펜던트를 코에 가져가 향기를 맡았다. 그러면 향기의 장벽이 만들어진다고 여겼다.

과거에 가장 열정적으로 향수를 만들었던 사람들을 꼽으라면 고대 이집트인이 빠질 수 없다. 파리 루브르 박물관에 가면 기원전 600년경 석회암으로 만들어진 이집트의 돋을새김 조각이 있다.[4] 이 조각을 보면 가슴을 드러낸 여성들이 자기 키만큼 높이 자란 꽃으로 가득한 정원에서 백합을 수확하는 모습이 나온다. 그리고 다른 여성들이 그 백합을 천으로 싸서 큰 배 위에서 막대기 두 개로 쥐어짠다. 아마도 백합꽃의 향기를 추출할 때 사용하는 기름이나 물을 짜내는 것으로 보인다. 돋을새김 조각에 새긴 이야기를 따라가 보면 완성된 향수는 이집트 26대 왕조의 귀족 파이르케(Païrkep)라는 인물에게 바쳐진다.

이집트인들이 백합의 향기만 즐긴 것은 아니었다. 이들은 장미, 계피, 파슬리, 레몬그라스, 몰약 등 온갖 향기를 사용했다. 심지어 이들은 카이피(kyphi) 같은 복잡한 혼합 향수를[5] 만들어 쓰기도 했다. 카이피는 건포도, 유향, 몰약, 소나무, 꿀, 와인, 주니퍼베리 등 16가지 성분을 막자사발에 넣어 간 후 와인에 적시고 가열해서 만든 강한 자극이 느껴지는 달콤한 반죽이다. 이것은 폐질환이나 간질환에도 사용하고, 뜨거운 숯 위에 올려 향초처럼 향기로운 연기를 만드는 데도 사용했다.

문화역사가 콘스탄스 클라센(Constance Classen)은 이렇게 적었다. "오늘날 '향'이라고 하면 예외 없이 액체로 된 향수를 상상한다. 하지만 고대 사람들은 걸쭉한 연고 형태의 향도 즐겼을 가능성이 크다. 이것을 몸에 바르기도 하고, 연기를 만들어 공기를 그 향기로 채우기도 했다. 향수를 의미하는 단어 'perfume'도 사실은 '연기를 피우다'라는 의미에서 파생되어 나온 것이다. 선조들에게 이런 향기 전파 방식이 얼마나 중요한 것이었는지 말해주는 대목이다."[6]

이집트인의 향수 사랑은 수메르인과 공유했거나 아니면 그들로부터 영감을 받았을 가능성이 크다. 수메르는 현재의 이라크와 쿠웨이트 지역에 자리 잡았던 청동기시대 초기 문명이다. 이집트인들은 그들의 향기 제조법을 지중해 해안 지역 사람들과 공유했다.

키프로스에 있는 도시 피르고스에서 고고학자들은 4,000년 전의 향수 공장을 발견했다.[7] 이곳에서는 노동자들이 근처 방앗간에서 나오는 올리브유를 이용해 향기 있는 식물들의 냄새를 추출했다. 지중해 사람들이 향수를 물 쓰듯이 썼다는 사실은 고대 그리스 시인 안티파네스(Antiphanes)가 기원전 4세기경의 부유한 그리스 남성을 묘사한 내용에도 잘 드러난다.

🌢 그는 자신의 발과 다리를
　비싼 이집트 연고에 담그지.
　턱과 수염에는 걸쭉한 야자유를 바르고
　양쪽 팔에는 향기로운 민트 추출물을 바르지.
　그리고 눈썹과 머리카락에는 마저럼을,
　무릎과 목에는 갈아 만든 백리향 진액을 바르지.[8]

로마제국 시대에도 향수는 계속해서 (부유한 이들의) 삶의 곳곳에 스며들었다. 로마의 정교한 배관 시스템 덕분에 호화로운 연회에서는 천장에 설치된 살수 장치로 향수를 살포하기도 했고, 식기를 제작할 때 향수를 첨가하기도 했다. 아직도 지중해 지역에서는 향기가 나는 식기가 발견된다.[9] 그릇 만드는 반죽을 꿀과 장미 향수(혹은 꿀과 오렌지 향수)에 담가두었다가 만든 것이다. 옛날에는 식기도 사람들처럼 향기를 뒤집어쓰고 있었다.

프랑스 베르사유에는 유명한 궁전뿐만 아니라 향수의 역사를 보존하는 기록보관소도 있다. 소박한 도시 한구석에 자리 잡은 오스모테크(Osmothèque)는 궁전의 휘황찬란한 경내에서 택시를 타고 조금만 가면 된다. 이곳의 방문객들은 1세기 로마제국 엘리트 계층이 사용하던 향수, 프랑스의 도둑들이 흑사병으로 죽은 사람들의 물건을 훔치러 갈 때 사용하던 보호용 향수 등을 직접 맡아볼 수 있다. 그리고 평민들 사이에서 인기가 많았던 냄새들도 맡아볼 수 있다.

오스모테크의 전시실에 가면 벽마다 지난 세기의 향수들이 가득 전시되어 있다. 조각을 떠올리게 하는 향수병들도 있는데 주로 크리스털이나 색소를 입힌 유리를 새, 꽃, 작은 조각상으로 조각해놓은 것이다. 향수 역사가 외제니 브리오(Eugénie Briot)에 따르면 병

자체가 그 안에 들어 있는 액체보다 더 비쌀 때도 많다고 한다. 오늘날에도 마찬가지다.

오스모테크의 창립자이자 은퇴한 향수 전문가 장 케를레오(Jean Kerléo)는[10] 역사기록보관소에서 고대 향수 제조법을 찾아 실험실에서 복원해냈다. 그는 '쉬블림(Sublime)'과 '1000' 등 크게 성공한 몇몇 향수의 개발을 지휘했던 인물이다. 프랑스 회사 장 파투(Jean Patou)의 수석 향수 제조자인 그는 방문하는 VIP들을 위한 향수 선물을 디자인했고, 라코스테(Lacoste)를 위해서는 스포츠용 향수 제품군을 발명했다. 또 일본의 디자이너 야마모토 요지(山本耀司)를 위한 시그니처 향수를 만들기도 했다.

케를레오는 은퇴하기 전부터 후대를 위해 회사에서 처음 내놓았던 향수들을 복원하기 시작했다. 이 초기 향수들이 보관되어 있지 않았기 때문이다. 그는 사람들이 과거의 냄새를 맡으며 정말 좋아하는 것을 보고 옛날 향수들을 더 많이 복원하고 여러 향수 회사로부터 현존하는 향수들을 모으는 일도 시작해야겠다는 생각이 들었다. "패션 디자이너들은 과거로부터 영감을 받고 싶으면 직물 박물관을 찾아갑니다. 하지만 향수는 이런 공간이 마련되어 있지 않았어요."

검은색 터틀넥 스웨터와 회갈색 맞춤 스포츠 재킷을 입은 그는 오스모테크의 향수 기록보관소와 실험실을 여기저기 보여주었다. 사람들은 이곳을 '와인 저장소'라고 부른다. 여기 보관된 4,500가지 향수들이 대부분 온도 조절식 와인 냉장고에 저장되어 있기 때문이다. 멋진 병에 들어 있던 향수는 원래의 병에서 빼내 빛이 투과되지 않는 갈색 유리병에 옮겨 담는다. 빛은 취약한 향기 분자를 파괴할 수 있기 때문이다. 희귀한 향수를 보존하기 위해 유리병 속은 비활성 기체인 아르곤(argon)으로 가득 채운다. 그래야 액체의 표면이 공기 중의 산소와 접촉하지 않기 때문이다. 산소 역시 취약한 냄새 분자를 파괴할 수 있다.

"여기에 흥미를 느끼실지도 모르겠군요."

케를레오가 이렇게 말하며 천연의 비버 사향(musk)이 들어 있는 병을 보여주었다. 비버의 항문에 있는 냄새주머니(anal scent sac)에서 추출한 것이다. 가죽과 자작나무를 떠올리게 하는 냄새였는데 더 달콤했다. 그의 설명에 따르면 현대의 향수에 들어 있는 사향은 대부분 합성한 것이라고 한다. 천연 사향은 너무 비싸기 때문이다. 더군다나 비버, 사슴, 사향고양이의 항문샘에서 액체를 추출하는 것은 동물보호 차원에서 법으로 제한되어 있다.

오스모테크는 기록보관소이기 때문에 현재 일부 국가에서 법적으로 금지된 향수 성분도 보관할 수 있다. 그런 사례 중 하나가 천연 유제놀(eugenol)이다. 이것은 일부 피부에서 알레르기 반응을 유발할 수 있는 정향의 추출물이다. "금지된 성분이 들어간 향수를 복원하는 것도 가능합니다. 사람들은 샘플을 표면에 묻혀 냄새로 맡아보기만 하지, 피부에 직접 발라보지는 않으니까요."

케를레오가 처음으로 복원한 향기 중에는 오스모테크에서 가장 유서 깊은 향기에 해당하는 것도 있다. 서기 1세기의 향수다. 그 제조법은 로마의 지식인 대 플리니우스(Pliny the Elder)의 기록에 부분적으로 남아 있다. 이 향수는 현재 이란 주변 지역 출신이었던 파르티아 왕족이 사용한 것으로서 '왕족의 향수'라는 의미로 '로열 퍼퓸(Royal Perfume)'이라고 불렸다. "추방당한 이란의 왕비 파라 디바 팔라비(Farah Diba Pahlavi)가 프랑스를 방문했을 때 이 향수를 선물하는 것이 적절하겠다 싶었죠." 케를레오가 내게 샘플을 넘겨주며 무뚝뚝하게 말했다.

나는 눈을 감고 향기를 들이마셨다. 고급스러운 향기가 가득 배어 있는 가톨릭교회의 리넨 벽장 안으로 빨려 들어간 것 같은 느낌이었다. 그 냄새를 맡으니 기독교인들이 종교의식에서 사용하는 향기가 고대의 관습으로부터 빌려온 것이라는 생각이 강하게 들었다. 짙은 향기에는 사과 크럼블 냄새도 섞여 있었다. 마치 누군가가 가톨릭교회의 벽장 속에 디저트의 기운을 불어넣은 것 같았다. 계피와 카르다몸(cardamom, 인도 원산지의 생강과 식물의 열매를 말려서 만든 향신료-옮긴이) 향을 맡고 있자니 신성한 기분과 배고픈 기분이 동시에 느껴졌다.

"세상에, 종교적이면서도 맛있는 냄새예요. 향기를 맡으면서 음식이 생각날 줄은 몰랐네요."

내가 중얼거리자 케를레오가 말했다.

"사실은 의도적인 겁니다. 로마제국 시절 엘리트 계층은 절대 아침 일찍 일어나는 법이 없었습니다. 이들은 침대에서 내려오면 목욕하러 테르메(therme, 고대 로마 시대의 목욕장-옮긴이)로 갔습니다. 하인들이 그날 점심 만찬에 입을 깨끗한 옷을 준비해오면 그들은 점심을 먹으며 긴장을 풀었습니다." 그의 말에 따르면 엘리트 계층이 향수를 사용한 이유는 이런 것이다. "그냥 몸에서 좋은 냄새를 내기 위해서가 아니라, 곧 먹을 음식을 떠올리게 해서 식욕을 끌어올리려는 것이었는지도 모르죠."

케를레오는 로열 퍼퓸의 제조법을 복원할 때 향수 제조자로서의 경험에 의존해야 했다. 대 플리니우스의 제조법에는 27가지 성분이 나열되어 있었지만[11] 상대적인 사용 비율에 대해서는 아무런 언급이 없었다. "아마도 당시의 향수 제조자들에게는 만드는 법이 너무 뻔해서 장황하게 설명할 필요가 없었을 겁니다."

즐겨 찾는 레시피로 요리하는 요리사처럼, 고대의 향수 제조자들도 그냥 기본적인 성분 목록만 있으면 그만이었다. 그래도 몰약 록로즈(myrrh rockrose) 혹은 사프란, 레몬그라스, 연(蓮), 마저럼, 꿀, 와인, 실론, 중국과 아라비아에서 나는 세 가지 유형의 계피 등을 첨가하는 걸 깜박하지는 않았을 것이다.

로열 퍼퓸에 들어갈 성분을 구하기 위해 케를레오는 식물학자들의 도움을 받아 잘 알려지지 않은 성분을 밝혀내야 했다. 예를 들면 시리아 골풀(Syrian bulrush), 소말리아 벤넛(Somalian ben-nut) 같은 것이다. 벤넛은 아프리카의 뿔(Horn of Africa, 아프리카 대륙 북동부의 소말리아 반도와 그 주변 지역-옮긴이) 지역의 가뭄에 잘 견디는 모링가나무의 꼬투리에서 수확한 견과류 열매다.

케를레오는 고대의 향기 추출 기법도 알아내야 했다. 현대의 향수 제조자들은 대부분 견과류를 물에 불린 다음 햇빛 아래 두어 숙성시키지 않는다. 케를레오가 2,000년 전의 향수 제조법을 복원하는 데는 2년이 걸렸다. 그는 이것을 '복원'이 아닌 '해석'이라 부르며 신중하게 접근한다. 역사 기록을 바탕으로 한 것이라 해도 임기응변으로 채워 넣은 부분이 많기 때문이다.

우리는 케를레오가 복원한 다른 향수들을 맡아봤다. 14세기 헝가리 여왕이 사용한 것으로 추정되는 향기도 있었다. 상인들은 이 향수를 젊음의 영약이라며 팔았다. 그 여왕이 당시로서는 상당히 많은 나이인 75세까지 살았고 자기보다 훨씬 젊은 남성과 결혼했기 때문이다. 그녀의 향수는 10세기 아랍에서 발명되어[12] 유럽으로 전해진 알코올 증류법을 이용해 만들었다. 와인을 증류해 만든 알코올은 식물에서 추출한 여러 가지 향기에 사용할 수 있는 이상적인 매개물질(vector)이었다. 헝가리 여왕의 향수에서는 허브 정원 향기가 나서 그녀가 항상 가슴에 로즈마리 가지를 담고 다닌 것 같았다.

케를레오의 말에 따르면 향수는 류머티즘이 있는 사람들에게 의료용으로도 사용되었다고 한다. "알코올을 기반으로 만든 것을 바르고 있으면 관절이 따뜻해져서 통증을 줄이는 데 도움이 됐을 겁니다." 우리는 나폴레옹의 종자(從者)가 그를 위해 만들어주었던 즉석 버전의 오드콜로뉴(Eau de Cologne) 향수도 맡아봤다. 나폴레옹은 남대서양의 외딴 세인트헬레나섬에 유배되는 바람에 자기가 좋아하는 이 귤 냄새 향수가 다 떨어지고 말았다. 수천 킬로미터 떨어진 독일 콜로뉴로부터[13] 향수를 가져올 수가 없었다. 아무리 유배 중이었지만 매일 목욕재계하던 습관을 버릴 수는 없었던 모양이다.

"네 명의 도둑이 사용했던 향수가 있는데 분명 이것도 흥미를 느끼실 것 같네요." 케를레오가 말했다. 전하는 이야기에 따르면 흑사병 시대의 어느 때(흑사병은 13세기에서 17세기까지 이어졌다) 네 명의 악명 높은 도둑이 흑사병으로 몸져눕거나 죽어가는 사람들로부터 보석과 돈을 훔쳤다고 한다. 훔친 재물의 양도 엄청났지만, 이 부도덕한 도둑들이 유명해진 진짜 이유는 역병에 걸린 사람들의 재산을 훔치면서 자신은 역병에 걸리지 않았다는 점이었다.

도둑들은 마침내 당국에 붙잡혀 사형을 선고받았다. 하지만 케를레오의 설명으로는 이들에게 선택권이 주어졌다고 한다. "고문을 받으며 고통 속에 천천히 죽거나, 감염을 피할 수 있었던 비밀을 밝히고 신속하고 깔끔하게 죽거나 둘 중 하나였죠." 그들의 비밀은 향수 혼합물인 '네 도둑의 식초(le vinaigre des quatre voleurs)'였다. 케를레오가 샘플을 내게 건넸다.

식초의 날카로운 향기가 콧구멍을 얼얼하게 만들었다. 살짝 화끈거리는 느낌과 함께 신선한 민트와 다른 초록 허브의 강한 향기가 후각을 강타했다. 역병을 막는 이 냄새는 맛있는 샐러드드레싱 같은 냄새가 났다. 내가 웃으며 말했다. "어떻게 이게 흑사병을 막아줄 수 있어요?" 케를레오 역시 말도 안 되는 이야기 같다고 하면서도 이렇게 대답했다. "하지만 식초에 소독제 같은 성질이 있는지도 모르죠."

물론 식초를 덮어쓰는 것은 끔찍한 냄새를 가릴 수 있는 기발한 방법이다. 자신의 몸에서 나는 악취든, 도둑질하느라 뒤지고 있던 시신의 냄새든 말이다. 심지어 오늘날에도 가정용 세척제나 방향제로 고농도 식초를 이용하는 사람이 많다. 식초는 동일한 원리를 통해 이 두 가지 목표를 모두 달성할 수 있다. 식초는 냄새를 유발하는 세균과 그렇지 않은 세균까지도 모두 죽일 수 있기 때문이다. 이 도둑들이 사용한 방법은 꽤 똑똑한 것이었다. 물론 이것이 흑사병에 효과가 있었던 이유를 설명할 수는 없겠지만 말이다.

과학자들이 작은 미생물의 존재를 발견하고 이것이 감염성 질환에서 한 역할을 담당한다는 사실을 밝혀낸 건 그로부터 몇 세기 후의 일이었다. 하지만 이 도둑들은 선견지명이 있었다. 이들의 향수에 들어 있던 식초 소독제가 흑사병의 병원균을 죽였을지도 모른다. 더 중요한 점은 소독제가 미래의 냄새 방지 기술에서 핵심적인 역할을 했다는 것이다.

문득 내 코가 향수의 최고수에게 압도당한 듯한 기분이 들었다. 내 후각은 한참 동안 쓰지 않다가 갑자기 100킬로그램짜리 역기를 들어 올린 근육 같았다. 그냥 피곤해지기만 한 게 아니라 완전히 땅바닥에 대자로 뻗어 아무 반응도 할 수 없게 된 것 같았다. 케틀레오에게 어떤 향수를 사용하는지 물었을 때 그가 난색을 보인 이유가 갑자기 이해됐다. "저는 제 몸에서 나는 향기는 최소로 유지합니다." 종일 냄새로 일하는 사람이 자신의 냄새까지 더해 코를 혹사하는 것은 현명한 일이 아니다. 나는 향기의 시간여행을 마련해준 케를레오에게 감사의 인사를 하고 밖으로 나와 상쾌한 겨울 공기를 천천히 들이마셨다. 후각의 침묵이 순수한 안도감을 불러왔다.

오스모테크에서 복원한 강력한 고대의 향기들은 주로 부유한 엘리트 계층의 소유물이었다. 일반 평민들은 돈이 없어서 그런 호사를 누리지 못했을 것이다. 하지만 상황이 변했다. 산업혁명과 과학적 발견으로[14] 향수 생산 비용이 크게 낮아지는 바람에 향수는 대중이 쉽게 접근할 수 있는 상품으로 바뀌었다. 이제는 누구든 저렴한 향수 한 방울로 자기 몸에서 나는 악취를 개선할 수 있다.

산업혁명 이전에는 향수를 만드는 데 세심한 인간의 손길과 노동력이 필요했다. 하지만 이후에는 기계와 산업용 증기기관 덕분에 기분 좋은 냄새를 대량으로, 신속하고 효율적으로 추출하거나 만들어낼 수 있었다. 일례로 냉침법(enfleurage, 이 말의 어원은 꽃에 물든다는 뜻의 프랑스어다)이라는 고대의 제조 과정을 생각해보자. 냉침법은 신선한 꽃을 기름에 노출해[15] 향기가 액체 속으로 녹아들게 한다. 그런데 포화기(rational saturator)라는 것이 발명되면서 하루에 800킬로그램[16] 정도의 뜨거운 기름을 이런 식으로 처리할 수 있게 됐다. 그래서 냉침법을 35일이 아니라 단 하루 만에 진행할 수 있었다.

어쩌면 향수 제조에서 가장 중요한 기술 발전은 시험관 안에서 일어났는지도 모르겠다. 합성화학자들이 향기를 농장에서 키운 작물에서 추출하는 대신 실험실에서 합성하는 방법을 알아낸 것이다.[17] 이른바 '합성 향기'의 발달 덕분에 향수 제조자들은 더 이상 작물의 성장기 동안에 변덕스러운 날씨를 걱정할 필요도, 완벽한 시간에 맞춰 수확해야 한다는 압박을 받지 않아도 되었다. 또 증류나 냉침법 혹은 냉추출(cold extraction, 이 방법을 이용하면 가열로 파괴되는 냄새들을 보호할 수 있다)로 원하는 향기를 정교하게 추출하는 과정을 거치지 않아도 되었다. 대신 이들은 화학자들이 실험실에서 향기의 톱 노트를 재현해줄 때까지 기다리기만 하면 되었다. 여기에 드는 비용과 시간도 기존의 몇 분의 1 정도면 충분했다.

향수의 인기 성분인 바닐라를 생각해보자. 침략자 에르난 코르테스(Hernán Cortés)가 아즈텍의 황제 몬테수마(Montezuma)가[18] 초콜릿 음료에 바닐라콩으로 향을 첨가해서 마시는 것을 봤다는 이야기가 전해지는데, 이후 17세기에 바닐라콩과 그 향기에 대한 인기가 폭발했다. 향이 나는 콩에 대한 수요가 어찌나 많아졌는지 유럽의 제국들은 전 세계 곳곳에 바닐라 농장을 건설하려 했다. 하지만 처음에는 수포로 돌아갔다. 알고 보니 바닐라 난초(vanilla orchid)가 꽃가루받이를 하려면 메소아메리카 꿀벌(Mesoamerican bee)이 필요했던 것이다.

1841년 프랑스의 식민지인 레위니옹섬에서 한 소년이 막대기에 꽃가루를 묻혀 바닐라 난초를 인공 수분하는 데 성공했다. 이후 인공 수분은 바닐라 산업에서 아주 요긴하게 사용됐다. 하지만 여전히 품이 많이 들어가는 일이었고, 따라서 바닐라는 상대적으로 비싼 향수 성분이 됐다. 그러다 1870년대에 화학자들이 실험실에서 바닐라의 지배적인 성분을 만들어낼 방법을 찾아냈다. 그 성분은 바닐린(vanillin)이라는 분자였다. 이것이 향수 산업에서 바닐라의 역할을 혁명적으로 바꿔놓았다.

1876년에서 1906년까지 바닐린의 가격은 99퍼센트나 떨어졌다. 이어서 바닐린을 기반으로 한 제품, 식품, 향수가 쏟아져 나왔다. 실제 바닐라의 냄새를 맡아본 사람은 바닐라의 향기와 풍미에 들어 있는 수많은 미묘한 성분이 뭐라 말로 표현할 수 없는 좋은 느낌을 준다는 걸 알고 있을 것이다. 그러나 향수를 만드는 사람이나 사용하는 사람이나 새로 개발된 향기가 인위적이라는 점은 별로 신경 쓰지 않았다.

1889년 프랑스에서 합성 바닐린이 들어간 지키(Jicky)라는 향수가 등장했다.[19] 이 파리의 향수는 남녀 구분 없이 전 세계적으로 크게 히트 쳤다. 루카 튜린(Luca Turin)은 《향수(Perfumes)》에 이렇게 적었다. "유니섹스 향수가 현대의 발명품이라 생각하는 사람도 있겠지만, 이 향수는 전기자동차 자메 콩탕트(Jamais Contente)가 1899년 시속 100킬로미터라는 세계기록을 깨기 10년 전에 이미 남녀 모두가 애용하던 제품이었다."[20]

기술의 발전으로 향수의 가격이 저렴해지자 저소득층 사람들도 향수를 살 수 있게 됐다. 하지만 일반 서민들이 유명한 향수를 사용하기 시작하자 부르주아들은 향수에 대한 매력을 잃어갔다. 이를 잘 보여주는 사례가 합성 헬리오트로프(heliotrope)다. 바닐라-체리 향기가 나는 꽃에서 이름을 따온 헬리오트로프는 처음 만들어졌을 때 파리 사람들이 가장 선망하는 합성 향기 중 하나였다.[21] 하지만 상류층 사람들이 이 향기를 외면하자[22] 가격이 내려가기 시작했고 더 많은 서민이 사용할 수 있게 됐다.

이는 향수 산업계에 고민을 안겨주었다. 대중을 상대로 박리다매를 할 것인가, 아니면 사치품으로 포장해서 높은 가격에 부자들에게 팔 것인가? 마케팅이 그 해결책으로 등장했다. 서민들에게는 일반 상점에서 향수를 벌크제품으로 저렴하게 판매하고, 부자들에게는 예쁜 컬러 라벨을 붙인 아름다운 병에 담아[23] 화려한 부티크 양품점에서 아주 비싼 가격에 판매하는 것이다. 향수의 매력은 향기 그 자체만이 아니라 포장과 마케팅 방식에도 존재하는 것이었다.

CHAPTER
9

겨드랑이 냄새가 '비매너'가 된 까닭

1912년 여름 애틀랜틱시티에서 열린 한 전시회를 찾아온 사람들이 너무 더워서 땀을 흘리고 있었다. 기업가 기질이 다분한 신시내티 출신의 고등학생 에드나 머피(Edna Murphey)에게는 다행스러운 일이었다. 그녀는 외과 의사였던 아버지가 수술실에서 손에 땀이 나지 않게 하려고 발명한 땀억제제를 2년 동안 홍보하고 다녔지만 성공하지 못했다.[1] 10대 시절에 머피는 아버지의 땀억제제를 겨드랑이에 발라봤더니 땀도 덜 나고 냄새도 덜한 것을 알게 됐다. 그녀는 이 땀억제제의 이름을 '오도로노(Odorono, 이 이름은 'Odor? Oh No![냄새라고? 오, 안 돼!]'에서 비롯되었다)'라 붙이고 이를 제조해서 판매하는 회사를 차렸다.

머피는 할아버지로부터 150달러를 빌려[2] 사무실을 임대했지만 방문판매팀이 충분한 수익을 내지 못하자 부모님 집 지하실로 사

무실을 옮겨야 했다. 약국에서도 제품을 잘 받아주지 않았고, 받아
준 곳조차 팔리지 않은 제품을 반품하기 일쑤였다.

당시는 땀에 관한 이야기를 꺼내는 것 자체가 금기시되었다. 광
고 역사가 줄리앤 시불카(Juliann Sivulka)는 이렇게 설명한다. "당시
만 해도 여전히 빅토리아 시대였어요. 아무도 사람들이 있는 데서
는 땀이나 다른 신체 기능에 관한 이야기를 꺼내지 않았죠."[3]

1900년대 초반에는 옥내 배관이 잘 갖춰져 있는 덕분에 대부분
사람이 집 안 욕실에서 물과 비누로 몸을 자주 씻었다. 그래도 냄
새가 나면 향수, 오드콜로뉴, 희석한 식초 같은 것으로 냄새를 가려
체취를 해결했다.[4] 옷의 겨드랑이 부위가 땀으로 젖는 것을 보여주
고 싶지 않은 사람들은 땀받이(dress shield)를 대서 입었다. 옷의 겨
드랑이 부위에 면이나 고무 패드를 덧대어 땀이 스며 나오지 않게
한 것이다.

초기의 땀 사업가들은 이보다 더 나은 방법이 있으리라 생각했
다. 이들은 땀 때문에 축축해지고 냄새가 나는 것을 막기 위해 베
이킹소다,[5] 고춧가루,[6] 포름알데히드[7] 등 온갖 것을 팔았다. 미국 최
초의 체취제거제 특허 중 하나는 1867년에 버지니아 피츠버그의
헨리 D. 버드(Henry D. Bird)에게 돌아갔다.[8] 이것은 의료장비 소독
에 이미 이용되고 있던 소독제를 기반으로 만든 것이었다. 염화암
모늄, 칼륨중크롬산염, 표백분으로 병원을 소독할 수 있다면 겨드
랑이 소독을 못 할 이유가 무엇일까? 버드는 특허장에 이렇게 적었
다. "위에 나열한 화학물질들은 각각 소독제로 사용되어왔지만 주

어진 비율에 따라 성분들을 혼합해서 사용하면 사람의 몸에서 나는 체취에 아주 큰 효과가 있다."[9]

특허를 노린 또 다른 사람이 있었다. 뉴욕 포레스트 힐스의 조지 T. 사우스게이트(George T. Southgate)는 체취제거제를 빵효모로[10] 만들어야 한다고 생각했다. 미친 생각 같지만 그래도 나름의 논리는 있었다. 사우스게이트는 효모가 체취를 발생시키는 세균과의 경쟁에서 앞설 것이라 가정했다. 그가 특허장에서 설명했듯이 이 체취제거제의 작용은 "부패보다 효모에 의한 발효가 더 활성도가 높다"[11]라는 점에 근거를 두고 있었다. 간단히 말하면 모든 사람에게 효모 감염을 판매하자는 것이었다.

상표 등록된 체취제거제는 1888년에 처음 나왔고[12] '멈(Mum)'이라 불렸다. 이것은 소독 작용이 있는 산화아연으로 겨드랑이 세균을 파괴해서[13] 땀이 악취로 바뀌는 것을 예방한다. 최초의 상표 등록 땀억제제인 에버드라이(Everdry)도[14] 멈의 뒤를 쫓아 1903년에 발매됐다. 이것은 염화알루미늄을 이용해 땀구멍을 막음으로써 겨드랑이 세균의 먹이 공급원을 효과적으로 차단했다. 에드나 머피가 오도로노에서 사용했던 것과 전략 및 유효성분이 똑같았다. 땀억제제와 체취제거제를 만드는 사람들은 대부분 제품에 과거부터 애용하던 향수를 조금씩 첨가했는데, 행여 세균 수가 다시 늘어나거나 땀구멍이 열릴 경우를 대비한 예비 전략이었다.

머피가 오도로노를 팔기 시작했을 무렵에는 "의약품으로 즐거운 몸단장"[15]을 약속하던 쿨린(Coolene)이나[16] "땀 배설물에서 나오는 체취만큼 역겨운 것도 없습니다. 바로 그 체취의 문제를 해결해 드립니다"[17]라고 주장하는 오도르사이드(Odorcide) 같은 제품의 광고가 이미 나와 있었다.

겨드랑이 사업가들은 땀 억제 제품들이 차세대의 히트 사업이 되리라 확신했고, 특허와 무역 당국에 이것이 아주 새로운 아이디어라고 설득하는 데 성공했다. 하지만 일반 대중의 관심을 사로잡는 데는 실패했다. 사람들은 땀 억제 화장품에 대해 들어봤다고 해도 대체로 불필요하며 건강에도 이롭지 못하다고 생각했다.

1912년에 에드나 머피는 애틀랜틱시티 전시회에서 오도로노를 팔면서 이 교훈을 몸소 체험했다. 처음에는 판매량이 너무 적어 또다시 실패로 끝나는 듯했다. 회사에서 기록한 오도로노의 역사를 보면 "전시회 홍보 담당자가 처음에는 오도로노가 아예 팔리지 않아서 머피에게 회답 전보를 보내 콜드크림을 팔아 비용이라도 만회하자고 했다."[18] 다행히도 전시회는 여름 내내 지속됐다. 전시회 관람객들이 더위에 지치고 옷에 땀이 배기 시작하자 오도로노에 대한 관심이 올라갔다. 머지않아 머피는 미국 전역에 걸쳐 고객이 생겼고 홍보비로 쓸 수 있는 3만 달러의 매출을 올렸다.

1914년 머피는 전문 광고인을 고용할 만큼 돈을 모았다. 그녀는 뉴욕을 기반으로 활동하는 광고대행업체 제이 월터 톰슨(J. Walter Thompson)을 선택했다. 그렇게 해서 머피는 제이 월터 톰슨 사무실에 고용되어 있었던 카피라이터 제임스 웹 영(James Webb Young)을 만났다. 영은 예전에 성경 방문판매업자로[19] 일했다. 고등학교 졸

업장은 있었지만 광고 쪽으로는 교육을 받아본 적이 없었다. 사실 그가 카피라이터 자리를 얻은 것도 켄터키 출신의 어린 시절 친구가 우연히 제이 월터 톰슨에서 일하고 있어서 일자리를 구해준 것이었다. 하지만 그는 결국 성공해서 자신의 가치를 입증해 보였다. 영은 오도로노를 기반으로 20세기 가장 유명한 광고 카피라이터로 발돋움했다.[20]

영은 먼저 가장 큰 장애물 몇 개를 극복해야 했다. 오도로노는 사흘 동안 땀 분비를 억제해주지만[21](현대의 땀억제제에 비하면 훨씬 길다) 이 제품의 유효성분인 염화알루미늄이 효과를 유지하기 위해서는 강산에 들어가 있어야 했다[22](이것은 초기의 땀억제제 모두가 그랬다. 화학자들은 몇십 년 후에야 그보다 부식성이 덜한 제형을 만들어낼 수 있었다).

오도로노에서 사용하는 산성 용액은 민감한 겨드랑이 피부를 자극할 수 있었다. 회사 측에서는 오도로노의 라벨에 '절대적으로 무해함을 제조사에서 보장'[23]한다고 주장했지만 1914년 미국의학협회(American Medical Association)로부터 의뢰받은 과학자들이 오도로노의 화학적 구성에 대해 조사를 시작했다. 그들은 보고서에 오도로노가 "끔찍하게 자극적인 성분"으로 되어 있으며 "위험한 땀억제제"라고 썼다.[24]

설상가상으로 오도로노 용액은 붉은색이었기 때문에[25] 옷감이 산에 상하기도 전에 얼룩이 먼저 졌다. 회사의 기록에 따르면 고객들은 오도로노가 웨딩드레스를 비롯해 여러 고급 의류들을 망쳐놓았고[26] 겨드랑이에 염증과 화끈거리는 느낌을 일으켰다며 불만을 토로했다고 한다. 이런 문제를 피하기 위해 오도로노 측에서는 고객들에게 제품 사용 전에 겨드랑이 털을 밀지 말고 잠자리에 들기 전에 제품을 바르라고 조언했다.[27] 그래야 땀억제제가 완전 마를 시간도 벌고 땀억제제가 땀구멍으로 스며 들어가 땀 분비를 막을 수 있었다.

부작용 문제 때문에 회사는 오도로노가 가치 있는 제품임을 설득할 필요가 있었다. 그래서 제임스 웹 영의 초기 오도로노 광고는 '과도한 땀'[28]을 치료가 필요한 민망한 질병으로 표현했다. 사람들은 의학 처방을 따를 때 어느 정도의 고통은 감수하기 때문이다. 영은 오도로노를 생물학적 문제에 대한 해결책으로 묘사함으로써 사람들이 제품 사용에 따르는 발진이나 망가진 옷 정도는 그냥 눈 감고 넘어가기를 바랐다.

오도로노의 매출은 두 배로 늘었고 머지않아 땀억제제는 멀리 영국과 중국까지 팔려나갔다. 하지만 1919년 즈음에는 오도로노의 판매량 증가 속도가 주춤해서[29] 영은 뭔가 더 새롭고 효과적인 광고를 만들지 않으면 오도로노와의 계약이 깨질 것 같은 압박을 받았다.

그는 공격적으로 나가기 시작했고 그 과정에서 명성을 쌓았다. 시불카에 따르면 광고회사에서 집집마다 방문 조사를 진행했는데 "모든 여성이 오도로노를 알고 있었고 3분의 1 정도가 그 제품을 사용하고 있었죠."[30] 하지만 여성의 3분의 2는 오도로노의 필요성을 못 느끼고 있었다.

영은 단순히 땀 문제를 해결할 수 있다는 사실을 잠재 고객에게 인식시키는 것만으로는 판매량을 늘릴 수 없음을 깨달았다. 오도로노의 필요성을 느끼지 못하는 사람들에게 땀이 나는 것이 치료가 필요한 심각한 문제라고 설득해야 했다. 그래서 영은 땀 흘리는 것을 대단히 큰 사회적 결례로 추락시키기로 마음먹었다. 땀 냄새가 나면 본인은 못 느끼더라도 남들은 그 냄새를 불쾌하게 느낄 것이라고, 뒤에서 흉을 볼 것이라고, 결국 인기 없는 존재로 낙인이 찍힐 것이라고 느끼도록 묘사한 것이다.

〈레이디스 홈 저널(Ladies' Home Journal)〉 1919년 판에 실린 영의 광고는 노골적이었다. 로맨틱한 장면을 연출하고 있는 남성과 여성의 이미지 아래에 다음과 같은 글이 실렸다. "여성의 팔 안쪽. 사람들이 언급을 꺼렸던 주제에 관한 솔직한 이야기."[31] 글은 다음과 같이 이어졌다. "여성의 팔! 시인들은 그 우아함을 노래하고, 화가들은 그 아름다움을 그림으로 그렸습니다. 여성의 팔은 세상에서 가장 섬세하고 아름다운 존재여야 합니다. 하지만 불행히도 항상 그렇지는 못합니다."[32]

이어서 광고는 여성이 결례일 정도로 땀을 많이 흘리면서도 그 사실을 알지 못할 수 있다고 설명했다. 이 광고가 전하려는 메시지는 분명했다. 남자를 잡고 싶으면 몸에서 체취가 나서는 안 된다는 것이다.

이 광고는 1919년에 사회에 충격을 안겨주었다. 〈레이디스 홈 저널〉 구독자 200명 정도가 이 광고에 모욕감을 느껴 구독을 취소

했다. 영의 회고록에 따르면[33] 사교 모임에 가도 여성들은 그에게 말을 걸지 않았고, 여성 동료들은 그가 모든 미국 여성을 모욕했다고 말했다. 하지만 이 전략은 효과가 있었다. 1년 만에 오도로노의 매출은 112퍼센트가 올라 41만 7,000달러를 기록했다.[34] 1927년에는 매출이 100만 달러를 찍었다. 그 후 머피는 회사를 큐텍스(Cutex)의 제조업체 노덤 워런(Northam Warren)에 팔았다.[35] 노덤 워런은 계속해서 제이 월터 톰슨과 영의 광고 서비스를 이용해 땀억제제를 홍보했다.

오도로노의 초기 광고가 아무리 공격적이었다고 해도 나중에 나온 것에 비하면 시시할 정도다. "아름답지만 어리석은 그녀. 그녀는 영원한 매력을 발산하기 위한 첫 번째 규칙을 배우지 못했습니다."[36] 1939년에 나온 오도로노의 한 광고다. 이 광고는 땀 억제 제품을 사용하지 않은 매력적인 여성이 시무룩하게 있는 모습을 묘사했다.

한편 광고업자들은 여성들이 일단 배우자가 생기고 나면 제품을 더 이상 구입하지 않을지 모른다는 생각이 들었다. 그래서 카피라이터들은 결혼 생활의 행복을 놓칠지도 모른다는 점을 부각했다. 1936년에 나온 오도로노 광고는 이렇게 시작한다. "어째서 수많은 기혼 여성이 자신의 결혼은 안전하다고 생각할까요?"[37]

💧 미혼 여성들은 너무도 잘 알고 있는 매력의 비밀을 기혼 여성들은 보지 못하는 걸까요, 아니면 무관심한 걸까요? 모든 동화는 이런 식

으로 끝나죠. "그리하여 두 사람은 평생 행복하게 살았습니다." 하지만 이것은 끝이 아니라 시작입니다. 결혼은 연극의 끝이 아니라 연극이 시작될 무대를 마련한 것입니다. 과연 안전한 결혼이라는 것이 존재하기는 할까요?[38]

여성의 불안감을 자극하는 영의 전략이 큰 성공을 거두자 경쟁자들도 이를 놓치지 않았다. 머지않아 다른 체취제거제와 땀억제제 회사에서도 오도로노의 '귓속말 광고' 문구를 흉내 내기 시작했다. 이들은 여성들에게 겁을 주어 땀억제제 제품을 구매하도록 설득했다.

체취제거제와 땀억제제는 처음에는 여성 고객을 타깃으로 삼았다. 하지만 머지않아 회사들은 남성도 체취가 난다는 점을 깨닫고 남녀 모두로 타깃을 넓히기 시작했다. 오랫동안 체취는 남성성의 상징으로 여겨졌다. 일종의 문화적 규범으로 이어져왔으며 특별히 그런 규범을 무너뜨리려는 사람도 없었다. 하지만 그런 규범을 무너뜨리면 시장이 두 배로 커지고 이윤도 두 배로 늘어날 수 있음을 체취제거제와 땀억제제 회사들이 깨달은 순간 새로운 변화가 찾아왔다.

뉴욕 주립대학교 버펄로 캠퍼스의 기술 및 의학 역사가 카리 카스테일(Cari Casteel)은 이렇게 말했다. "카피라이터들은 여성 고객을 타깃으로 하는 광고 끝에 이런 말을 덧붙였죠. '여성 여러분, 당신의 남자가 땀 냄새를 풍기게 놔두지 마세요. 이제는 구매할 때 꼭 두 개를 구입하세요.'"[39] 남성들은 이런 제품을 직접 구매하고 싶어하지 않았다. 이런 부분을 잘 보여주는 사례로, 오도로노의 성공을 이끈 광고회사 제이 월터 톰슨이 1928년에 남성 직원들을 대상으로 진행한 설문조사가 있다. 오도로노를 사용할 생각이 있느냐는 질문에 한 남성은 이렇게 대답했다. "체취제거제 사용은 남자답지 못한 일이라고 생각합니다."[40]

하지만 이 잠재적 시장에 주목한 사람이 없지는 않았다. 제이 월터 톰슨의 한 직원은 이렇게 대답했다. "저는 아직 아무도 손대지 않은 남성용 체취제거제 시장이 존재한다고 생각합니다. 지금까지 이 광고는 항상 여성을 타깃으로 했습니다. 하지만 남성용 잡지에 체취제거제 광고를 넣지 못할 이유가 있을까요?"[41] 1935년 미국 기업 코코런(Corcoran)은 특별히 남성을 위해 제작된 체취제거제를 판매하기 시작했다. 이 제품은 '톱플라이트(Top-Flite)'라는 이름으로 검은 병에 담겨 75센트에 판매됐다.[42]

광고업자들은 여성용 제품과 마찬가지로 이번에도 남성의 불안 심리를 자극했다. 남성용 제품의 카피라이터들은 남녀 관계에 초점을 맞추는 대신 다른 불안감을 자극했다. 1929년 주식시장 붕괴 때문에 1930년대의 남성들은 구직과 실직 문제로 걱정이 많았다. 광고업체들은 남성들에게 사무실에서 땀 냄새를 풍기는 것은 프로답지 못한 태도이며 이런 실수가 커리어를 망칠 수도 있다고 말했다.

카스테일은 이렇게 말했다. "대공황으로 남성의 역할이 바뀌었습니다. 농부와 육체노동자로 일하던 남성들은 직장을 잃음으로써 남성성을 상실했죠. 하지만 톱플라이트는 즉각적으로 남자다운 남자가 될 방법을 제공했습니다. 적어도 광고업자들의 말로는 그랬죠."[43] 그러기 위해서는 이 제품들이 여성의 화장용품에서 기원했다는 사실을 멀리해야 했다.

1940년대에 시포스(SeaForth) 체취제거제의 제조사에서 자기네 제품 일부를 도자기 위스키 병에 담아 팔았다. "그 회사의 소유주 앨프리드 맥켈비(Alfred McKelvy)는 위스키보다 더 남성적인 건 생각할 수 없다고 말했죠."[44] 카스테일의 말이다. 맥켈비는 또한 판매원들에게 '애타게 만드는', '산뜻한', '중후한', '활력이 넘치는', '원기 왕성한', '남성미 넘치는', '남자다운' 같은 형용사를 사용해서[45] 남성 제품을 위한 특별한 어휘를[46] 개발하라고 했다. 1965년 〈라이프(Life)〉는 '남성 화장용품, 폭발적 인기를 끌다'[47]라는 제목의 기사를 내보냈다. 그해에 남성 제품은 미국 화장품 시장의 20퍼센트를 차지했다.[48]

성인 남녀의 불안감을 자극하는 데 성공한 땀억제제 회사들은 다시 10대로 타깃을 넓혔다. 사춘기가 되어 한창 꾸미기 시작할 때 자기네 제품들을 사용하게 만들려는 계획이었다. 슌(Shun), 허쉬(Hush), 비토(Veto), 논스피(NonSpi), 데인티 드라이(Dainty Dry), 슬

릭(Slick), 퍼스톱(Perstop), 집(Zip) 등 온갖 체취제거제와 땀억제제가 시장에 넘쳐나기 시작했다.

하지만 체취제거제와 땀억제제가 750억 달러 규모의 산업으로[49] 도약할 수 있었던 비결은 똑똑한 마케팅 때문만은 아니었다. 제품 자체의 품질 개선도 큰 역할을 했다. 처음 나왔을 때는 기름투성이 거나 부식성이 강해서 바르기 역겹거나 불편했지만 이제는 그것도 옛말이 됐다.

땀억제제의 경우 극복해야 할 가장 큰 문제는 산성이었다. 산성 성분이 옷을 좀먹고 피부에 발적을 일으켰기 때문이다. 땀억제제 에 들어 있는 염화알루미늄 성분은 땀구멍으로 들어가 결정화해서 구멍의 마개 역할을 하는데, 이 성분을 안정시키려면 산이 필수적 이었다.[50] 금속(알루미늄)과 염(chloride)의 결합은 불안정했다. 이 성 분을 염산에 담그지 않으면 2인조로 제대로 기능할 수 없었다. 강 산의 뒷받침이 없으면 알루미늄과 염소는 가루로 침전되기 때문에 땀 문제를 해결하는 데 아무 소용이 없었다. 하지만 강산도 고분고 분한 화학물질이 아니다.

1939년 시카고의 화학자 줄스 B. 몬테니어(Jules B. Montenier)는 제3의 분자를[51] 첨가하면 알루미늄과 염소 사이의 허약한 결합에 힘을 보탤 수 있겠다는 생각이 들었다. 그는 친구 같은 분자 한 벌을 발견해서 특허를 냈다. 대부분 질소 원자를 포함하는 이 분자들이 알루미늄과 염소의 결합을 뒷받침해주기 때문에 더 이상 강한 산성 용액을 사용할 필요가 없게 됐다. 그 후로는 약산 용액만으로 충분했고, 땀을 억제하려다 옷감이 상하거나 피부에 문제가 생길 가능성도 줄어들었다. 몬테니어는 이 새로운 땀억제제를 '스토페트(Stopette)'라고 불렀다.

몬테니어는 스토페트를 담을 새로운 용기도 개발했다. 시장에 나와 있는 다른 인기 있는 땀억제제 사용자들이 흔히 불평하던 문제를 해결하기 위한 디자인이었다. 스펀지나 솜으로 발라 겨드랑이에 문지르거나(오도노르 등), 손가락으로 문지르는(아리드 크림[Arrid Cream] 등) 대신 몬테니어는 짜서 쓰는 플라스틱 용기를 특허 냈다.[52] 지금은 땀억제제를 겨드랑이 부위에 '분무해서'[53] 사용할 수 있다. 당시 텔레비전 광고에 따르면[54] 1950년대 초 스토페트는 몇 백만 개씩 팔렸다.

또 다른 화장품 회사 엘리자베스 아덴(Elizabeth Arden)에서는 알루미늄염을 만들 훨씬 나은 방법을 내놓았다. 이제는 유효성분을 약산 중에서도 아주 약한 pH 4 정도의 산성 용액에 담그는 것으로 충분했다. 이는 땀구멍에서 나오는 땀과 거의 비슷한 산도다.

산업역사학자 칼 라덴(Karl Laden)에 따르면 알루미늄 클로로하이드레이트(aluminum chlorohydrate)라는[55] 이 새로운 유효성분은 이 시장에서 나온 가장 중요한 기술적 돌파구였다.[56] 그리고 오늘날까지도 시장에서 가장 흔히 사용되는 땀억제제 성분이다. 만약 당신이 지금 땀억제제를 사용하고 있다면 십중팔구는 알루미늄 클로로하이드레이트가 땀구멍을 막고 있을 것이다.

이 성분의 가장 큰 단점은 땀구멍을 막는 효율이 염화알루미늄에 못 미친다는 것이다. 원래 나왔던 오도로노와 스토페트는 겨드랑이를 며칠씩 뽀송하게 유지할 수 있었다.[57] 그러나 알루미늄 클로로하이드레이트가 들어 있는 새로운 땀억제제는 피부 자극이 훨씬 적었기 때문에 매일 사용해도 문제가 없었다. 특별한 날에만 사용하던 제품이었던 땀억제제는 이제 매일 목욕한 후에 사용하는 제품으로 자리 잡았다.

한 가지 큰 문제가 남아 있었다. 땀억제제는 스프레이로 뿌리는 제품이든, 손가락으로 바르는 제품이든 상관없이 건조되는 데 오랜 시간이 걸렸다. 제품을 바른 후 몇 분 동안 팔을 든 채로 걸어 다니며 겨드랑이를 말려야만 셔츠를 입을 수 있었다.

헬렌 바넷(Helen Barnett)이라는 화학자가 이 문제를 해결하기로 마음먹었다.[58] 1952년 그녀는 멈이라는 체취제거제를 소유하고 있던 브리스틀마이어스(Bristol-Myers)에서 일하고 있었다. 화장품과 약물의 새로운 제조법을 연구하는 개발팀에 소속되어 있었지만 그녀의 주된 프로젝트는 최초의 롤온형(roll-on, 화장품을 바르는 끝부분에 볼이 들어 있어 이것이 돌아가며 제품을 바르게 되어 있는 형태-옮긴이) 체취제거제[59] 개발이었다.

롤온형 체취제거제는 볼펜에서 영감을 받은 프로젝트였다. 볼펜역시 액상 제품이 과도하게 발라지는 것을 최소화하는 장치다. 최초의 롤온형 체취제거제 프로토타입은 '룰렛(Roulette)'이라 불렸는데, 기술적인 이유로 끔찍한 실패를 겪었다(소문에 따르면 겨드랑이 털이 이 제품의 볼 장치로 끼어 들어갔다고 한다). 하지만 그 베타 버전인 반(Ban)은 크게 히트 쳤다.[60]

물기가 뚝뚝 떨어지는 문제를 해결해준 발명품이 롤온형 제품만 있는 것은 아니었다. 1950년대에는 에어로졸 스프레이의 개발 덕분에 또 다른 방식으로 이 문제를 해결할 수 있게 됐다. 에어로졸 스프레이는 시작부터 폭발적인 인기를 얻다가 1970년대에 추락한 기술이다.[61]

에어로졸 스프레이 캔이 나오게 된 것은 미국 농무부 덕분이었다. 농무부에서는 1941년에 살충제 스프레이 용기를 특허 냈다.[62] 칼 라덴에 따르면 "겨드랑이에 사용하는 에어로졸 방식은 즉각적인 성공을 거두었다. 롤온형과 크림형 제품을 사용하던 많은 사람이 에어로졸형으로 갈아탔을 뿐만 아니라 에어로졸 방식은 기존에는 겨드랑이 제품을 사용하지 않았던 수많은 남성도 끌어들이기 시작했다."[63] 1973년에 들어서는 에어로졸 방식이 체취제거제와 땀억제제 시장의 80퍼센트 이상을 차지하게 됐다.

하지만 에어로졸 사용이 정점을 찍으면서 걱정스러운 문제들이 등장하게 됐다. 난로나 히터와 너무 가까운 곳에 두면 압축 캔이 폭발할 수 있었다.[64] 그리고 10대들은 환각 상태에 들어가려고 내용물을 코로 들이마셨다. 환경 문제도 있었다. 환경과학자들이 플루오르화탄소(fluorocarbon) 압축가스 추진제(제품이 뿜어져 나올 수 있게 도와주는 분자)가 오존층을 파괴한다는 것을 밝혀냈다. 1970년대 중반에 접어들자 정부 기관들은 문제가 있는 압축가스 추진제를 규제할 방법에 대해 고민하기 시작했다.

에어로졸에는 또 다른 문제도 있었다. 의도치 않았던 건강상의 부작용이 나타난 것이다. 땀억제제 스프레이에 들어 있는 추진제와 구멍을 막는 성분이 뜻하지 않게 코로 흡입되는 경우도 있었던 것이다. 1973년 질레트(Gillette)는 새로운 땀억제제 에어로졸 두 가지를 시장에 내놓았다가 바로 철수했다. 〈체인징 타임즈: 키플링어 매거진(Changing Times: The Kiplinger Magazine)〉에 따르면 "회사는 스프레이에 노출된 원숭이의 폐에 염증이 생기는 것을 발견하고 FDA에 보고했다."[65]

이후 회사들은 오존층을 파괴하거나 폐를 손상하지 않는 더 안전한 성분을 개발했지만 에어로졸 방식의 땀억제제와 체취제거제는 미국에서 그 인기를 회복하지 못했다. 하지만 유럽에서는 여전히 탄탄한 시장점유율을 확보하고 있다.

땀 억제 제품의 성분 목록 중에서 알루미늄만큼 대중의 불안을 자극하는 성분은 없다. 알루미늄은 모든 땀억제제에 들어 있다. 알루미늄 없이도 겨드랑이 암내를 차단하는 것이 가능하긴 하지만 땀구멍을 막아서 겨드랑이 습기를 조절할 수 있는 것은 알루미늄밖에 없다. 그리고 땀구멍 마개를 만들 수 있는 시장 전략도 알루미늄밖에 없다.

납과 마찬가지로 알루미늄도 인체 안에서 아무런 생물학적 역할이 없다. 몸의 말단으로 산소를 실어 나르고, 병원체와 싸우고, 상처를 치유하고, 인슐린 수치를 억제하기 위해서는 소량이라도 철, 구리, 아연 같은 금속 성분이 필요한 것과는 대조적이다.

우리 몸은 알루미늄이 전혀 필요하지 않다. 하지만 알루미늄은 지구 곳곳에서 발견된다. 지각에서 가장 풍부한 금속 중 하나인 알루미늄은 기반암 속에 상당량 들어 있기 때문에 전 세계의 수원으로 스며 들어간다. 식물도 알루미늄을 빨아들이고 우리가 먹는 음식에서도 알루미늄이 있다. 깨, 시금치, 감자 같은 것들 모두에 상대적으로 많은 양의 알루미늄이 들어 있다. 차 종류나 백리향, 오레가노, 고춧가루 등의 향료도 마찬가지고[66] 일부 가공식품도 알루미늄인산나트륨(sodium aluminum phosphate)과 황산알루미늄나트륨(sodium aluminum sulfate)[67] 등의 형태로 알루미늄 성분을 함유하고 있다. 그리고 이것은 안정제 역할을 한다.

땅, 물, 음식 속에 알루미늄이 풍부하게 들어 있으니 우리 몸에도 들어 있을 수밖에 없다. 이것이 콩팥이 알루미늄과 다른 독성 화합물을 몸 밖으로 배출할 수 있게 진화한 이유 중 하나다. 우리가 음식을 통해 섭취하는 알루미늄 중 상당 부분은 흡수되지 않고 바로 몸에서 배설된다.[68] 하지만 장을 통해 알루미늄이 흡수된 경우는 콩팥이 걸러내 소변으로 배출한다.

그렇게 해도 금속 일부는 몸 안에 머문다. 건강한 사람은 보통 체중 1킬로그램마다 30~50밀리그램의 알루미늄이[69] 몸속을 돌아다닌다. 그리고 주로 폐와 뼈에 모이지만 장, 림프절, 유방, 뇌에도 모인다. 콩팥이 감당할 수 없는 수준으로 알루미늄이 체내 축적되는 것을 피하기 위해 세계보건기구는 알루미늄 섭취량이 일주일에 체중 1킬로그램당 2밀리그램을[70] 넘기지 않을 것을 권고하고 있다. 하지만 중요한 점은 지구에서 먹고 사는 존재에게 어느 정도의 알루미늄 체내 축적은 피할 수 없는 현실이라는 점이다.

하지만 우리는 이 금속이 필요하지 않다. 그리고 알루미늄이 대량으로 몸에 들어오면 심각한 신경학적 위협을 가할 수 있다. 우리가 애초에 알루미늄을 몸에서 제거할 방법을 진화시킨 이유도 그 때문이다. 콩팥 기능이 약해진 사람들에게는 알루미늄 중독이 심각한 문제가 될 수 있다. 신장 투석 치료 초기에는 일부 환자가 몸에서 알루미늄이 제거되지 않아 중독되는 경우가 생겼다.[71] 알루미늄에 중독되면 기억력 감퇴, 편집증, 정신병, 근무력증, 경련 등의 증상이 생기고 심지어는 사망하기도 했다.

고농도 알루미늄에 중독된 사람들은 치매와 비슷한 신경학적 특성을 일부 보였기 때문에 연구자들은 알루미늄이 알츠하이머병을 일으키는 원인이 아닐까 생각했다. 알루미늄이 치매의 원인이라는 이론은 1960년대와 1970년대에 처음 제안되었는데 그 후 많은 연구를 통해 이 이론이 틀렸다는 것이 입증됐다.[72] 그럼에도 이 이론이 좀처럼 시들지 않자 미국 알츠하이머병 학회(Alzheimer's

Association)와 다른 환자 옹호 단체에서는 그들의 웹사이트에 다음과 같은 설명을 눈에 잘 띄는 곳에 게시했다.[73] "알루미늄이 알츠하이머병의 발병에 기여한다는 것은 입증된 바 없습니다. 현재 전문가들은 다른 연구 영역에 초점을 맞추고 있으며, 우리가 일상적으로 접하는 알루미늄이 어떤 위협이 될 수 있다고 믿는 사람은 거의 없습니다."

하지만 과도한 알루미늄은 뇌에 좋지 않다. 문제는 우리 모두 매일 먹는 음식을 통해 알루미늄을 섭취하고 있는데 여기에 알루미늄이 잔뜩 들어 있는 땀억제제까지 사용하면 알루미늄의 체내 축적이 안전한 범위를 넘어서지 않을까 하는 것이다.

이 질문에 대한 가장 정확한 대답은 '아니요'다. 현재 나와 있는 최고의 증거는 2020년에 유럽의 위험평가기관에서 내놓은 것으로, 그에 따르면 알루미늄 땀억제제 사용은 우리의 건강에 위협을 가하지 않는다.[74] 하지만 주의할 점이 하나 있다. 땀억제제에 들어 있는 알루미늄 중 피부를 통과해서 체내로 흡수되는 양이 정확히 얼마나 되는지에 관한 연구가 거의 없다는 점이다. 개인 미용 및 위생 용품에 알루미늄이 포함된 지 한 세기가 넘었음에도 사람의 피부를 통한 알루미늄의 체내 축적을 구체적으로 추적한 연구는 손에 꼽을 정도로 적다. 이 책이 나온 시점을 기준으로 단 세 편에 불과하다.[75] 과학적 결론을 내리기에는 너무 빈약한 양이다.

그와 대조적으로 우리가 먹는 음식으로부터 얼마나 많은 알루미늄이 체내 조직으로 흡수되는지 평가해서, 음식에 들어 있는 알루미늄 중 결국 장을 통해 흡수되는 양이 어느 정도인지 판단하는 연구는 많이 나와 있다. 땀억제제에 의한 알루미늄 노출을 평가하는 공중보건위험 분석가들은 오랫동안 피부를 통해 흡수되는 알루미늄이 장을 통해 흡수되는 것과 비슷하리라 가정해왔다. 하지만 이것이 타당한 가정인지 실제로 확인한 경우는 한 번도 없었다.[76]

2001년에 알루미늄이 피부를 통과하는지 확인하는 최초의 실험이 이뤄졌다.[77] 과학자들은 남성 한 명과 여성 한 명의 겨드랑이 한쪽에 공통의 땀억제제 성분인 알루미늄 클로로하이드레이트를 적용하고 7주 동안 추적했다. 그리고 정기적으로 혈액과 소변 표본을 채취했다. 그 결과 피부를 통과해 체내로 유입된 알루미늄의 양은 0.012퍼센트로 아주 적은 것으로 나타났다. 이는 음식에 들어 있는 알루미늄에 노출되는 것보다 약 40배 적은 양이다.

〈식품 및 화학독성학(Food and Chemical Toxicology)〉에 발표된 논문에서 연구진은 이렇게 적었다. "많은 땀억제제에 들어 있는 알루미늄 형태인 알루미늄 클로로하이드레이트를 피부에 1회 적용했을 때는 알루미늄의 체내 축적에 유의미하게 기여하지 않았다."[78] 안심되는 결론이기는 하지만 겨우 두 사람을 대상으로 진행한 연구를 엄격한 과학적 결과로 보기는 힘들다. 이 논문의 저자들도 그점을 인정하고 연구 결과를 예비적 결과라 했다.

똑똑한 독자라면 땀억제제를 딱 한 번만 사용해서 진행한 연구가 과연 정당한 것인지 의문이 들었을 것이다. 대부분 사람은 땀억제제를 매일 사용한다. 땀억제제를 딱 한 번만 적용해서 그 효과를 추적하는 것은 현실적인 시나리오가 아니다. 매일 사용해서 문제가 될 정도로 체내 축적이 일어난다면 어떻게 될까?

건강용품의 안정성을 책임지는 프랑스의 정부기관에서는[79] 땀억제제에 대한 정보가 전반적으로 부족한 점을 우려해서 2007년에 프랑스 과학자들에게 알루미늄의 피부 흡수에 관한 대규모 연구를 요청했다. 하지만 사람을 대상으로 하는 실험은 비용이 많이 들었기 때문에 프랑스 과학자들은 복부성형수술(tummy tuck)을 하는 다섯 명의 환자에서 떼어낸 복부 피부를 사용했다.[80] 과학자들은 식염수가 들어 있는 용기 위에 피부를 펼쳐놓은 다음, 피부 위에 스틱형, 롤온형, 에어로졸형의 땀억제제를 적용했다. 그리고 피부를 통과해서 식염수로 스며 들어간 알루미늄의 양을 측정했다.

이것은 겨드랑이 피부를 대상으로 한 실험도 아니었다. 그리고 살아 있는 사람을 대상으로 한 실험도 아니어서 땀구멍을 막는 성분이 순환계에 의해 처리되고 대사되지도 않았다. 그래서 실제로 알루미늄이 우리 몸에 축적되는 정도에 대해 알아낼 수 있는 것이 많지 않았다.[81]

어쨌거나 죽은 피부를 통과하는 알루미늄의 양은 걱정할 정도는 아니었다. 하지만 한 가지 예외가 있었다. 연구자들은 한 피부 표본을 가지고 면도 행위를 흉내 내는 추가 실험을 진행했다. 면도로 생기는 작은 상처들 때문에 피부를 통해 혈류로 흡수되는 알루미늄의 양이 증가할 수 있는지 알고 싶었기 때문이다.

이 실험을 진행하기 위해 과학자들은 죽은 피부 표면에 외과용

테이프(surgical tape)를 반복적으로 붙였다 뗐다(듣자 하니 이것이 면도 행위를 흉내 낼 때 사용하는 공통의 프로토콜이라고 한다. 하지만 피부 위를 면도날로 밀지 않는 이유가 무엇인지 궁금하다). 이렇게 가상의 손상을 입힌 죽은 피부에 땀억제제를 적용했더니 알루미늄 흡수량이 훨씬 커졌다. 그래서 과학자들은 이렇게 결론 내렸다. "털을 제거한 피부에서 피부를 통한 알루미늄 흡수가 높아지는 것으로 보아 땀억제제 제조업체에서 이 부분에 세심한 주의를 기울여야 할 것으로 보인다."

2012년에 이 연구가 발표되자[82] 프랑스 의료규제기관에서 경종을 울렸고,[83] 노르웨이와[84] 독일의 규제당국이[85] 이 경보를 포착했다. 그리고 모두 땀억제제의 안정성에 대해 우려하기 시작했다. 이런 상황이 되면 유럽연합 소비자안전과학위원회(European Union's Scientific Committee on Consumer Safety, 이하 SCCS)[86]가 움직이기 시작한다. 초기 평가 후 위원회의 과학자와 위험평가자들은 유럽 규제당국을 초조하게 만들었던 그 프랑스 연구가 과학적으로 부족한 부분이 너무 많아서[87] 안전성에 대한 엄격한 평가로 생각할 수 없다는 결론을 내렸다. SCCS는 살아 있는 사람에게서 피부를 통해 흡수되는 땀억제제 알루미늄에 대한 장기적인 평가가 필요하다고 지적했다.

마침내 2020년 SCCS는 18명의 사람을 대상으로 진행된 실험에서 나온 최종 평가를 받아들였다.[88] 새로운 연구를 바탕으로(현재까지 진행된 것 중 가장 엄격한 연구지만 사실 지금까지 나온 연구가 이것 하나밖에 없다) SCCS에서는 다음과 같이 결론 내렸다. "화장용품의 일상적 사용을 통한 전신적인 알루미늄 노출은 다른 원천에서 들어오는 알루미늄의 체내 축적에 유의미하게 기여하지 않는다."[89]

바꿔 말하면 아마도 땀억제제로 체내에 축적된 알루미늄을 빼자고 땀을 흘릴 필요는 없을 것이란 의미다. 이 문제가 제기되고 여러 해가 지나 드디어 알루미늄의 피부 흡수와 관련해 진지한 과학 연구가 진행된 것을 기쁘게 생각한다. 하지만 안타깝게도 그 증거는 아직 빈약하다. 다른 연구실을 통해서도 이런 연구가 반복적으로 진행되었으면 하는 바람이다. 좋은 과학이란 무릇 그래야 하는 법이다.

나는 땀억제제를 사용한다. 매일 사용하는 것은 아니지만 사람들 앞에서 불안해지지 않고 싶을 때는 꼭 사용한다. 그렇지 않을 때는 체취제거제로 충분하다. 나는 땀억제제를 술 대하듯 대한다. 아무리 좋은 것도 적당해야 좋다.

무더운 8월의 어느 날 캘리포니아대학교 샌디에이고 캠퍼스에서 크리스 캘러워트(Chris Callewaert)[90]를 만났다. 우리 두 사람은 증발하지 못한 땀으로 이마가 번들거리고 있었다. 남부 캘리포니아치고는 이상할 정도로 습한 날이었다. 땀에 관해 이야기하려고 만났으니 땀이나 실컷 흘려보라고 날씨가 작정한 것 같았다. 우리는 에어컨이 빵빵하게 돌아가는 생물의학연구소 건물로 피신했다.

캘러워트는 온라인에서 '겨드랑이 박사(Dr. Armpit)'로 통한다. 그의 연구가 어디에 초점을 맞추고 있는지 아주 적절하게 표현해주는 별명이다. 실제로 만나보면 그는 말을 워낙 조곤조곤하게 하는 스타일이라 그의 플라망어(Flemish, 벨기에 북부 지역에서 사용하는 네덜란드어) 억양을 알아들으려면 몸을 그쪽으로 기울여야 했다. 그는 겨드랑이에 관한 격언을 만들기를 좋아한다. 예를 들면 이런 식이다. "당신의 겨드랑이에는 지구에 사는 사람보다 많은 세균이 살고 있어요. 그러니 외로워하지 마세요."[91]

캘러워트는 한 사람의 겨드랑이 세균을 면봉으로 닦아서 이를 다른 사람의 겨드랑이에 옮겨 발라주는 방식으로 겨드랑이 이식(armpit transplantation)을 진행한다. 이렇게 이식해준 세균 생태계가 새로운 환경에서 번성하기를 바라는 마음에서 하는 일이다. 대체 어느 누가, 무슨 이유로 그런 짓을 할까 싶을 것이다. 그 답은 바로 '체취와 싸우기 위해서'다.

이처럼 그의 아이디어는 엉뚱하면서도 논리적이다. 겨드랑이 미생물들이 땀을 악취로 바꿔놓는다는 것은 잘 알려진 사실이다. 그리고 어떤 사람은 태생적으로 다른 사람보다 체취가 더 심하다. 우리 몸에서 나는 냄새는 타고난 유전, 먹는 음식, 사는 환경과 관련이 있지만 체취에 가장 크게 기여하는 것은 겨드랑이에 살고 있는 세균의 생태계다. 어떤 종류의 미생물은 다른 것보다 겨드랑이 냄새에 훨씬 크게 기여한다. 겨드랑이에 사는 코리네박테리움의[92] 비율이 높은 사람은 더 강하고 불쾌한 냄새가 날 수 있다.

이는 캘러워트가 박사학위 연구에서 얻은 통찰 중 하나다. 베를린 겐트대학교와 캘리포니아대학교 샌디에이고 캠퍼스 롭 나이트(Rob Knight) 교수의 연구실에서 진행하고 있는 박사후과정 연구도 일정 부분 이 통찰에서 영감을 받았다. 롭 나이트 교수는 인간의 마이크로바이옴에 관한 한 세계 최고의 연구자 중 한 명이다. 옛날 박물학자들이 그랬던 것처럼 마이크로바이옴 연구자들도 축축하고 따뜻한 열대 지역에 해당하는 구강에서 사막 생태계에 해당하는 팔꿈치에 이르기까지 사람의 몸 구석구석에 살고 있는 수조 마리의 미생물 거주자들을 표로 작성한다.

캘러워트는 땀억제제 사용을 중단했을 때 어떤 사람은 다른 사람들보다 냄새가 더 심하게 나기 시작한다는 사실에 흥미를 느꼈다. 냄새는 분명 주관적인 부분이지만 누구는 알 듯 말 듯한 희미한 냄새만 나는 반면, 어떤 사람은 코를 막을 정도로 독한 냄새가 난다. 그는 한 여성과의 예상치 못한 만남 이후로 이런 사실에 흥미를 느끼게 됐다. 그는 성인이 될 때까지 체취제거제를 사용할 필요성을 한 번도 느낀 적이 없었다. 우리가 만났던 후텁지근한 날에도 그는 땀억제제를 전혀 사용하지 않았다고 했다. 몇 시간에 걸쳐 나는 그의 체취를 맡아보려고 노력했지만 아무 냄새도 나지 않았다.

20대 초반의 어느 날 그는 한 여성과 로맨틱한 만남이 있었는데 그것이 그의 세상을 바꿔놓았다. "한 여성과 잤습니다. 그런데 제 몸에서 안 좋은 냄새가 나기 시작하는 거예요." 캘러워트의 겨드랑이가 그 여성의 겨드랑이 세균에 감염된 것이었다. 그 문제의 연애가 일어났던 날 그는 데이트를 하러 나가기 전에 체취제거제를 사용하기로 마음먹었다. 그로서는 보기 드문 결정이었다. 체취제거제에는 일반적으로 겨드랑이 세균을 죽이는 소독제가 들어 있다. "제 겨드랑이 마이크로바이옴의 활성이 그날은 가라앉아 있었죠."그래서 그의 마이크로바이옴이 변화하기 쉬운 상태가 되었고, 타인의 세균에 감염된 것이다.

"제 체취가 바뀌었다는 것을 다음 날 알았습니다. 시큼한 냄새가 나더군요. 샤워하고 나와도 그랬습니다. 냄새가 빠지지 않고 계속 남아 있었어요. 그래서 의사도 찾아가고, 씻어내려고도 했죠. 그래도 남아 있더군요."

그는 자신의 체취에 대한 수수께끼를 풀 수 있으리라는 희망에 과학자들이 습관적으로 그러듯이 학술 문헌들을 뒤지기 시작했다. 함께 잤던 사람의 체취 유발 세균이 자신에게 이식되었다는 확신이 들자 캘러워트는 이런 궁금증이 생겼다. 냄새를 유발하는 강력한 세균을 누군가에게 이식하는 것이 가능하다면 그 반대 시나리오도 가능하지 않을까? 어쩌면 암내가 심한 사람의 겨드랑이에 암내가 덜한 사람의 세균을 이식하면 암내를 줄일 수 있을지도 모른다. 캘러워트는 두 명의 교수를 찾아가 이 아이디어를 이야기했다. "그렇게 해서 박사과정에 들어가게 됐죠."

어떤 목표를 가지고 미생물 개체군을 한 곳에서 다른 곳으로 옮기는 아이디어는 새로운 것이 아니다. 술을 빚고, 빵을 굽고, 우유를 발효시켜 치즈를 만들면서 우리는 수천 년 동안 그런 일을 해왔다. 좋은 세균이 장 속에 자리 잡아 번식해서 장의 기능을 개선해 주길 바라며 유산균이 가득 들어 있는 프로바이오틱스를 복용하는 사람도 많다.

캘러워트는 한 사람의 겨드랑이 피부에서 미생물을 묻혀 다른 사람의 겨드랑이에 바르면 어떻게 될지 궁금해졌다. 이런 식으로 옮겨 간 세균이 그곳에 정착하기는 상대적으로 쉬워 보였다. 우리는 다른 사람과 악수를 할 때마다 그와 비슷한 일을 하고 있으니 말이다.

하지만 바로 거기에 문제가 있었다. 피부의 마이크로바이옴은 놀라울 정도로 안정적이다. 대부분 마이크로바이옴은 개체군에 교란이 일어나도 원래의 상태로 되돌아간다. 악수를 하면 잠깐은 다른 누군가의 손에 묻어 있던 새로운 세균 생태계가 이식된다. 하지만 보통은 우리 손에 원래 있던 마이크로바이옴이 새로 들어온 세균들을 압도해서[93] 생태계를 원래 상태로 되돌려놓는다. 이런 자연의 질서를 흔들어놓으려면 침략성이 강한 병원체가 들어오거나 면역계가 약해야 한다.

한 사람의 겨드랑이에 살고 있는 미생물 생태계는 그 사람의 땀, 피부, 환경, 식생활에서 비롯된 독특한 화학에 좌우된다. 이런 생태계를 뒤흔들기 위해서는 꽤 큰 교란이 필요하다. 캘러워트가 새로운 겨드랑이 생태계를 이식하려 하면 예전의 생태계가 되돌아오는 경우가 많았다. 그가 소독제로 이식 대상자의 겨드랑이를 먼저 깨끗하게 소독해서 백지처럼 만들고 나서 그 위에 세균을 이식해도 그랬다.

이것은 캘러워트뿐만 아니라 미생물 이식으로 겨드랑이 암내를 개선하고자 했던 사람들이 똑같이 겪는 문제였다. 새로운 세균을 접종해도, 기존의 세균 생태계가 부활해서 공중 투하한 생태계를 금방 압도해버렸다. 이것은 좋은 일이라 할 수 있다. 피부 마이크로바이옴이 대부분 병원균으로부터 스스로를 방어할 수 있다는 의미이기 때문이다.

가끔은 나쁜 균이 들어와 생태계를 장악하고 피부 감염이나 새로운 악취를 만들어낸다는 점은 분명하다. 하지만 전체적으로 보면 우리 피부에 있는 대부분의 미생물은 우리 편이다. 우리는 이 세균들이 먹고 살 수 있는 고유한 땀과 기름 분비물을 계속 만들어내고, 우리의 미생물 생태계는 자신의 영토, 즉 우리의 몸을 침입자로부터 보호한다.

캘러워트는 일란성 쌍둥이[94] 사이에서 겨드랑이 마이크로바이옴을 이식했을 때 처음으로 장기적인 성공을 거두었다. 기증자와 이식 대상자가 신체, 땀, 피부 화학이 매우 유사했기 때문에 세균 바꿔치기에 성공할 수 있었다. 그 후에는 가족들 사이에서도 겨드랑이 마이크로바이옴 이식을 몇 번 더 성공시킬 수 있었다. 그러면 캘러워트 자신의 체취 문제는 어떻게 해결했을까? 그는 그 문제를 해결하는 데 성공했지만 다른 누군가의 겨드랑이 세균을 이식해서 해결한 것은 아니었다. 생각지도 않았던 자가이식을 통해 해결했다. 세탁하지 않아서 자신의 예전 겨드랑이 마이크로바이옴이 남아 있던 셔츠를 찾아낸 것이다.

이 일은 그가 집에 새로 페인트칠을 하기로 했을 때 일어났다. "제가 페인트를 칠할 때마다 꺼내 입는, 여기저기 얼룩이 묻어 있는 낡은 티셔츠가 있었습니다." 그는 페인트칠을 할 때마다 지난번 칠할 때 입고서 빨지 않고 그대로 두었던 낡은 면 티셔츠를 꺼내 입었다. 그 여성과 잠자리를 하기 전부터 입었던 티셔츠였다. 생각지도 않게 그는 매일 예전의 땀과 예전의 마이크로바이옴을 뒤집어쓰고 있었던 것이다. 페인트칠을 하면서 그는 몸에서 예전의 냄새가 다시 나는 것을 알게 됐다.

체취가 심해졌던 기간 동안 그는 자신의 표본을 채취했다. "그래서 제 겨드랑이에 침입해 들어와 살고 있던 세균에 대해 잘 알고 있었죠." 이렇게 악취가 나던 때는 코리네박테리움의 비율이 높았다. 이 세균은 암내가 독한 사람들에게서 높은 비율로 나타날 때가 많다. 캘러워트가 나중에 발견한 바에 따르면 면은 냄새를 덜 일으키는 포도상구균이 잘 자랄 수 있는 배지(培地) 역할을 한다. 페인트칠을 한 후 겨드랑이에서 표본을 채취했더니 코리네박테리움의 비율은 떨어지고 포도상구균의 비율이 올라가 있었다. "그전에는 코리네박테리움이 50~60퍼센트 정도였는데, 그때는 5~10퍼센트 정도로 떨어져 있었어요."

당시 캘러워트는 겨드랑이 이식 전략을 개발하는 중이었다. 그리고 겨드랑이 마이크로바이옴과 인식되는 체취 사이의 상관관계를 밝히는 프로젝트도 진행 중이었다. 겨드랑이에는 코리네박테리움과 포도상구균만 사는 것이 아니라 다른 온갖 미생물들도 살고 있다. 다른 거주 세균들도 소수일지언정 체취에 큰 영향을 미칠 수 있다. 몸의 다른 부위에서는 종의 다양성이 건강함을 말해주는 지표지만 겨드랑이는 다르다. 습기 많고 축축한 겨드랑이에서는 미생물 종이 다양해지면 악취도 강해진다. 안에어로코쿠스 같은 세균은 수가 적음에도 불구하고 지독한 체취를 만들어내 얼마든지 그런 수적 열세를 극복할 수 있다.[95]

체취와 싸우기 위해 겨드랑이에 미생물 이식을 시도하는 사람이 캘러워트만 있는 것은 아니다. 바이오테크 기업 에이오바이옴(AOBiome)은 AO+ 미스트(AO+ Mist)라는 제품을 판매한다. 이것은 뿌릴 때마다 살아 있는 니트로소모나스 유트로파(*Nitrosomonas eutropha*)라는 세균을 피부로 이식해주는 제품이다.

이 사업은 약 5,000년 전 바빌로니아인들이 비누를 개발한 이래로 인간은 건강한 피부 마이크로바이옴을 쟁취하기 위한 전투에서 패배했다는 개념에 근거한다. 회사의 주장에 따르면 인류는 비누를 사용함으로써 피부에 사는 나트로소모나스 유트로파 개체군의 씨를 말려버렸다고 한다. 이 세균은 땀의 한 성분인 암모니아를 먹고 산다. 이 회사는 암모니아를 먹는 나트로소모나스 유트로파를 피부에 뿌려주면 피부의 pH가 낮아지고 체취와 관련된 피부 세균

개체군도 줄어든다고 주장한다.

〈뉴욕 타임스 매거진(New York Times Magazine)〉의 작가 줄리아 스콧(Julia Scott)은 한 달 동안 세안용품으로 이 제품만 사용해보기로 했다. 이때는 체취제거제를 사용하지 않았기 때문에 2주차에는 체취가 절정을 찍었지만 제품을 계속 뿌려주니 결국에는 좋아졌다. 하지만 그녀가 다시 비누로 샤워하기 시작하자 피부에서 그 세균이 사라져버렸다. 그녀는 이렇게 적었다. "이 새로운 세균 집단을 달래가며 내 몸에 자리 잡게 하는 데 한 달이 걸렸다. 하지만 몸에서 제거하는 데는 단 세 번의 샤워면 족했다. 수십억 마리의 세균이 보이지 않게 도착했다가 다시 보이지 않게 사라졌다."[96]

스콧의 경험은 캘러워트의 경험과 일맥상통한다. 우리 몸에는 쉽게 리모델링할 수 없는 안정적인 마이크로바이옴이 자리 잡고 있다. 비누를 사용하기 전 시절에는 나트로소모나스 유트로파가 우리 몸의 천연 체취제거제 역할을 했다는 주장에 대해서는 조금 의문이 들 수밖에 없다. 그걸 어떻게 알 수 있단 말인가? 당시 미생물의 염기서열 분석이 가능했던 것도 아닌데 말이다. 그리고 비누만 살짝 사용해도 버티지 못할 정도로 나약한 세균이라면 피부 마이크로바이옴을 지키는 전사가 되어줄 수는 없을 것 같다. 만일 내 몸에 세균을 뿌리는 것이 발전이라면, 그런 발전을 누가 원할까?

어떤 사람은 체취와 싸우는 무기로 비누면 충분하다. 직접 집에서 체취제거제를 만들어 쓰는 사람들도 있다. 인터넷에 제조법은 얼마든지 나와 있다. 이 제조법에는 냄새를 잡는 용도로 베이킹소다가 들어가는 경우가 많다. 불쾌한 음식 냄새를 잡기 위해 냉장고에 사용하는 것과 같은 방식이다. 베이킹소다와 다른 향기 성분을 코코넛오일이나 시어버터(shea butter)와 섞어 반죽을 만든 다음 겨드랑이에 바른다. 상품 등록된 최초의 체취제거제 멈과 비슷한 방식이다.

아니면 건강식품으로 눈을 돌리는 사람도 있다. 이런 제품 중 일부는 성분 목록에 표준 약제와 중첩되는 성분이 있는데도 라벨에 '천연성분'이라고 나와 있다. 이 천연성분 제품 중에는 알루미늄이 들어 있지 않다고 주장하는 것도 있다. 전형적인 위장 친환경(greenwashing)의 사례다. 현명한 소비자들을 위해 팁을 하나 소개하자면, 제품 라벨에 염화알루미늄이나 알루미늄 클로로하이드레이트가 들어 있지 않다고 크게 적어놓았다면 깨알처럼 적혀 있는 성분 목록을 확인해보자. 천연 미네랄 체취제거제라고 주장하는 몇몇 제품은 포타슘알룸(potassium alum)이 들어 있다. 이 역시 알루미늄으로 화학적 형태만 다른 것이다.

몇몇 사람들이 땀과 싸우기 위해 옛날 방식의 DIY 전략을 추구하는 동안, 어떤 사람들은 체취제거제와 땀억제제를 새롭게 설계할 방법을 연구하고 있다. 화장품회사의 과학자들은 냄새가 별로 없는 땀을 기분 나쁜 냄새로 바꾸는 미생물들이 사용하는 세균 효소에 주목한다.[97] 화학자들이 이 효소들의 작용을 방해할 방법을 찾아낼 수 있다면 체취제거제로 세균을 죽이거나, 땀억제제로 세균의 먹이 공급을 차단할 필요가 없을 것이다. 그냥 세균이 악취를 만드는 데 사용하는 장치만 차단하면 된다.

다른 아이디어는 없을까? 체취제거제에 들어간 작은 분자 우리(molecular cage)에 악취를 가두는 방법도 있다.[98] 이것은 나노 버전의 방독면이라 할 수 있다. 다만 코를 화학무기가 아니라 냄새로부터 지킨다는 차이가 있을 뿐이다.

땀 냄새와의 전쟁에서 지금까지 다른 많은 건강 문제 해결에 사용했던 방식을 아직도 시도해보지 않았다는 것이 좀 놀랍다. 바로 알약이다. 우리는 알약으로 두통, 감염, 심지어 암도 치료한다. 그렇다면 체취 치료에 알약을 사용하지 못할 이유가 무엇일까? 이 아이디어는 공상과학 예술가이자 자칭 몸 설계자(body architect)인 루시 맥레이(Lucy McRae)의 2012년 미술 프로젝트와 TED 강연에 요약되어 있다.[99]

그녀의 '먹는 향수(Swallowable Parfum)' 동영상을 보면 신시사이저 음악과 꿀렁이는 물소리가 사운드트랙으로 깔리고 모델 쇼나 리(Shona Lee)가 끈적이는 땀방울을 흘리는 모습이 클로즈업되어 나온다. 그 땀은 땀이 아니라 라바 램프(lava lamp, 투명 용기 속에 유색 액체가 들어 있는 장식용 전기 램프, 액체의 움직임이 용암과 비슷하다고 해서 라바 램프라고 부른다—옮긴이) 속 액체처럼 보인다. 그리고 숨 가쁜 여성의 목소리가 우리를 책망하듯 이렇게 말한다. "액세서리를 뛰어넘으

세요." 카메라는 끈적한 땀의 이미지와 거울로 된 복도에 있는 리의 이미지 사이를 오간다. 그녀가 천천히 자신의 입으로 반짝이는 금속 알약을 가져간다. 그리고 미래에서 들리는 듯한 또 다른 목소리가 이렇게 말한다. "자기만의 고유성을 표현하라."

이제 리가 흠뻑 땀을 흘리고 있다. 하지만 땀을 보니 뭔가 이상하다. 금속 같은 광택을 띠고 있다! 음악이 절정으로 치달으면서 리는 카메라를 정면으로 응시한다. 그리고 내레이터의 말이 흘러나온다. "먹는 향수. 진화의 새로운 사이클."

예술가 맥레이는 TED 강연에서[100] 자신의 비전을 이렇게 설명한다. "화장용 알약을 먹으면 땀을 흘릴 때 그 향기가 피부를 통해 흘러나옵니다. 체내에서 체외로 새어 나오는 향수인 거죠. 이것은 피부의 역할을 새롭게 정의합니다. 우리 몸이 일종의 분무기가 되는 거예요."[101]

이는 과학이라기보다는 행위 예술 작품에 가깝지만 이런 것들을 개발하려는 시도가 아주 터무니없지는 않다. 실제로 마늘을 먹으면 그 냄새가 체취를 통해 풍겨 나올 수 있다. 그렇다면 땀과의 오랜 전쟁에서 다음에 등장할 선수는 먹는 향수가 아닐까? 그렇지 않을 수도 있다.

내가 땀 전문가들에게 이 비디오를 보여주며 과학적으로 어떻게 생각하느냐고 물어봤더니, 기분 좋은 냄새가 나는 무독성의 금속 분자를 만들 가능성에 대해서도 회의적이었고 그 성분이 콩팥에서 걸러지지 않고 고농도로 핏속을 돌다가 땀으로 빠져나올 가능성에 대해서도 회의적이었다. 설사 우리가 삼킨 뭔가가 놀랍게도 이 모든 기준을 충족한다고 해도, 그것이 땀구멍을 통해 빠져나왔을 때는 냄새가 별로 좋지 못할 수도 있다. 그렇다고 땀구멍을 통해 빠져나오기 시작한 냄새를 그때 가서 멈출 수도 없다.

이 질문을 던져본 모든 사람의 의견을 정리하면, 먹는 향수는 의심스러움과 끔찍함 사이의 어딘가에 있다. 나는 이런 문제를 토론하고 싶지는 않다. 하지만 솔직하게 말해서 정말 더울 때라면 먹는 향수를 시도해보고 싶다.

CHAPTER
— 10 —

너무 많아도, 너무 적어도 문제

미켈 비에르가르드(Mikkel Bjerregaard)가 땀을 엄청나게 흘리기 시작한 것은 열한 살 때부터였다. "학교에서 그냥 창밖을 보면서 앉아 있었어요. 온도도 아주 쾌적한 날에요. 그런데 갑자기 겨드랑이에서 땀이 뚝뚝 떨어지는 거예요. 티셔츠가 금세 흠뻑 젖었죠. 정말민망하고 불편했어요. 친구들 모두 놀려댔죠."

초등학생이면 아직 땀억제제를 써봤을 나이가 아니다. 하지만 비에르가르드는 이미 조제약만큼이나 효과가 강하다는 제품들을 모조리 써본 상태였다. "아무런 효과도 없었어요. 몇 시간 후면 저는다시 흠뻑 젖고 말았죠." 비에르가르드는 가끔 땀이 나기 시작하면이마와 겨드랑이로 땀이 쏟아져 나오면서 오한을 느끼거나 춥다는느낌을 받기도 했다. "학교 갈 때는 갈아입을 티셔츠를 여분으로 가지고 다니기 시작했어요. 보통 하루에 서너 번 갈아입었죠."

그의 어머니는 수년간 아들을 의사에게 데려갔지만 의사들은 대부분 별것 아닌 듯 무시했다. "보통 이런 말들을 하더군요. '사춘기라 그래요. 몸이 성장 중이라 호르몬이 많이 나오죠. 물도 충분히 마시지 않고 있습니다. 등등.' 하지만 저만큼 물을 많이 마시는 사람도 별로 없었어요. 전 제가 다른 아이들과 다르다는 걸 알고 있었어요. 땀을 끔찍할 정도로 많이 흘린다는 걸요. 친구들은 저를 '손에 땀이 많은 미켈'이라고 불렀습니다. 하루에 셔츠를 몇 장씩 갈아입는 친구는 없었죠. 의사들이 제가 실제로 땀을 얼마나 흘리는지 모르고 있다는 생각이 들었습니다. 제 말을 진지하게 듣지 않는다는 느낌이 들었죠."

여러 해가 지나고 나서야 그는 자신이 매일 겪는 일을 의학 용어로 어떻게 부르는지 알게 됐다. '다한증(hyperhidrosis)'이었다. 다한증이 있는 사람들은 대부분 겨드랑이, 이마, 손, 발 이 네 곳 중 적어도 한 곳에서 평균보다 많은 땀을 흘린다. 일부 추정치에 따르면 미국인 1,500만 명이 다한증을 갖고 있다.[1] 비에르가르드와 마찬가지로 이들의 대부분이 자신의 증상에 대해 의사들에게 별 관심을 받지 못한다. 피부과 의사들은 다한증에 대해 그나마 더 알고 있는 편이지만 당황스러운 의학적 조언을 건넬 때가 있다.

2019년 〈미국 피부과 학회 저널(Journal of the American Academy of Dermatology)〉에 실린 한 논문은 다한증 환자들에게 이런 조언을 건네며 시작한다. "다한증 환자들은 사람이 많은 곳, 감정적 도발, 매운 음식, 알코올 등의 촉발 요인을 피해야 한다."[2] 어떻게 치료해야

겠느냐고 의사를 찾아가 물어봤는데 집에 숨어 지내고(사람 많은 곳을 피해야 하니까), 인간관계를 피하고(감정이 격해지면 안 되니까), 미각적인 즐거움도 피해야 한다는(좋다. 술을 덜 마시라는 것은 어쨌거나 나쁜 충고는 아니니까) 말을 들었다고 생각해보자. 술은 그렇다 쳐도 사람이 많은 곳과 감정이 격해지는 것을 피하라고?

'물웅덩이 같은 내 인생(My Life as a Puddle)'이라는 블로그를 운용하는 다한증 여성 마리아 토머스(Maria Thomas)는 이렇게 말했다. "솔직히 그런 이야기를 들으면 화가 나요. 그런 것들을 모두 피하고 집에서 소파에 앉아 텔레비전을 보고 있을 때도 제 몸은 땀범벅이거든요."

땀이 너무 많이 나면 일상적인 생활도 어려울 수 있다. 다한증이 있는 사람은 연필이나 볼펜을 잡고 있기도 힘들다. 필기구가 손가락에서 자꾸 미끄러지기 때문이다. 휴대폰, 접시, 전동공구 같은 것도 마찬가지다. 사무실에서 종이 문서를 다루기도 어렵다. 땀에 젖은 손으로 종이를 만지면 잉크가 잘 번지기 때문이다. 그리고 땀에 젖은 종이는 잘 찢어진다. 여름에 양말 없이 샌들을 신고 다니기도 힘들다. 땀이 묻은 발은 여기저기 잘 미끄러지고, 물집도 잘 잡히고, 걷다가 신발이 미끄러져 벗겨지기도 한다. 악수나 하이파이브 같은 흔한 인사도 사회적 유대감 강화는 고사하고 오히려 사람을 불안하게 만든다.

"저는 다한증 때문에 사람들한테 미안하다고 말하고 다녀요." 토머스가 말했다. 근래에 그녀는 한 모임에 참가했다가 서로 손을 잡

으라는 사회자의 이야기를 듣고 또다시 미안하다는 말이 튀어나왔
다. "반사적으로 미안하다는 말이 튀어나왔어요. 하지만 제가 통제
할 수도 없는 것에 대한 사과는 이제 그만하고 싶어요."

다한증이 있는 사람을 대상으로 한 설문조사에서 약 63퍼센트가
불행하다거나 우울한 기분을 느꼈고, 74퍼센트는 감정적으로 상처
를 받았다고 느꼈다.[3] "다한증이 있는 사람들은 자기가 좋은 사람
이 아닌 것 같고, 손을 내밀어 잡아줄 가치도 없는 사람인 것 같고,
자기 몸속에 홀로 버려져 있는 것 같은 기분을 느껴요." 토머스의
말이다.

하지만 다한증에 대한 사회적 낙인은 몇백 년이나 묵은 것이다.
소설《데이비드 코퍼필드》에서 찰스 디킨스(Charles Dickens)는 악당
유라이어 힙(Uriah Heep)을 비호감으로 묘사하기 위해 그에게 다한
증이라는 특성을 부여한다. "유라이어가 보라는 듯이 두꺼운 책을
펼쳐 읽고 있었다. 그가 글을 읽으며 여윈 손가락으로 한 줄, 한 줄
따라가자 그 뒤로 달팽이가 지나간 듯 물기 어린 흔적이 종이 위에
남았다."[4]

의학 연구자들도 이런 원발성 다한증(primary hyperhidrosis, 어떤 증상
이 별다른 의학적 기저 원인 없이 일어나는 경우를 '원발성'이라고 한다-옮긴이)을
일으키는 것이 무엇인지 정확히 알지 못한다. 다한증이 있는 사람

은 가족 구성원 중에도 똑같이 땀을 많이 흘리는 사람이 많으므로 유전적 요소가[5] 작용하고 있는 것으로 보인다. 과학자들이 다한증이 있는 사람의 피부를 현미경으로 관찰해봤더니 땀샘의 크기, 형태, 수량에서는 별다른 점이 나타나지 않았다.[6] 땀샘에도 특별한 점이 없으므로 이들은 다한증이 자율신경계의 잘못된 신호와[7] 관련이 있다고 의심하게 됐다. 자율신경계는 호흡, 소화, 기관 기능, 땀 흘리기 등 무의식적으로 일어나는 신체 기능을 담당하는 신경계다.

자율신경계가 몸을 식히라는 명령을 불필요하게 혹은 과도하게 내려보내는 것일 수도 있고, 이런 소통에 관여하는 신경섬유가 흥분을 잘못 전달하고 있는 것일 수도 있다. 일부 연구자들은 여기에 덧붙여 다한증 환자들은 감정 통제가 비정상적이라고도 하지만,[8] 이 이론은 다한증 환자가 완전히 차분하고 편안한 상태에서도 대량으로 땀을 흘린다는 사실을 무시하는 것이다. "의사들은 흔히 이렇게 이야기해요. '아, 그냥 불안증입니다. 긴장해서 땀을 흘리는 거예요.' 하지만 실제로 들여다보면 다한증인 사람들은 땀을 흘려서 긴장하는 거지, 긴장해서 땀을 흘리는 게 아니에요." 토머스의 말이다.

분명 지나치게 땀을 많이 흘려서 민망함 때문에 땀이 더 나는 악순환이 일어날 수 있다. 하지만 그게 아니더라도 애초에 기저 땀 분비량이 많다. 소금기 있는 액체를 만들어내는 에크린땀샘은 보통 1분에 10분의 1티스푼에서 5분의 1티스푼 정도의 땀을 흘린다.[9]

반면 심한 다한증이 있는 사람은 그보다 무려 80배나 많은 3테이블스푼 정도의 땀을 흘린다.[10]

"대부분 사람에게서는 온도 같은 땀 촉발 요인과 그로 인해 만들어지는 땀의 양의 관계가 선형적입니다. 촉발 요인이 두 배가 되면 땀도 두 배로 흘리죠. 하지만 다한증이 있는 사람은 그 관계가 기하급수적입니다. 아직 작은 촉발 요인으로도 엄청난 양의 땀이 흐를 수 있어요." 뮌헨에 있는 독일 다한증센터(German Hyperhidrosis Center)의 센터장 크리스토프 시크(Christoph Schick)의 말이다.

미켈 비에르가르드는 고등학교에 다니는 동안에는 하루에도 몇 번씩 티셔츠를 갈아입는 전략으로 다한증에 대처할 수 있었지만 대학교에 들어가자 상황이 악화됐다. 경영학과 프로그램에서 면접을 보거나 발표 수업을 할 때는 정장을 차려입는 것이 일반적인 규칙이었기 때문이다.

"그것 때문에 땀이 다시 한번 저를 괴롭히기 시작했습니다. 다시 중학교로 되돌아간 것 같은 기분이 들었어요. 사람들이 놀리는 것 때문이 아니에요. 말끔하게 차려입고 다니니까 문제가 됐죠. 정장을 차려입으면 저도 정말 근사해 보였습니다. 하지만 겨드랑이 부위에 크게 땀자국이 생겼어요. 정장의 몸통 옆면을 따라 절반 정도가 땀으로 얼룩이 졌죠. 팔을 몸에 붙이고 있어도 그 자국을 숨길 수는 없었어요."

그는 사람들의 시선을 느꼈다. "발표 수업을 하는 동안 교수님이 제게 질문을 던지기도 했어요. 그러면 교수님의 시선이 먼저 제 겨드랑이 쪽을 향했다가 제 눈으로 돌아오더군요. 어떤 사람은 그 상황을 이해합니다. 하지만 어떤 사람은 역겹다고 생각하죠."

비에르가르드는 여유분으로 티셔츠나 정장을 가지고 다닐 수는 없음을 깨달았다. 티셔츠는 몰라도 정장은 세트로 가지고 다녀야 하는데 계속 그럴 수는 없었기 때문이다. "사람들과 만날 땐 크게 신경 쓰이지 않았지만, 일과 관련해서는 신경이 쓰이지 않을 수 없었어요. 이 문제를 계속 안고 있으면 직장 생활을 지속하기 어려울 테니까요. 상사나 고객이 이렇게 생각하지 않겠어요? '이 사람 겨드랑이에 땀 얼룩이 크게 있네. 옷은 제대로 갈아입고 다니는 거야?' 이래서야 전문가답게 보일 수가 없죠."

다한증 때문에 직업적 포부가 한계에 부딪히고 있다고 느끼는 사람이 비에르가르드만은 아니다. 화학자가 되려고 하는 사람도 유리용기나 화학물질이 땀 때문에 손에서 미끄러질까 봐 무서울 수 있다. 간호사는 자칫 주사기가 손에서 미끄러져 환자를 다치게 할까 봐 두려울 수 있다. 기타 연주도, 기구를 쥐고 하는 중량 운동도, 전동공구를 사용하는 것도 모두 금지된 행동이 될 수 있다.

통제할 수 없는 신체 기능 때문에 자신의 인생 궤적이 일그러질 수 있다는 좌절감이 비에르가르드를 짓누르기 시작했다. "이대로 가면 인생이 꼬일 수밖에 없다는 기분이 들더군요. 영구적인 해결책이 너무도 간절했어요." 결국 그는 외과 의사를 찾아가 겨드랑이와 손에 땀 분비 명령을 전달하는 신경을 영구적으로 절단해달라고 했다.

내시경 흉부교감절제술(endoscopic thoracic sympathectomy, ETS)은 누구에게 물어보느냐에 따라 다한증을 완치할 방법이라는 대답도 나오고, 부작용이 발생하거나 생명도 위협할 수 있는 치료라는 대답도 나올 수 있다. 이 기법은 신경 절단술이 유행하던 20세기 초반에 나왔다.[11] 19세기에 해부학자들은 뇌와 척수가 신경절(중추신경계와 몸의 말단을 이어주는 역할을 한다)이라는 정교한 신경섬유 시스템과 어떻게 연결되었는지 보여주는 지도를 만들었다.

이 새로운 지도를 손에 넣은 외과 의사들은 척추를 따라 이어진 신경섬유에서 가지를 치고 나오는 신경절을 절단해 간질, 갑상선종, 협심증, 녹내장 등을 치료하려고[12] 시도했다. 하지만 위험하고 전반적으로 치료 효과도 적어서 대부분 치료법으로 사용되지 않게 됐다. 그러다 1920년 스위스 의학 학술지에, 제네바에 살던 한 마케도니아 의사가 척추 신경절을 절단해서 환자의 얼굴 다한증을 줄이는 데 성공했다는 보고서를 올렸다.[13]

1930년대에는 신경 절단으로 다한증을 치료한다는 개념이 대서양을 넘어가서 앨프리드 애드선(Alfred Adson)이라는 미국 의사[14]에 의해 보급됐다. 애드선의 글을 읽어보면 그의 환자들도 요즘 사람들만큼이나 다한증에 좌절했던 것 같다. "환자들은 회계 업무를 보지도 못하고, 마른 손끝으로 만져야 하는 섬세한 옷감으로 작업을 할 수도 없다. 이들은 손끝 피부가 땀에 짓물러 말랑말랑하게 연해져 있기 때문이다. 이들은 처음 보는 사람과 만날 때도 민망한 상황이 발생한다. 손에서 땀이 줄줄 흐르다 보니 악수를 할 때마다 사과해야 한다. 이들은 민망한 상황을 피하기 위해 이성을 기피하는 경우도 많다."[15] 1935년 〈아카이브즈 오브 서저리(Archives of Surgery)〉에 애드선이 적은 글이다.

애드선의 수술 방법은 등 쪽에서 환자의 몸통을 열고 들어가서 땀 분비에 관여하는 신경 다발을 절단하는 것이다. 앞쪽에서 흉부에 접근하는 의사는 폐를 우회해야 같은 신경에 접근할 수 있었다. 이런 방법은 시술에 따른 이득보다는 위험이 더 컸기 때문에 다한증을 치료하려고 흉부 수술을 한다는 개념은 널리 받아들여지지 않았다. 그러다 1990년대에 절개를 최소화한 수술 방법이 등장했다.[16] 동영상이 지원되는 내시경 기술 덕분에 몸통을 완전히 열지 않고도 어디를 절단해야 하는지 볼 수 있게 된 것이다.

요즘 의사들은 겨드랑이 아랫부분을 작게 절개한 후 광케이블 끝에 달린 미니 동영상 카메라를 삽입해서 이것을 통해 눈으로 보면서 수술을 진행한다. 그리고 환자의 폐에서 공기를 빼서 수축시킨 다음 대흉근 근처에서 한 번 더 절개하여 장치를 삽입한다. 이 장치는 겨드랑이 땀이나 손바닥 땀과 관련된 신경 다발을 자르거나, 죄거나, 지질 수 있다. 그런 다음에 폐에 다시 공기를 집어넣어 부풀리고 봉합해서 수술을 마무리한다.

로버트 우드 존슨 대학병원(Robert Wood Johnson University Hospital)에서 제작한 다한증 수술 동영상에서 외과 의사 존 랑겐펠트(John Langenfeld)는 이렇게 말한다. "한쪽을 하는 데 10분 정도 걸립니다."[17] 비에르가르드가 수술을 받기 위해 선택한 흉부외과 의사도 이 사람이었다. 동영상을 보면 다한증으로 고생하다가 그에게 수술을 받았던 역도 선수와 마찬가지로 랑겐펠트도 수술 결과에 무척이나 만족했다. "저는 이 수술을 종일 하고 싶습니다. 결과가 정말 훌륭하니까요. 하지만 사람들이 알아야 할 중요한 부분이 있습니다. 보상성 다한증(conpensatory sweating)이 생길 수 있다는 점입니다."[18] 이것이 문제다. 이 수술을 받은 사람들은 수술 이후 보상성 다한증이 다른 신체 부위에서 새롭게 나타날 수 있다. 심지어 그전보다 더 땀이 많이 나는 경우도 있다.

보상성 다한증은 말 그대로 해석하면 겨드랑이에서 땀 분비가 줄어든 것에 적응하기 위해 가슴, 사타구니, 발 같은 다른 부위에서 새로 땀이 과도하게 분비된다는 의미다. 크리스토프 시크가 지지하는 보상성 다한증 이론도 있다. 그는 신경을 절단함으로써 뇌와 땀샘 간에 흐르는 소통의 흐름이 붕괴된다는 점을 지적한다. 이 절단으로 땀을 흘리기 시작하라는 신호가 줄어들기는 하지만, 반대 방향의 소통도 마찬가지로 붕괴된다. 그래서 뇌에서 이런 피드백 메시지를 받지 못할 수도 있다. '여보세요? 거기 뇌죠? 여기 가슴인데요. 이제 체온이 충분히 조절됐으니까 땀 흘리기 명령은 이제 중단해주세요.' 바꿔 말하면 그럴 만한 이유가 있어서 땀 분비가 촉발되었어도, 그 이유가 해소되면 이제 멈추라는 신호가 올라가야 하는데 그 신호가 붕괴된다는 것이다.

ETS 수술을 받은 사람들은 대부분 어느 정도 보상성 다한증이 생긴다.[19] 한 체계적인 리뷰 논문에 따르면 1966~2004년 사이에

ETS 수술을 받은 다한증 환자 중 많게는 90퍼센트까지 가슴선 아래로 어느 정도의 보상성 다한증이 생겼다고 한다.[20] 여기서 문제는 이런 부작용이 생겨도 환자가 그럴 만한 가치가 있다고 여기는지, 아니면 기존의 불편함과 별로 달라진 점이 없다고 여기는지, 상황이 훨씬 더 안 좋아졌다고 느끼는지다. 어떤 사람은 예전에는 너무 민망해서 사람들에게 악수를 청하지도 못하다가 이제는 자신 있게 손을 내밀 수 있으니 보상성 다한증이 생겨도 감수할 만하다고 여긴다. 하지만 어떤 사람은 원래의 다한증보다 수술로 인한 보상성 다한증을 더 불편하게 여기기도 한다. 예를 들어 사타구니에 보상성 다한증이 생기면 마치 옷에 오줌을 싼 것처럼 보일 수 있다.

수술 후에 진행된 한 설문에서는 ETS 수술 환자의 4퍼센트가 수술받은 것을 후회하는 것으로 나왔고, 또 다른 조사에서는 후회하는 사람이 11퍼센트로 나왔다.[21] 다한증 환자를 옹호하는 사람들은 ETS 수술을 받고 후회하는 사람의 비율이 대단히 과소평가되어 있다고 주장한다. 보상성 다한증은 시간이 지나면서 더 악화될 수 있는데 이런 설문조사는 보통 수술을 하고 몇 주나 몇 달 후에 진행되는 경우가 많기 때문이다.

"ETS 수술은 러시안룰렛(Russian roulette, 회전식 연발 권총에 총알 하나만 장전하고 참가자들이 돌아가며 머리에 총을 겨누고 방아쇠를 당기는 게임-옮긴이)이에요." 얼굴 홍조 증상을 줄이기 위해 2011년에 ETS 수술을 받은 영국 여성 캐스 포드(Cath Ford)의 말이다. 이 수술에서 절단하는 신경 다발은 그냥 땀과 홍조만 조절하는 신경이 아니다. 내부

장기에 필요한 수많은 신호도 조절한다. "저는 이제 심장 문제, 소화관 문제, 불안 문제, 통증 문제까지 생겼습니다. 체온도 조절하지 못하고 있어요. 몸이 계속 뜨거운 상태로 있습니다. 피부가 타는 듯 아파요. 그냥 계단만 걸어 올라가도 몸이 과열됩니다."

2018년 알렉스 블린(Alex Blynn)이라는 ETS 수술 환자는 ETS 수술의 부작용을 겪고 있는 사람들을 위한 지지 모임을 페이스북에 열었다.[22] 지금은 2,000명 이상의 규모로 성장한 이 모임은 수술 부작용에 어떻게 대처하고 있는지 이야기를 나누고, 보상성 다한증의 문제에 관한 게시물을 열심히 올리면서 ETS 수술을 받을지 고려하는 사람들을 뜯어말리고 있다. 그리고 ETS 수술로 절단된 신경을 재구성하는 역전 수술(reversal surgery)이나[23] 그런 수술에 들어가는 수만 달러의 비용을 어떻게 구할 것인지에 대한 이야기도 공유한다.

비에르가르드가 수술을 받을지 말지를 고민하고 있을 때는 이 페이스북 지지 모임이 없었다. 그는 수술에 대해 걱정이 많았다. "어머니도 그랬어요. 아주 질겁하셨죠." 외과 의사는 그에게 보상성 다한증의 위험에 대해, 호너증후군(Horner's syndrome)에 대해서도 말해주었다. 호너증후군은 신경 손상으로 눈꺼풀 처짐, 동공 수축, 영향을 받은 쪽 얼굴의 땀 분비 감소 등의 증상이 생기는 것을 말한다. 비에르가르드의 말에 따르면 중요한 문제는 따로 있었다. "저는 영구적인 해결책을 원했어요." 다한증을 치료하는 다른 많은 전략은 일시적이었다. 그래서 정기적으로 병원을 다시 찾아와 치료를 받아야 했다.

그런 일시적 치료법 중 하나가 겨드랑이, 손, 발 등 과도한 땀 분비가 문제를 일으키고 있는 부위에 보톡스를 주사하는[24] 것이다. 이 주름 방지 치료에 사용되는 보톡스는 보툴리누스균(Clostridium botulinum)이라는 병원체의 신경독(neurotoxin)에서 만들어진 것이다. 이 신경독은 땀구멍(주름살이 생기는 데 관여하는 근육도)을 여는 일에 관여하는 신경전달물질인 아세틸콜린(acetylcholine)의 분비를 차단한다. 다한증 치료에서 보톡스의 가장 큰 단점은 주름살 치료의 경우와 마찬가지로 일시적이라는 점이다. 그리고 다른 미용시술들과 마찬가지로 가격이 아주 비싸다.

비에르가르드는 땀 분비에 관여하는 아세틸콜린에서 나오는 신경전달물질 신호를 방해하는 처방약을[25] 복용하는 것도 생각해봤다. 하지만 이 약 역시 다른 신체 기능을 방해할 수 있어 시야 흐려짐, 안구 건조, 소화관 불쾌감, 졸림, 현기증 등의 부작용이 생길 수 있다. 이 약이 땀이 많이 나는 부위에만 작용하지 않고 전신에 작용하기 때문이다.

어떤 사람들은 약물과 보톡스로 땀을 억제하는 대신 극초단파(microwave)로[26] 에크린땀샘을 파괴한다. 이론적으로는 이 과정에서 피부의 다른 구성 요소들은 파괴하지 않을 수 있다. 이 기법은 소형 진공청소기처럼 생긴 장치로 피부를 빨아들인다. 그리고 에크린땀샘이 들어 있는 깊은 진피층으로 극초단파를 조사하는 동안 빨아들인 피부 위로 냉각수를 흘려 극초단파에 피부 표면이 화상을 입는 것을 막는다.

또 다른 다한증 치료 전략으로는 주기적으로 약하게 감전시키는 방법이 있다. 이온도입법(iontophoresis)[27]이라고 하는 이 치료법은 손과 발을 전류가 연결된 물속에 담가 약하게 감전시킨다. 이 치료를 시도해본 사람들의 말로는 전류 때문에 살짝 따끔거리는 느낌이나 윙윙거리는 느낌이 난다고 한다. 이 치료법의 단점은 시간이다. 효과를 보려면 손과 발을 일주일에 3~5번 정도 45분 동안 물속에 담그고 있어야 한다. 물에 알루미늄염, 보톡스, 항콜린제(anticholinergic drug)를 섞을 때도 있다.

이온도입법으로 땀이 줄어드는 정확한 이유는 아무도 모른다. 어쩌면 전류가 에크린땀샘을 막는 역할을 하는지도 모르고, 전류가 땀샘을 열라는 신경 신호를 방해하는 것인지도 모른다. 이 기법이 손과 발에는 효과가 있지만 비에르가르드처럼 겨드랑이 다한증이 있는 사람들에게는 현실적인 치료법이 되지 못한다. 시도해본 사람이 없지는 않지만 겨드랑이만 욕조에 담그기가 어렵기 때문이다.

비에르가르드가 ETS 수술의 위험을 감수하고 수술대에 오르기로 결심한 데는 이런 이유들이 있었다. "바로 효과를 느꼈습니다. 아침에 깨어났는데 손이 따뜻하고 건조하더군요. 제 손은 한 번도 따뜻하고 건조한 적이 없었어요. 겨드랑이에도 땀이 차지 않았습니다. 수술의 효과에 정말 놀랐어요."

그가 완전히 회복하는 데는 두 달 가까이 걸렸다. "처음에는 4리터짜리 우유병 정도만 들 수 있었습니다. 저는 키가 190센티미터에 덩치도 큰 사람입니다. 하지만 우유병보다 무거운 것을 들었다가는 신경이 끊어질 수도 있었죠. 아니면 폐허탈(肺虛脫, 폐가 외부 압력 등의 원인으로 확장되지 못하고 쪼그라드는 현상-옮긴이)이 생길 수도 있었습니다. 그래서 여유를 가지고 천천히 가기로 했죠."

ETS를 받은 사람들이 대부분 겪는 것처럼 비에르가르드도 보상성 다한증이 어느 정도는 생겼지만 심각하진 않았다. "지금은 발에서 전보다 땀이 더 많이 납니다. 하지만 감당할 수 있는 정도예요. 더운 날 밖에 나가면 가슴에서도 땀이 더 많이 납니다. 아직도 대부분 사람보다는 땀을 더 많이 흘리지만 예전보다 잘 숨길 수 있어요. 아무래도 저는 운이 좋았나 봅니다."

비에르가르드는 현재 렌트카 업체의 매니저로 일하고 있다. 그래서 매일 정장을 입고 있어야 한다. 리조트 경영과 마케팅을 전공하고 대학을 졸업한 그는 이제 경영학 학위만으로는 스포츠에 대한 사랑을 충족시킬 수 없다고 판단했다. "이제는 농구를 할 때도 공이 손에서 미끄러지지 않습니다. 지금은 몸에서 제일 늦게 땀이 나는 곳이 겨드랑이이고 정장을 입을 수 있어요. 이 수술이 제 인생을 바꿔놓았습니다."

비에르가르드의 긍정적인 경험을 같은 수술을 받고 심각한 부작용을 겪은 사람들의 경험과 나란히 놓고 비교하기는 힘들다. 국제다한증협회(International Hyperhidrosis Society)에서는 이 수술에 신중히 접근할 것을 경고한다. 이 협회의 웹사이트에는 이런 글이 실려 있다. "ETS 수술을 받은 다한증 환자들로부터 비가역적인 부작용을 겪고 있다는 이야기가 자주 들린다. 본인 혹은 사랑하는 다른 누군가가 ETS 수술을 고려하고 있다면 진지하게 고민하고 충분히 알아본 뒤에 판단을 내려야 할 것이다."

다한증이 있는 사람이 어떤 치료법을 찾든지 간에 나로서는 우리 사회가 땀에 부정적인 낙인을 찍음으로써 서로에게, 특히 다한증이 있는 사람들에게 아픔을 주고 있다는 느낌을 지울 수 없다. 문화권에 따라서는 체취에 대해 더 포용적인 경우가 더러 보이지만 다한증에 대한 낙인은 세계 어디에나 존재한다. 출신지가 마닐라든, 몬트리올이든 사람들은 땀을 너무 많이 흘리는 것을 수치스럽게 여긴다. 인간의 근본적 측면인 땀이 어쩌다 이런 부정적인 낙인이 찍혀 사람들이 땀을 숨기거나, 차단하거나, 제거하기 위해 크나큰 위험까지 감수할 지경이 되었을까?

극단적인 땀 때문에 치료를 받으려는 사람들은 대부분 원발성 다한증을 갖고 있다. 이런 증상은 어린 시절에 시작돼서 설명할 수 없는 순간에 쓰나미처럼 쳐들어온다. 이차성 다한증(secondary hyperhidrosis)은[28] 더 변덕스러운 증상이다. 보통 인생의 늦은 시기에 약물(일부 항우울제, 인슐린, 마약성 진통제 등)의 부작용이나 암, 당뇨, 심부전, 파킨슨병과 같은 질병의 증상으로 나타난다. 이차성 다한증의 근본 원인을 찾아내기는 대단히 까다로울 수 있다. 의사와 환자의 기지가 발휘되거나, 기막힌 우연이 동반되어야 한다.

그중 한 예로 두 명의 밀워키 의사가 〈내과학 회보(Annals of Internal Medicine)〉에 보고한 신기한 사례를 살펴보자.[29] 60세의 한 남성이 3년 동안 난데없이 저절로 땀이 나는 일을 겪고서 걱정이 되어 진찰을 받으러 왔다. 사업 컨설턴트로 일했던 그는 한 달에 한 번꼴로 여덟 번 정도에 걸쳐 연이어 땀이 났다. 땀은 갑자기 쏟아지기 시작해서 몇 분 정도 이어지다가 갑자기 멈췄다. 그 후 한 달 정도는 정상적인 생활로 돌아왔다가 다시 연이어 땀을 흘리는 일이 일어났다.

그의 담당 의사들은 당황했다. 이 환자는 다른 면에서는 아주 건강했다. 갑상선과 혈액을 검사해봐도 정상으로 나왔다. 그는 해외로 나가본 적이 없었기 때문에 외래성 질병은 배제할 수 있었다. 또한 오랜 시간 동안 한 여성하고만 관계를 맺고 있었기 때문에 성병의 가능성도 배제할 수 있었다. 그래도 혹시나 해서 의사들은 에이즈 바이러스나 땀 분비를 급증시킬 수 있는 다른 질병도 검사해봤지만 아무것도 나오지 않았다.

신비로운 빨간 땀을 흘리던 남아프리카공화국 간호사의 경우처럼 이 의학적 수수께끼도 우연의 도움으로 풀렸다. 환자가 다시 병원을 찾아왔을 때 마침 의사 앞에서 땀이 나기 시작한 것이다. "환자가 땀이 나려고 하는 것이 느껴진다고 했다. 그가 머리를 두 손에 파묻었고 약 2분 정도 언어 반응이 느려졌다. 심장박동수와 혈압은 정상 상태를 유지했다. 땀은 다량으로 흘러나왔고 그가 팔꿈치를 괴고 있던 진찰실 책상 위에 땀이 흥건히 고였다."

의사는 환자가 땀을 흘리는 동안에 대답하는 발음이 불분명해지는 것이 신경 쓰였다. 그 순간 의사의 머리에 번쩍 떠오른 생각이 있었다. 발작이 일어나는 동안에는 불분명한 발음 증상이 일어날 수 있다. 그는 환자의 뇌파를 측정했고 환자의 땀 분비 에피소드가 반규칙적 발작(semi-regular seizure)으로 야기된다는 사실을 알아냈다. 발작을 일으키는 뇌 영역과 땀 분비 과정을 활성화하는 뇌 영역이 일치했다. 환자가 항간질제(antiepileptic)를 복용하기 시작하자 주기적으로 땀을 흘리던 증상도 가라앉았다.

다른 질병이나 병원체에 의한 부작용으로 찾아오는 이차성 다한증 기록 중에서 중세 잉글랜드에 찾아왔던 땀 전염병처럼 특이하고 무서운 것은 없었을 것이다.

15세기에 시작된 이 전염병은 땀열병(Sweating Fever), 땀병(Sudor Anglicus), 영국 전염성 땀병(la suette anglaise), 영국 땀병(English Sweating Sickness), 스웨트(Sweate) 등 별명도 많았다. 이 병은 여러 면에서 특이했다. 우선 다른 중세의 유행병이 늙은 사람이나 아주 어린 사람들을 쓰러뜨렸던 것과 달리 이 병은 한창 젊은 사람들, 특히 남성들을 죽음으로 몰았다.[30] 그리고 이 병으로 쓰러진 귀족과 부자는 소작농보다 더 많으면 많았지, 적지는 않았다. 스웨트는 예상치 못하게 갑자기 나타나서 눈 깜짝할 사이에 사람을 죽음으로 이끌었다.

19세기 독일의 의사이자 의학역사가였던 유스투스 프리드리히 카를 헤커(Justus Friedrich Karl Hecker)는 《중세의 전염병(Epidemics of the Middle Ages)》에 다음과 같이 기록했다(이 책은 그의 사후인 1859년에 번역됐다).

💧 5월 말 인구가 가장 밀집되어 있는 수도 런던 한복판에서 땀열병이 발병해서 영국 전체로 급속하게 퍼졌다. 그리고 14개월 후에는 북유럽 모든 국가에서 끔찍한 장면이 펼쳐졌다. 다른 어떤 전염병에서도 볼 수 없었던 일이었다. 이 병은 아무런 전조 증상 없이 찾아왔고, 멀쩡하게 건강했던 사람이 불과 대여섯 시간 만에 사망했다.[31]

스웨트는 땀이 나기 시작한 지 불과 몇 시간 만에 사람의 목숨을 앗아갔다. 만약 24시간 안에 죽지 않으면 살아남을 가능성이 있었다. 헤커는 이렇게 적었다. "다른 전염병과 달리 이 병은 한 번 걸렸던 사람이라도 2차 공격으로부터 안전하지 못했다. 한 번 걸렸다가 회복된 사람이라도 2차 공격에 똑같이 심하게 당했고, 3차 공격에 당하기도 했다. 그래서 천연두 같은 전염병의 경우는 위기를 한번 극복하고 나면 면역을 얻어 안심할 수 있었던 것과 달리 이들은 걸렸다가 나았어도 눈곱만큼의 위안도 얻지 못했다."

스웨트가 처음으로 영국을 유린했던 1485년에는 군인들이 장미

전쟁(Wars of the Roses, 왕권을 둘러싸고 벌어진 영국의 내란-옮긴이)을 끝내는 결전을 마치고 집으로 돌아오고 있었다. 이 장미전쟁을 통해 튜더 왕가는 권력을 차지하고 헨리 7세가 왕좌에 올랐다. 많은 귀족이 모여 승리를 축하했다가 그 다음 날 이 병을 얻어 쓰러졌다. "일주일 동안 두 명의 시장과 여섯 명의 부시장이 축하용 예복을 벗지도 못한 채 사망했다. 밤에는 멀쩡하게 건강했던 많은 사람이 다음 날 아침에는 사망자 수에 올라 있었다." 일부 추정치에 따르면 스웨트에 걸린 사람의 30~50퍼센트가 사망했다.[32] 어떤 역사학자는 100명 중 겨우 한 명만 살아남았다고 주장하며[33] 사망률을 훨씬 높게 잡기도 한다.

그 후로 수십 년 동안 유행성 땀병이 두 번, 세 번, 네 번에 걸쳐 영국을 강타하자 이 병이 눈 깜짝할 사이에 사람을 죽인다는 이야기가 돌면서 사람들이 공황에 빠졌다. 공공사업이 모두 중단되었고 법정은 문을 닫았다. 헤커의 글에 따르면 1528년에 새로운 발병의 조짐이 일자마자 헨리 8세는 "즉각적으로 런던을 떠나 전염병을 피해 계속 여행을 다녔다. 그러나 정처 없이 불안정한 삶에 피곤해진 그는 런던의 북동쪽 티틴행가(Tytynhangar)에서 자신의 운명을 기다리기로 마음먹었다."[34]

땀병에 걸린 사람들을 다시 건강하게 되돌려놓기 위해 온갖 섬뜩한 전략이 등장했다. 환자를 직접 치료했던 케임브리지의 의사 존 카이우스(John Caius)는 이런 치료를 권했다. "오른쪽을 대고 눕게 해서 앞으로 몸을 숙이게 하고, 이름을 부르면서 로즈마리 가지로 몸을 때려라."[35] 전염병을 채찍질로 치료한다는 것은 말도 안 되는 소리 같지만 사실 카이우스는 고개를 끄덕일 만한 치료법도 제안했다. 예를 들면 회향, 캐모마일, 라벤더로 환자를 목욕시키는 방법도 있었다. 그는 환자에게 식초와 장미수 용액을 적신 손수건도 주어 냄새를 맡게 했다. 아마도 악취에 대응하기 위해 그랬던 것 같다. 병에서 나은 사람들에게는 고기가 많이 들어 있는 식단을 권했다. 그와 함께 "아침에는 세이지를 곁들인 버터"[36]를, "저녁 식사 전에는 무화과"[37]를 권했다.

스웨트의 발병 요인은 여전히 밝혀지지 않고 있었다. 카이우스는 땀병이 나쁜 공기로 유발된다고 생각했다. 이는 당시의 의학적 상식과 맥을 같이하는 것이었다. 어떤 관찰자는 빈약한 영국식 식사가 병을 악화시키는 것이 아닐까 생각했다. 헤커는 19세기에 이렇게 지적했다. "향료로 잔뜩 양념한 고기를 과도하게 많이 먹었다. 그리고 밤늦게까지 시끄럽게 떠들며 흥청망청 술을 마시고 노는 것이 관습으로 자리 잡고, 아침에 눈을 뜨자마자 독한 와인을 마시는 습관도 있었다."[38] 또한 헤커는 영국에 먹을 만한 푸른 채소를 파는 시장이 없는 것도 한탄했다. "전체적으로 식단의 개선이 절실했다.[39] 캐서린 여왕은 샐러드에 들어갈 향미용 채소를 영국에서 조달할 수가 없어서 네덜란드에서 조달했다."[40]

어떤 사람은 이 병을 지구 가까이 통과한 혜성이나 베수비오산의 활동[41] 등 신비로운 지구물리학적 사건 탓으로 돌렸다. 루터교에 의해 둘로 쪼개져 있던 가톨릭교회에 독실한 신자들은 스웨트

의 재발이 신의 분노라는 이야기를 퍼뜨렸다.[42]

현대의 학자들은 미생물이 범인이었다고 생각한다. 연구자들은 인플루엔자,[43] 류마티스성 열, 발진티푸스, 전염병, 황열병, 보툴리눔, 맥각 중독(ergotism, 곰팡이균에 의한 감염으로 환자에게서 경련과 괴저를 일으킨다)[44] 등 땀병을 일으킬 가능성이 있는 발병인자에 대해 온갖 이론들을 내놓았다.

2014년 벨기에의 감염성 질환 전문가들은 스웨트가 한타바이러스(hantavirus) 공격[45]과 제일 유사하다고 주장했다. 한타바이러스는 주로 설치류를 통해 전파되고 증상도 비슷하다. 다만 한타바이러스의 영향은 보통 땀보다는 폐 쪽에서 일어난다. 이들은 또한 영국 땀병이 1700년대와 1800년대에 프랑스의 피카르디를 타격하고 이어서 독일, 벨기에, 오스트리아, 스위스, 이탈리아로 퍼졌던 또 다른 땀 전염병과 비슷하다고 주장했다. 이 병은 피카르디 땀병(Picardy Sweat)이라고 하며 모차르트의 목숨을 앗아간 것도 이 병이었을 가능성이 있다.

그런데 벨기에 사람들은 스웨트를 분석하면서 영국인들이 가장 사랑하는 탐정 이야기를 꺼내고 싶은 유혹을 이기지 못했다. "어쩌면 영국 땀병의 기원에 관한 미스터리는 셜록 홈스의 말로 제일 잘 설명할 수 있지 않을까 싶다. '불가능한 것들을 모두 제거하고 남은 것은 아무리 말이 안 되는 것처럼 보이더라도 분명 진실이다.'"[46]

이들은 스웨트가 다시 돌아올지도 모른다고 경고했다. 옛날에 돌았던 전염병을 걱정해야 한다는 이들의 경고는 헨리 티디(Henry

Tidy)라는 런던 의사의 경고와 맥을 같이한다. "한때는 이런 질병을 흑사병보다도 더 두려워했다. 우리는 포스터(Foster)의 경고를 명심해야 한다. '어리석어 보일지라도 우리는 이것이 불가피한 멸종을 불러올 질병이라 여겨야 한다.'"[47]

이 학자들의 말도 일리가 있다. 지금은 기후변화로 영구동토층과 빙하가 녹아내리면서 고대의 병원체를 품고 얼어붙어 있던 시체들이 노출되어 얼음 속에 보존되어 있던 미생물들이 빠져나와 지구의 생명체들을 감염시킬지도 모른다. 지구가 계속 따뜻해지면 우리는 또 다른 땀병의 발발을 마주할 것이다.

과도한 땀은 생활에 지장을 주고 심지어 생명을 위협하기도 하지만 반대로 땀이 아예 나지 않는 것도 문제다. 땀이 나지 않으면 더운 날의 체온 조절이 생명을 위협하는 심각한 문제가 될 수 있다. 하지만 이런 병을 가진 사람 중 적어도 한 명, 세르비아의 연기자 슬라비사 파이키츠(Slavisa Pajkic)는 땀이 나지 않는 것을 오히려 카바레에서 직업을 구할 기회로 삼았다.[48] 무대 위에서 그는 일렉트로(Electro), 비바 스트루야(Biba Struja), 배터리맨(Battery Man), 일렉트릭맨(Electric Man), 비바 일렉트리시티(Biba Electricity) 등 다양한 이름으로 불린다.

파이키츠는 선천적으로 땀샘이 없이 태어났다.[49] 그의 피부는 아주 건조하고 전기저항도 엄청나게 높다. 땀이 나지 않는 피부는 거대한 고무판처럼 작동해서 그에게 초능력 같은 힘을 부여한다. 그래서 그는 마치 감전되지 않는 것처럼 보인다. 파이키츠는 이런 재주를 10대 시절에 발견했다. 전기 철조망을 건드렸는데 감전되지 않은 것이다.

1981년에는 수천 볼트의 전기충격도 견뎌냈다. 좀 더 최근에는 전압을 100만 볼트로 상향했다. 2001년 그는 자기 몸으로 전기를 흘려 1분 37초 만에 물 한 컵을 끓임으로써 기네스북 세계기록을 세웠다. 2012년에 나온 그에 관한 다큐멘터리 영화 〈배터리맨(Battery Man)〉에서 그는 영화제작자에게 이렇게 말했다. "모든 사람은 이 세상에 태어난 이유가 있습니다. 제가 감전되지 않는다는 사실을 발견한 건 행운이었죠."[50]

파이키츠는 자신의 별난 피부와 전기 지식을 일인극 작품으로 옮겼는데, 그 쇼의 클라이맥스는 그의 몸으로 흘려보낸 전류로 소시지를 익히는 장면이다.[51] 그는 한 손에 하나씩 맨손으로 포크 두 개를 잡고 소시지의 양쪽 끝을 찌른다. 그리고 몸을 전기회로에 연결시키면 그의 몸을 흐르는 전류에 소시지가 익기 시작하지만 그는 아무 해도 입지 않는다. 시간이 얼마간 지나 소시지가 프라이팬에 구울 때처럼 갈라져 벌어지면 쇼가 끝난다. 그렇게 많은 전류를 몸에 통과시키면서 생기는 한 가지 단점은 그럴 때마다 손톱이 빠진다는 것이다.

파이키츠가 다른 사람이라면 크게 다치거나 죽을 수도 있는 엄청난 고전압을 견딜 수 있는 것은 사실이지만 그의 쇼 일부는 교묘한 속임수다. 전기 기술자 메흐디 사다그다르(Mehdi Sadaghdar)는[52] 자신의 유튜브 채널 '일렉트로붐(ElectroBOOM)'에서 평범한 사람도 소시지를 익히는 묘기가 가능하다는 것을 보여주었다. 즉 땀샘이 제대로 기능하는 사람이라도 해를 입지 않을 아주 낮은 전압에서는 소시지를 익힐 수 있다(다만 전기회로에 대해 전문적 지식이 있어야 한다. 집에서 시도해보지 말자!). 여기서 핵심은 파이키츠의 피부가 전기저항이 대단히 높기 때문에 땀을 흘리는 사람들보다 훨씬 높은 전압을 다룰 수 있어서 전기를 가지고 묘기를 부릴 때 전반적으로 더 안전하다는 것이다.

이런 초능력을 제외하면 땀샘이 없는 그에게 여름은 말 그대로 재앙이다. 파이키츠가 더운 날씨에서 살아남을 방법은 젖은 티셔츠를 입고 몸에 계속 물을 뿌리는 것밖에 없다. 그의 어머니는 파이키츠와 형의 어린 시절을 설명하며 이렇게 말했다. "두 아이 모두 똑같았어요. 둘 다 땀샘이 없어서 땀을 흘리지 않았죠. 저는 그걸 일찍 알아봤어요. 더운 날이면 두 아이 모두 미친 듯이 비명을 질렀어요. 저는 물을 한 양동이 끼고 앉아서 물로 그 애들을 계속 식혀주어야 했죠."[53]

이제 60대로 접어든 파이키츠는 쇼 공연이 줄어들자 편두통에서 무릎 통증에 이르기까지 다양한 병을 앓고 있는 사람을 치유하는 활동을 하고 있다. 그는 몸에 전기회로를 연결한 다음 자신의 손을 통해 환자의 아픈 부위에 전류를 흘려보낸다.[54] 어떤 사람은 과학적 증거가 없음에도 그가 신비로운 힘을 갖고 있다고 믿는다. 그리고 어떤 사람은 그가 자신의 희귀한 피부질환을 사이비의학 돈벌이에 이용하고 있다며 비난한다.

대부분 사람은 에크린땀샘이 임신 20~30주 사이에[55] 전신에서 발달한다. 이 시기에 특별한 단백질 하나가 피부에서 땀샘 수백만 개의 형성을 유도한다. 하지만 이 단백질을 만들어내는 DNA에서 하나만 삐끗해도 땀을 흘리지 않는 피부가 나올 수 있다. 이 흔치 않은 유전질환을 X-연관 저한성 외배엽 이형성증(X-linked hypohidrotic ectodermal dysplasia) 혹은 줄여서 XLHED라고 한다. 이것은 땀샘이 거의 없거나 아예 없는 사람이 나올 수 있는 외배엽 이형성증이라는 희귀한 유전질환군 중 하나다. 2만 5,000명당 한 명꼴로 XLHED를 가지고 태어난다.[56] 이 병을 이른 나이에 발견하지 못하면 어린아이가 열사병으로 사망할 수 있다.

이 병은 열성질환이고 해당 유전자가 X 염색체에 들어 있다. 그래서 주로 남성에게 나타난다. 남성은 X 염색체가 하나밖에 없기 때문이다. 여성은 X 염색체를 두 개 가지고 있어 이 대단히 희귀한 돌연변이를 양쪽 부모 모두로부터 물려받은 경우에만 XLHED가 생긴다.

2013년 에디머 파마슈티컬스(Edimer Pharmaceuticals)라는 신규 업

체에서 이 질환을 가진 신생아를 치료할 목적으로 임상실험을 개시했다. 기능성 버전의 땀샘 유도 단백질을 아기에게 주입해서[57] 자궁 속에서 만들어지지 못한 땀샘을 보충하자는 것이었다. 하지만 이 임상실험은 실패로 끝났다. 아이가 태어났을 때는 이미 이 약이 땀샘 형성을 촉발하기에는 너무 늦었던 것이다.

그러다 2018년에 독일 에를랑겐의 연구자들이 〈뉴잉글랜드 의학저널(New England Journal of Medicine)〉에 다소 대담하고 성공적인 실험을 보고했다.[58] XLHED 유전자를 갖고 있던 한 30대 여성 간호사[59]가 이 질환이 있는 아들을 낳았다. 아들이 체온 조절에 힘겨워하는 모습을 보며 그녀와 남편은 두 번째 아이를 낳을 것이냐는 문제로 고민하고 있었다. 그런데 어느 날 뜻하지 않게 사내아이 쌍둥이를 임신했음을 알게 됐다. 그녀는 XLHED 유전자를 갖고 있었기 때문에 쌍둥이가 땀샘 없이 태어날 확률은 50퍼센트였다.

임신 21주에 검사를 받아본 결과 쌍둥이가 땀샘이 없이 태어날 가능성이 대단히 큰 것으로 나왔다. 이 소식에 그녀는 바로 행동에 나섰다. 쌍둥이 태아에게서 땀샘 발달이 개시되는 시간이 몇 주밖에 남지 않았음을 알고 있었기 때문이다. 첫째 아들이 XHLED를 갖고 있었기 때문에 그녀는 희귀한 유전성 피부질환을 전문으로 하는 독일 병원에 대해 잘 알고 있었다. 신생아에게 땀샘 만드는 단백질을 주사했지만 성공하지 못했던 그 임상실험을 진행했던 병원이다.

그녀는 그 실험에 관여했던 홈 슈나이더(Holm Schneider)에게 쌍둥이 태아에게서 땀샘이 만들어져야 할 시기에 자궁에 직접 단백질을 주사하면 치료 효과가 있을지 문의했다. 위험한 아이디어였다. 슈나이더는 〈MIT 테크놀로지 리뷰(MIT Technology Review)〉에 이렇게 적었다. "우리는 망설였다. 그런 상황에서는 심사숙고할 수밖에 없었다. 세 사람의 목숨이 달린 위험에 대해서도 한 번 더 생각해야겠지만 그 치료가 열어줄 기회에 대해서도 생각하지 않을 수 없었다."[60]

의사들이 연민의 마음으로 회사에 남아 있던 약을 찾아내 말로만 듣던 약을 사용하기까지는 한 달이 걸렸다. 이들은 땀샘 형성을 촉발하는 기능성 단백질이 들어 있는 약을 산모의 양수 주머니 속으로 주입했다. 일정을 조정하는 데 몇 주가 걸리기는 했지만 그 약은 태아의 땀샘 발달 기간인 임신 20~30주 사이에 맞춰서 도착했다. 그리고 놀랍게도 효과가 있었다. 두 쌍둥이는 땀샘을 갖고 태어났다. 연구진은 두 번째 임신 여성에게도 치료를 시도했고, 거기서도 성공을 거두었다. 슈나이더는 이제 더 큰 규모의 임상실험을 희망하고 있다.

하지만 다른 많은 환자에게서 성공을 거두더라도 이 약이 시장에 나오기를 기대하기는 쉽지 않다. 희귀한 질병의 치료제는 개발해도 투자수익이 낮다. 수요 자체가 별로 없기 때문이다. 더군다나 제약업계는 임신 중에 사용하는 약을 개발하기를 꺼린다. "뱃속 아기의 치료를 시도하는 제약회사는 거의 없다. 임신 여성을 위험하게 만들 수 있기 때문이다."[61] 안토니오 레갈라도(Antonio Regalado)

가 〈MIT 테크놀로지 리뷰〉에 적은 글이다. 당시 슈나이더는 그에게 이렇게 말했다. "소수의 환자에게만 사용되고, 그것도 평생 한 번만 투여하는 약이라면 이 약으로 수익이 날 가능성은 대단히 적습니다. 하지만 치료도 불가능하고 쓸 수 있는 약도 없는 병이 있는데 여기 그 병에 효과를 본 방법이 존재합니다. 세 번 써서 세 번 다 효과를 본 방법입니다."[62]

땀 흘리기 스펙트럼의 양쪽 극단에 있는 사람들에게 안전하고 신뢰성 있는 치료법은 아직 나와 있지 않다. 따라서 이 작은 성공이 많은 사람에게 안전하다는 것을 입증할 수만 있다면 글로벌 시장으로 진출할 길이 열릴지도 모른다.

땀에 새겨진 역사

결혼을 하든, 전투에 나가든, 로켓을 타고 달을 향하든 절정의 경험을 할 때마다 우리는 웨딩드레스, 군복, 우주복 등 특별한 의상을 입는다. 이런 순간에는 우리 몸속에서 아드레날린이 쏟아져 나오고 이 호르몬은 닫혀 있던 땀의 수문을 열어젖힌다. 그래서 역사적인 사건 당시 사람들이 입었던 의상들을 수집해서 박물관에 가져와 보면 땀자국이 배어 있는 경우가 많다.

이를 잘 보여주는 사례가 나사의 우주복이다. 시속 4만 킬로미터의 속도로 지구를 벗어나거나, 섭씨 120도의 직사광선 아래서 대담하게 우주유영을 하는 것은 엄청난 흥분 혹은 공포를 불러온다. 때로는 우주비행사가 극단적인 신체 활동을 수행해야 할 때도 있다. 초기 제미니 미션에서 진 서넌이 우주유영을 했던 때를 생각해보자. 땀을 어찌나 많이 흘렸는지 우주복 헬멧 안쪽에 김이 서려서 앞이 보이지 않았고, 기어서 안전하게 돌아오는 것도 거의 불가능한 지경까지 갔었다. 홍수처럼 쏟아져 나오는 땀이 우주복의 나머지 부분으로 스며든다고 상상해보자.

나사의 공학자들이 완벽한 우주복 냉각 시스템을 개발하기 전에는 우주비행사들이 흘린 대량의 땀이 우주복에 층층이 스며들었다. 이 최초의 우주복 중에는 땀에 너무 절어서 손목 결합 부위 같은 곳의 금속 성분이[1] 돌이킬 수 없이 부식되기도 했다. 아마도 땀 속에 들어 있는 소금기 때문에 그랬을 것이다.

좀 더 최근에 국제우주정거장에 다녀오면서 입었던 우주복만 봐도 땀과 관련된 문제가 있었다. 2001년 이후로 우주에서 178일 이상을 보낸 우주비행사 더글러스 윌록(Doug Wheelock)은 〈뉴 사이언티스트(New Scientist)〉에서 자신의 우주복에 대해 이렇게 말했다. "보기엔 멋져 보이겠죠. 하지만 35년이나 된 낡은 우주복이에요. 그 안에 들어가면 라커룸에 들어간 것 같은 냄새가 나고 안쪽에는 변색도 되어 있어요."[2]

우주에 입고 나가는 옷만 그런 것이 아니다. 직물 보존과 관련된 문헌을 찾아보면 땀과 관련된 문제를 어렵지 않게 찾을 수 있다. 일반적으로는 고루하기 그지없는 이런 문헌에서 겨드랑이 부분에 관한 이야기만 나오면 호들갑스러운 말투가 등장하는 것만 봐도, 오래된 땀에 사람들이 얼마나 큰 좌절을 느끼는지 알 수 있다. 심지어 어떤 글은 '절망의 겨드랑이?(The Pits of Despair?)'[3]라는 제목을 달고 있기도 했다.

직물 보존 담당자들은 아름다운 의상이 그 옷을 입었던 사람의 소금기 어린 땀으로 손상된 것을 보며 한탄한다. 런던박물관의 패션 큐레이터 루시 휘트모어(Lucie Whitmore)는 이렇게 말한다. "실크가 제일 취약해요. 피부와 직접 닿았던 실크 옷감은 말라붙은 땀 때문에 겨드랑이 부분이 갈라지거나 완전히 바스라지기도 해요." 그녀는 코르셋이나 다른 속옷에서도 땀자국을 본다. 18세기 이후로 입었던 파티 드레스와 조끼 그리고 전 시기에 걸쳐 연극과 공연에서 입었던 옷들은 모두 땀자국들이 남아 있다(그녀의 말에 따르면 공연용 의상이 아마도 땀자국이 제일 많은 의상일 것이다).

스페인의 직물 보존 과학자들은 "유럽 궁중에서 최고 특권층에 속하는 사람이 입었던"[4] 17세기 보디스(bodice, 드레스의 몸통 부분-옮긴이)의 겨드랑이 땀자국에서 작은 소금 결정을 촬영해 분석해보기까지 했다. 이 보디스를 입었던 사람이 누군지는 알 수 없지만 자신의 땀이 3세기 후에 그렇게 정밀한 조사의 대상이 될 줄은 생각도 못 했을 것이다.

처음 솟아난 땀은 산성일 때가 많아서 pH가 4.5 정도로 낮을 수 있다. 하지만 땀이 분해되는 과정에서 pH가 올라가 중성의 7을 넘어 염기성을 띤다. 그리고 말라붙는다.[5] 직물이 산성의 땀에 손상되지 않았더라도 말라붙은 염기성 산물 때문에 인장강도가 낮아져 해를 입게 된다. 이런 문제는 특히 천연섬유 옷감에서 자주 보인다. 한 안내서에는 이렇게 나와 있다. "말라붙은 땀이 직물에 오래 남아 있을수록 손상의 정도도 심해진다."[6]

땀은 직물을 먹고 사는 작은 해충들을 불러들이는 역할도 한다. 오스트레일리아 전쟁기념관의 보존 담당자 제시 퍼스(Jessie Firth) 는 이렇게 설명한다. "곤충들이 겨드랑이 부위나 사타구니 부분의 옷감을 우선적으로 먹는다는 것을 보여주는 사례도 많아요. 이런 부위에는 땀과 몸의 지방 성분이 남아 있어서 곤충들에게 더 맛있게 느껴지는 것이 아닐까 의심하고 있습니다."[7]

오래된 땀이 역사적인 직물에 손상을 가할 수 있는 것은 사실이지만 한 가지 다행스러운 점은 19세기나 그전의 옷은 체취제거제와 땀억제제가 널리 사용되기 이전의 옷이라는 것이다. 20세기 초반에 사용했던 체취제거제나 땀억제제들은 산성 용액이 들어 있었기 때문에 많은 직물이 훼손됐다. 한편 요즘의 땀억제제에 들어 있는 알루미늄염은 비누나 세탁세제 성분과 결합해서 옷감 위에 변색되고 푸석푸석 잘 부서지는 층을 형성할 수 있다. 이런 층은 물에 녹지도 않고 특히 면제품에 잘 생긴다.[8]

이 해묵은 오래된 땀을 어떻게 처리할 수 있을까? 그 옷을 입었던 사람들의 오래된 땀으로부터 옷감을 보존할 방법이 있을까?

캐나다 보존연구소(Canadian Conservation Institute)가 입주해 있는 격납고처럼 생긴 긴 갈색 건물은 오타와 변두리의 쇼핑센터 안에 있다. 이 건물은 자동차 부품공급업체와 아이리시 풍의 술집 사이에 끼어 있는데, 겉은 초라해 보이지만 캐나다에서 가장 귀한 예술 작품과 유산들이 치유를 위해 찾아오는 곳이다. 캐나다의 박물관 2,500곳과 기록보관소 1,000곳에서 소중하기 이를 데 없는 물건들을 보내오면 이곳의 보존 담당자와 과학자들은 이 물건들을 연구하고, 진품 인증을 하고, 복원한다.

그 안의 동굴 같은 널찍한 공간은 태평양 연안 북서부의 원주민들이 조각한 삼나무 토템 폴(totem pole)을 수용할 수 있을 정도로 크다. 내가 이곳을 처음 방문했을 때[9] 보존 담당자들은 캐나다와 미국의 1812년 전쟁에서 사용됐던 금색과 갈색의 아름다운 비단 깃발을 가지고 작업을 하고 있었다. 또 다른 방에서는 과학자들이 몇백 년 된 이누이트족의 물개 가죽 신발을 연구하며 연기와 짐승의 뇌에서 나온 지방을 이용해 가죽을 무두질했던 화학적 과정을 이해하려 애쓰고 있었다.

나는 문제 많은 겨드랑이 땀자국을 뽑내고 있는 19세기의 파티 드레스가 복원을 위해 연구실 탁자 위에 올라갔다는 이야기를 듣고 이 기관을 다시 찾았다. 수를 놓은 그 실크 드레스가 순백의 순결한 흰색 탁자 위에 올라와 있는 모습을 보니 눈이 부셨다.

1890년경에 제작된 이 옷의 라벨을 보면 뉴욕 5번가 287번지에 있는 로브 에 망토(Robes et Manteau)에서 만들어진 것임을 알 수 있다. 이 주소는 지금 그 자리에 1920년에 지어진 텍스타일 빌딩(Texile Building)의 옛날 주소다. 로브 에 망토는 '드레스와 코트(Dresses and Coat)'의 프랑스 말이다. 이곳에는 아이작 블룸(Isaac

Bloom)이라는 매니저가 있었다. 그는 흠잡을 데 없는 세련된 디자인으로 당시에도 지금만큼이나 인기가 많았던 파리에서 영감을 받아 이 상표를 만들었다.

크림 색깔의 드레스는 새틴과 실크가 번갈아 줄무늬 패턴을 만들어내고 있었고, 그 위에 몇몇 초록 계열 색으로 수놓은 나뭇잎과 작은 분홍색 꽃무늬가 자수로 새겨져 있었다. 그리고 은실, 금실, 구리실 브로케이드의 초록색 벨벳 천이 칼라와 보디스의 경계를 두르고 있었다. 하지만 이 드레스의 하이라이트는 하얀색과 청자색 꽃으로 수를 놓은 두터운 튤(tulle, 망사 모양으로 짠 실크 또는 나일론 천-옮긴이)이 달린 페티코트였다. 너무도 아름다운 드레스였지만 겨드랑이 쪽에 줄무늬 땀자국이 있었다. 살아 있는 사람이 이 드레스를 입고 그 안에서 땀을 흘렸다는 증거였다.

"분명 상류층이 입었던 드레스입니다." 온타리오 케임브리지의 패션 역사박물관(Fashion History Museum) 관장 조너선 월포드(Jonathan Walford)의 설명이다. 이 드레스를 캐나다 보존연구소로 보낸 사람도 그다. 1890년대에 뉴욕에서 이 드레스는 딱 한 번, 아니면 완전히 다른 모임에서 두 번 정도 입혔을 것이다. 월포드는 이렇게 말한다. "뉴욕 상류층 사람이 똑같은 옷을 두 번 이상 행사에서 입으면 사람들이 수군거릴 겁니다. '또 저 옷이야'라고요."

그리고 반팔인 것을 보면 이 옷을 입은 사람이 어떤 행사나 파티에 참가했든 아마도 봄이나 여름이었을 것이다. 그러면 아마도 춤을 추었으리라는 의미다. "땀은 드레스를 더 이상 사람들 앞에서 보여주기 불가능해질 정도로 망쳐놓는 주범이 될 수 있죠." 윌포드의 말이다.

이 옷이 그의 박물관 소장품으로 들어오게 된 것은 앨런 서든 (Alan Suddon)이라는 토론토의 패션 수집가 덕분이었다. 2000년에 그가 사망한 후 전 세계 상류층 드레스들을 모아놓은 그의 소장품들은 15년 동안 관리가 허술한 저장소에서 보관되다가 경매로 팔리거나 캐나다 이곳저곳의 박물관에 기증됐다. "이 드레스는 누구도 가져가려 하지 않았어요. 제대로 보존하려면 손이 많이 갈 수밖에 없었거든요. 하지만 저는 이것을 바라보며 생각했죠. '정말 대단한 드레스구나.'"

땀자국과 관련해 가장 큰 걱정은 땀이 마르면서 직물에 가해지는 손상이다. 일단 옷감이 상하고 나면 보존할 수 있는 직물이 거의 남지 않는다. 하지만 또 다른 큰 문제가 있다. 땀이 옷감이나 염색약과 반응할 때 생길 수 있는 변색이다. 하얀색 실크처럼 밝은 색깔의 드레스는 시간이 지나면 겨드랑이 부위에 노란색 얼룩이 생길 수 있다. 이는 빛과 산소가 직물 속에서 건조된 땀의 젖산 및 아미노산과 화학적으로 상호작용해서 생기는 것이다.[10]

땀은 화학 반응을 일으켜 직물의 색소를 녹일 수 있다. 그러면 한 색깔이 다른 색깔로 번져나갈 수 있다. 염색약이 pH에 민감한 경우는 피부 위에서 땀이 산성에서 염기성으로 변하는 과정에서 직물의 색이 밝거나 어둡게 혹은 완전히 다른 색으로 바뀌기도 한다. "어떤 경우는 날염된 직물에서 땀이 다른 색은 놔두고 특정 색하고만 더 많은 상호작용을 일으킵니다. 가령 검은색은 색이 바랬는데 그보다 밝은색은 멀쩡한 경우도 있죠." 월포드의 말이다.

오스트레일리아 전쟁기념관에서 제시 퍼스의 복원 작업대에 올라왔던 제2차 세계대전 당시의 웨딩드레스를[11] 살펴보자. 1940년대에 다섯 명의 여성이 입었던 이 예쁜 베이지색 웨딩드레스는 겨드랑이가 밝은 초록색으로 바래 있었다. 퍼스는 그 범인이 드레스 장식에 사용된 구리 실이라는 것을 밝혀냈다. 그 구리 실이 겨드랑이 땀에 부식되어 구리판을 두른 건물에서 흔히 보이는 초록색을 만들어낸 것이었다.

캐나다 보존연구소의 작업대 위에 올라와 있는 뉴욕 상류층의 드레스를 보고 있는 내게 이곳의 직물 보존 담당자 재닛 와그너(Janet Wagner)가 와서 드레스를 수놓고 있는 금실과 은실이 어떻게 땀의 염분에 부식되어 겨드랑이의 크림색 직물을 조잡한 갈색으로 바꿔놓았는지 보여주었다. 그 색이 밝은 초록색이었을 수도 있다는 이야기를 듣고 나니 그래도 갈색이 상대적으로 덜 거슬린다는 생각이 들어 오히려 다행스러운 소식처럼 들렸다.

직물 전문가들은 땀자국을 제거할 수 있는 여러 가지 방법을 찾아냈다. 증기로 씻어내거나 문제의 직물에 맞춰 선별한 용액으로 닦아내는 방법 등이다. 여기에 사용되는 용액으로는 희석한 아세트

산, 경유, 아세톤(매니큐어 제거제) 등이 있다. 하지만 이런 방법에는 모두 위험이 따른다. 상태를 개선하기는커녕 오히려 악화시키기 쉽고 오래된 문제를 해결하려다 새로운 문제를 만들어낼 수 있다. 보존 담당자들이 점점 더 신중하게 접근하는 이유도 이 때문이다.

최근 몇십 년 동안 보존 담당자들은 문화적 유산에 해당하는 물건에는 불간섭주의 접근 방식을 채택하고 있다. 옛날의 보존 담당자들은 의복을 완전히 세탁한 다음 밝게 색이 바랜 부분이 있으면 새로 염색하는 경우가 많았지만 현대의 보존 담당자들은 재염색이 그 물건의 역사와 기원을 손상하는 행위라 주장하며 이런 접근 방식에 얼굴을 찌푸린다.

이들은 시간을 되돌릴 수 없는 소중한 유물을 보존 담당자가 함부로 건드려서는 안 된다고 생각한다. 이들이 합성 땀을 종종 사용하는 이유도 이 때문이다. 이들은 문제의 직물과 비슷한 직물을 구해서 합성 땀을 적용한 다음 따뜻한 오븐 같은 곳에 두어 인위적으로 숙성시킨다. 그리고 거기에 세척 용액을 테스트해본다. 많은 경우, 특히 의복이 겨드랑이에만 얼룩이 생겼을 때는 숄을 두르거나 간접 조명을 이용하는 등 교묘한 전시 기법을 사용해서 얼룩이 잘 보이지 않게 하거나 사람들의 관심을 다른 곳으로 돌릴 수 있다.

이런 보수적인 접근 방식이 박물관 후원자들의 기대에 어긋날 때도 있다. 이들은 전시된 모든 것이 완벽해 보여야 한다고 생각하기 때문이다. 이는 사람들이 몸을 대할 때와 같은 사고방식으로, 우리는 우리가 실제로 늙어가고 있음에도 그 증거나 결함을 숨겨서 보이지 않게 해야 한다는 압박을 받는다. 하지만 내가 보기에는 땀자국 때문에 오히려 유물에 대한 흥미가 더 커지는 것 같다. 그런 결함이야말로 그 유물이 걸어온 길, 그 존재를 더욱 흥미롭게 만들어준 순간들을 말해주기 때문이다. 땀은 역사다.

여왕 엘리자베스 2세의 대관식 드레스에 땀자국이 있다면 어떨까? 부디 보존 담당자가 여왕의 감정 상태에 관한 중요한 역사적 정보를 담고 있는 그 흔적을 지우지 않기를 바란다. 아니면 대통령이 취임식에 입었던 정장, 운동선수가 기록을 깼을 때 입었던 셔츠, 마지막 콘서트를 마친 음악가의 옷, 중요한 공연의 초연을 마친 발레리나의 튀튀(tutu, 발레를 할 때 입는 치마—옮긴이), 오랜 전투를 마치고 돌아온 병사의 군복 등에 묻어 있는 땀자국을 생각해보자. 이런 땀은 그 물건에 담긴 역사를 말해준다. 이런 땀자국은 그런 옷들을 더욱 흥미롭게 만들어준다.

루시 휘트모어는 이렇게 말한다. "진짜 몸을 갖고 있던 진짜 사람이 입었던 옷임을 보여주는 건 분명 가치 있는 일입니다. 특히 땀이 그 옷에 담긴 이야기의 일부, 역사의 일부인 경우라면 더욱 그렇죠." 하지만 큐레이터인 그녀로서는 윤리적인 요소도 고려하지 않을 수 없다. "과연 그 옷을 입었던 사람이 자기의 땀을 사람들에게 보여주고 싶어 했을까요? 땀은 대단히 은밀하고 사적인 거예요. 어떤 사람은 땀을 민망하게 여기죠. 저는 소유자와 그 가족들의 의견까지도 고려해야 한다고 생각합니다."

그러면 캐나다 보존연구소의 복원 작업대 위에 올라와 있는 드레스는 어떻게 해야 할까? 그 파티 드레스를 입었던 여성이 자기의 땀을 영구적으로 전시하는 것을 허락했을 리는 만무하다. 하지만 우리는 그 여성이 누구인지도 모른다. 따라서 그녀나 그녀의 가족 혹은 그 후손의 프라이버시가 손상된다고 보기도 힘들다.

결국 캐나다 보존연구소의 보존 담당자들과 월포드는 또 다른 이유로 드레스의 땀자국을 그대로 남겨두기로 했다. 땀자국을 지우려 하다가는 드레스가 더 손상될 수 있기 때문이다. 대신 보관소에서 몇십 년을 보내면서 생긴 때를 제거하기 위해 표면 세탁만 살짝 하고, 옷이 더 상하는 것을 막기 위해 약해진 솔기 부위만 일부 고정하기로 했다.

"여기를 좀 보세요."

캐나다 보존연구소의 보존 담당자 와그너가 드레스의 스커트 부위를 가리키며 내가 눈치채지 못했던 검은 갈색 얼룩이 실크에 묻어 있는 것을 보여주었다. 그녀는 화이트와인이나 샴페인이 드레스에 튄 것이 아닐까 의심했다. 월포드가 말했다.

"샴페인과 화이트와인에 사람들이 잘 속죠. 색이 없어서 얼룩이 생기지 않으리라 생각하지만 시간이 지나면 생깁니다. 당분이 산화작용을 일으켜서 몇 년 후에는 이런 짙은 갈색 얼룩이 생기죠. 하지만 당장은 이런 생각이 들겠죠. '와인을 좀 쏟기는 했지만 상관없어. 눈에 보이지 않으니 괜찮을 거야.'" 어쩌면 이 드레스를 입었던 여성도 땀을 흘리며 즐겁게 춤을 추다가 와인이 드레스에 튄 것을 보고 이와 비슷한 자기기만에 빠졌는지도 모른다. "이 여성이 누구고, 어디에 있었고, 무엇을 마셨든지 간에 분명 아주 즐거운 시간이었던 것 같습니다. 저는 그 증거를 간직할 수 있어서 무척 행복합니다."

땀을 위해 건배를 하고 싶다. 우리는 땀 덕분에 하루하루를 살아갈 수 있다. 그리고 땀은 다른 많은 생명체가 사용하는 냉각 방식보다 훨씬 덜 불쾌하고 효율적인 방식으로 체온을 조절해준다. 몸을 식힌다는 명목으로 소변을 보고, 구토를 하고, 똥을 싸는 것보다는 차라리 땀을 흘리는 것이 훨씬 유쾌한 경험이다.

인류의 역사에서 우리가 지구 위 여러 가지 새로운 환경에 적응하는 데 땀이 큰 도움을 주었다는 사실에 감사하자. 그 덕에 우리는 비둘기와 사막비둘기처럼 지구 어디에서나 살 수 있게 됐다. 다만 땀으로도 감당이 안 될 정도로 지구온난화가 심해지게 만들지는 말자.

불안, 감염, 호감도 등을 파악하는 데 땀이 큰 역할을 할지 모른다는 점도 마음에 든다. 물론 다른 많은 인간관계처럼 이 역시 복잡한 부분이지만 말이다.

땀이 우리를 솔직하게 드러낸다는 것도 고마운 일이다. 땀은 체취를 통해, 축축하게 젖은 옷을 통해, 범죄 현장에 생각 없이 남긴 지문을 통해 좋든 싫든 우리의 많은 비밀을 드러낸다. 잘 꾸민 페르소나를 쓰고 다니는 시대에도 우리의 인간성 일부는 여전히 투명하게 드러나고 있다고 생각하니 왠지 기분이 좋다. 다만 정부, 법집행기관, 군대, 고용주, 보험회사들이 우리의 생물학적 정보를 악용하지 못하게 해야 할 것이다.

내가 인생에서 가장 좋아하는 것 중 하나가 바로 재미있는 역설이다. 땀은 그런 재미있는 역설을 참 많이 만들어낸다. 우리가 몸에서 직접 막대한 양의 땀을 만들어내고 있음에도 인공으로 가짜 땀을 만들어 파는 시장이 존재한다는 것도 역설적이고, 일부러 돈을 들여 사우나나 체육관에서 땀을 흘리면서도 굳이 땀 분비를 억제하는 제품을 바른다는 사실도 역설적이다.

무더운 여름에 내 땀에서 나오는 악취를 줄일 방법이 있다는 사실이 얼마나 감사한지 모른다. 하지만 땀억제제나 체취제거제에 감사한 마음이 드는 것, 내 피부에서 땀이 비치는 것을 보여주지 않고 옷에 땀이 배는 것을 막고 싶은 마음이 드는 것은 모두 한 세기에 걸쳐 기업들이 우리를 세뇌한 결과다. 그들은 사회적 소외에 대한 두려움을 사냥감으로 삼는다.

이제 그것을 원래대로 되돌려놓자. 땀이 뒤집어쓰고 있는 오명을 벗겨주자. 땀을 흘리는 것은 우리 몸이 본래의 목적인 생존을 위해 최선을 다하고 있는 모습일 뿐이다. 원한다면 체취제거제나 땀억제제를 사용해도 좋다. 하지만 그게 아니라면 우리 모두 눈치보지 말고 마음껏 땀을 흘리면서 살아봐도 좋겠다.

감사의 글

무엇보다 나를 믿고 자신의 땀에 대해 세세한 부분까지 말해준 모든 분에게 진정으로 감사의 말을 전하고 싶다. 그리고 나를 위해 인내심 많은 멋진 치어리더가 되어주고, 예리한 언어의 마술사가 되어주고, 땀과 관련된 말장난으로 풍요롭게 해준 편집자 맷 웨일랜드(Matt Weiland), 나와 이 프로젝트가 험한 산을 넘을 수 있도록 이끌어주고 뒷받침해준 내 에이전트 크리스티 플레처(Christy Fletcher)와 새러 푸엔테스(Sarah Fuentes), 팩트의 건초 더미 속으로 용감하게 뛰어들어 황금바늘을 기어코 찾아 돌아오는 초인적 능력을 보여준 팩트 체커 알라 카츠넬손(Alla Katsnelson)과 비비안 페어뱅크(Viviane Fairbank)에게 감사의 말을 전한다. 그래도 남아 있는 오류는 모두 내 탓이다.

귀한 시간을 내어 자신의 연구와 삶에 대해 이야기해준 모든 과학자, 사업가, 환자, 운동선수, 예술가, 역사학자들에게도 깊은 감사의 마음을 전한다. 베를린의 막스 플랑크 과학사연구소(Max Planck Institute for the History of Science)와 필라델피아의 과학사연구소(Science History Institute)에서 마주쳤던 모두가 자신이 연구한 바를 성심껏 전해주었다. 그리고 역사가 에티엔느 벤슨(Etienne Benson), 도나 빌라크(Donna Bilak), 루시아 다코메(Lucia Dacome), 조애나 래딘(Joanna Radin)과의 대화를 통해 너무도 많은 것을 배웠다. 내가 땀의 역사를 깊이 파고들 수 있도록 자금을 지원해준 두 기관에도 감사드린다.

내가 내 머리에 들어 있는 내용을 꺼내 제안서로, 원고로 엮을 수 있도록 도와준 존 볼랜드(John Borland), 수재나 포레스트(Susanna Forrest), 에이미 메일(Aimee Male)에게도 고마운 마음을 전한다. 독단과 편견으로 가득 찬 나의 땀 실험을 도와준 아네트 하우저(Anett Hauser), 이안 볼드윈(Ian Baldwin), 크리스티안 하켄베르거(Christian Hackenburger), 제시 헤일맨(Jesse Heilman)에게 감사한다.

이 책을 쓰는 내내 현명한 조언으로 뒷받침해준 크리스틴 앨런(Kristen Allen), 소피 뵘(Sophie Boehm), 레이셸 벅스(Raychelle Burks), 데보라 콜(Deborah Cole), 켈리 프리치(Kelly Fritsch), 베스 핼퍼드(Beth Halford), 수전 하라다(Susan Harada), 나오미 크레스지(Naomi Kresge), 매튜 피어슨(Matthew Pearson), 닉 색슨(Nick Shaxson), 엠마 토머슨(Emma Thomasson)에게도 감사의 마음을 전한다.

이 책을 후원하는 데 부단한 노력을 아끼지 않은 어맨다 야넬

(Amanda Yarnell)과 로렌 울프(Lauren Wolf), 냄새나고 땀나는 온갖 것에 대해 재치 넘치는 대화를 나눠준 로린 매니겔(Lauryn Mannigel)의 센서리 컬처클럽 독서 모임의 모든 회원에게도 감사한다. 땀과 관련된 주제로 틈새 자료들을 보내준 분들, 그중에서도 다비드 카스텔베치(Davide Castelvecchi), 앤드루 커리(Andrew Curry), 힐마르 슈문트(Hilmar Schmundt), 이단 스턴버그(Ethan Sternberg), 폴커 오슈만(Volker Oschmann)에게 특별한 감사를 전한다. 나 혼자서는 결코 찾지 못했을 기이하고 놀라운 자료들이었다.

아우프구스 마스터를 비롯해 내가 땀을 흘릴 수 있게 해준 모든 분, 특히 미샤 외스테르고르(Micha Østergaard)의 놀라운 전문성과 자애로운 가학증에 감사의 말을 전한다.

더불어 나와 함께 엄청난 땀을 흘려준 분들, 특히 소금기 많은 이 긴 여정을 함께해준 가야 마리나 가르바루크(Gaya Marina Garbaruk), 제니 라스만(Jenny Lassmann), 마틸드 세인젼(Mathilde Saingeon), 시오네트 스토다드(Tionette Stoddard), 앤 테시어(Anne Tessier)에게 고마운 마음을 전한다.

그리고 글에 대한 사랑을 키워준 어머니 니키 에버츠-해먼드(Nikki Everts-Hammond)와 지금은 돌아가셨지만 인생의 부조리한 역설에 관해 이야기 짓는 법을 보여준 외할머니 페기 에버츠(Peggy Everts)에게도 무한한 사랑과 감사의 말을 전하고 싶다.

마지막으로 이 책을 구상한 순간부터 든든한 기둥이 되어준 외르크 에메스(Jörg Emes)에게 고마움을 전한다. 그는 내가 글을 쓰러

동굴로 사라지고, 여러 번의 조사 여행을 떠나는 동안에도 품위 있게 요새를 지켜주었다.

이 책은 내 아들 퀸에게 바친다. 퀸은 네 살 때 체육 수업에서 땀이 나는지 안 나는지를 재미로 측정해보기도 했다. 엄마는 네가 자랑스럽다!

들어가는 글

1 J. Cilliers and C. de Beer, "The Case of the Red Lingerie—Chromhidrosis Revisited," *Dermatology (Basel, Switzerland)* 199, no. 2 (1999): 149–52, http://www.ncbi.nlm.nih.gov/pubmed/10559582.

2 Cilliers and de Beer, "Case of the Red Lingerie."

3 M. Shahbandeh, "Size of the Global Antiperspirant and Deodorant Market 2012–2025," Statista, accessed July 14, 2020, https://www.statista.com/statistics/254668/size-of-the-global-antiperspirant-and-deodorant-market/.

4 Michael Stolberg, "Sweat. Learned Concepts and Popular Perceptions, 1500–1800," in *Blood, Sweat and Tears: The Changing Concepts of Physiology from Antiquity into Early Modern Europe*, ed. Manfred Horstmanshoff, Helen King, and Claus Zittel (Leiden: Brill Academic, 2012), 503.

CHAPTER 1

이 장은 과학자들과의 대화에서 큰 도움을 받았지만 그중에서도 특히 앤드루 베스트, 루시아 다코메, 제이슨 카밀라, 야나 캄베로프, 대니얼 리버먼, 덩컨 미첼, 미하엘 슈톨 베르크, 마이클 젝의 도움이 컸다.

1 Jacques Machaire et al., "Evaluation of the Metabolic Rate Based on the Recording of the Heart Rate," *Industrial Health* 55, no. 3 (May 2017): 219–

32, https://doi.org/10.2486/indhealth.2016-0177.

2   Machaire et al., "Evaluation of the Metabolic Rate."

3   A. Bouchama and J. P. Knochel, "Heat Stroke," *New England Journal of Medicine* 346, no. 25 (June 20, 2002): 1978, https://pubmed.ncbi.nlm.nih.gov/12075060/. 조마조마한 묘사를 보고 싶다면 다음을 참고하라. Amy Ragsdale and Peter Stark, "What It Feels Like to Die from Heat Stroke," *Outside Online*, June 18, 2019, https://www.outsideonline.com/2398105/heat-stroke-signs-symptoms.

4   Terrie M. Williams, "Heat Transfer in Elephants: Thermal Partitioning Based on Skin Temperature Profiles," *Journal of Zoology* 222, no. 2 (1990): 235 – 45, https://doi.org/10.1111/j.1469-7998.1990.tb05674.x; and Conor L. Myhrvold, Howard A. Stone, and Elie Bou-Zeid, "What Is the Use of Elephant Hair?," *PLOS ONE* 7, no. 10 (October 10, 2012), https://doi.org/10.1371/journal.pone.0047018.

5   Bernd Heinrich, *Why We Run: A Natural History* (New York: HarperCollins, 2009), 102.

6   다음의 자료에 따르면 발에만 국소적으로 분포하던 땀샘이 "구세계원숭이를 포함하는 영장류 집단인 협비류의 공통 선조에서부터" 전신으로 분포 범위가 넓어지게 됐다. Yana G. Kamberov et al., "Comparative Evidence for the Independent Evolution of Hair and Sweat Gland Traits in Primates," *Journal of Human Evolution* 125 (December 1, 2018): 99 – 105, https://doi.org/10.1016/j.jhevol.2018.10.008. 따라서 구세계원숭이(협비류)에서 신세계원숭이(광비류)가 갈라져 나온 것이 우리 선조가 땀샘을 진화하기 시작한 시점이다. 하지만 이 일이 언제 일어났을까? 여기에는 논란이 있지만 나는 다음의 자료를 바탕으로 3,500만 년 전이라 판단했다. Carlos G. Schrago and Claudia A. M. Russo, "Timing the Origin of New World Monkeys," *Molecular Biology and Evolution* 20, no. 10 (October 1, 2003): 1620 – 25, https://doi.org/10.1093/molbev/msg172. 사람속(*Homo* genus)이 출현한 200만 년 전에서 300만 년 전 사이에는 땀샘의 밀도가 크게 증가했다.

7   물을 가지고 다니며 마실 수 있다는 조건이 필요하다. 여기에는 이족보행이 도움이 됐다.

8   Daniel E. Lieberman, "Human Locomotion and Heat Loss: An Evolutionary

Perspective," *Comprehensive Physiology* 5, no. 1 (January 1, 2015): 99 – 117, https://doi.org/10.1002/cphy.c140011.

9   일부 참고 자료에서는 이 범위를 160만~500만 개로 인용하고 있지만 대부분은 200만~500만 개로 소개하고 있다. 이곳에서 사용한 평균값은 다음의 자료를 참고했다. Yas Kuno, *Human Perspiration* (Springfield, IL: Charles C. Thomas, 1956), 66. First published in 1934 as *The Physiology of Human Perspiration* by J. & A. Churchill, London.

10 나이아가라폭포 공원관리국의 자주 나오는 질문 코너에 따르면 "아메리칸폭포와 브라이덜베일폭포로는 초당 28만 6,744리터, 호슈폭포로는 초당 258만 704리터의 물이 떨어진다."(이 세 개의 폭포가 나이아가라폭포를 이루고 있다-옮긴이.) 모두 합치면 초당 286만 7,448리터의 물이 떨어진다. 이것을 분으로 환산하면 나이아가라폭포로 대략 분당 1억 7,200만 리터의 물이 쏟아진다. 그러면 이번에는 사람의 땀을 고려해보자. 먼저 극단적으로 땀을 많이 흘리는 사람을 생각해보자. 땀이 아주 많은 사람은 땀구멍마다 분당 20나노리터를 흘린다. 사람의 땀샘 최고치는 1인당 500만 개다. 만약 전 세계 80억 명의 인구가 땀 분비량과 땀샘의 숫자 모두 최고치라고 가정하면 분당 8억 리터의 땀을 흘리는 셈이고, 이것은 나이아가라폭포에서 쏟아지는 물의 네 배가 넘는다. 하지만 사람들이 모두 땀을 이렇게 극단적으로 많이 흘리지는 않는다. 반대로 땀 분비 스펙트럼의 반대쪽에 있는 사람의 경우 땀구멍당 2나노리터를 흘리고, 땀구멍의 수는 200만 개 정도다. 이렇게 놓고 전 세계 인구의 땀 분비량을 계산해보면 분당 3,200만 리터가 나온다. 이는 나이아가라폭포 수량의 5분의 1에 해당한다. 평균적인 땀 분비량으로 계산하면 그 중간 어디쯤이 나올 것이다.

11 Graham P. Bates and Veronica S. Miller, "Sweat Rate and Sodium Loss During Work in the Heat," *Journal of Occupational Medicine and Toxicology* (London, England) 3 (January 29, 2008): 4, https://doi.org/10.1186/1745-6673-3-4.

12 2020년 7월 14일에 덩컨 미첼과 이메일로 서신 교환한 내용. 미첼의 추정에 따르면 대부분 사람이 하루에 잃는 소금의 양은 최대 12~15그램 정도라고 한다.

13 Catherine Lu and Elaine Fuchs, "Sweat Gland Progenitors in Development, Homeostasis, and Wound Repair," *Cold Spring Harbor Perspectives in Medicine* 4, no. 2 (February 2014), https://doi.org/10.1101/cshperspect.a015222.

14 Morgan B. Murphrey and Tanvi Vaidya, "Histology, Apocrine Gland," in *StatPearls* (Treasure Island, FL: StatPearls Publishing, 2020), http://www.ncbi.nlm.nih.gov/books/NBK482199/.

15 K. Sato and F. Sato, "Sweat Secretion by Human Axillary Apoeccrine Sweat Gland in Vitro," pt. 2, *American Journal of Physiology* 252, no. 1 (January 1987): R181 –87, https://doi.org/10.1152/ajpregu.1987.252.1.R181.

16 Melanie J. Bailey et al., "Chemical Characterization of Latent Fingerprints by Matrix–Assisted Laser Desorption Ionization, Time–of–Flight Secondary Ion Mass Spectrometry, Mega Electron Volt Secondary Mass Spectrometry, Gas Chromatography/Mass Spectrometry, X–Ray Photoelectron Spectroscopy, and Attenuated Total Reflection Fourier Transform Infrared Spectroscopic Imaging: An Intercomparison," *Analytical Chemistry* 84, no. 20 (October 16, 2012): 8514 –23, https://doi.org/10.1021/ac302441y.

17 Ashok Kumar Jaiswal, Shilpashree P. Ravikiran, and Prasoon Kumar Roy, "Red Eccrine Chromhidrosis with Review of Literature," *Indian Journal of Dermatology* 62, no. 6 (2017): 675, https://doi.org/10.4103/ijd.IJD_755_16.

18 Bharathi Sundaramoorthy, "Bisacodyl Induced Chromhidrosis—A Case Report," *University Journal of Medicine and Medical Specialities* 3, no. 4 (July 13, 2017), http://ejournal-tnmgrmu.ac.in/index.php/medicine/article/view/4614.

19 Amay J. Bandodkar et al., "Wearable Sensors for Biochemical Sweat Analysis," *Annual Review of Analytical Chemistry* 12, no. 1 (June 12, 2019): 1 –22, https://doi.org/10.1146/annurev-anchem-061318-114910.

20 B. Schittek et al., "Dermcidin: A Novel Human Antibiotic Peptide Secreted by Sweat Glands," *Nature Immunology* 2, no. 12 (December 2001), https://doi.org/10.1038/ni732.

21 Simona Francese, R. Bradshaw, and N. Denison, "An Update on MALDI Mass Spectrometry Based Technology for the Analysis of Fingermarks—Stepping into Operational Deployment," *Analyst* 142, no. 14 (2017): 2518 –46, https://doi.org/10.1039/C7AN00569E.

22 Michael Zech et al., "Sauna, Sweat and Science II—Do We Sweat What We Drink?," *Isotopes in Environmental and Health Studies* 55, no. 4 (July 4,

2019): 394-403, https://doi.org/10.1080/10256016.2019.1635125.

23 엄밀하게 말하면 동위원소 추적자(isotope tracer), 즉 소수 원자를 중수소로 치환한 화합물이다. 하지만 무거운 분자도 여전히 분자라는 사실을 고려해서 일반 독자에게 동위원소 분석에 대해 장황하게 설명할 필요가 없도록 화학추적자로 표현했다.

24 Zech et al., "Sauna, Sweat and Science II."

25 Michael Stolberg, "Sweat. Learned Concepts and Popular Perceptions, 1500-1800," in *Blood, Sweat and Tears: The Changing Concepts of Physiology from Antiquity into Early Modern Europe*, ed. Manfred Horstmanshoff, Helen King, and Claus Zittel (Leiden: Brill Academic, 2012).

26 Stolberg, "Sweat," 511.

27 Lucia Dacome, "Balancing Acts: Picturing Perspiration in the Long Eighteenth Century," *Studies in History and Philosophy of Science Part C: Studies in History and Philosophy of Biological and Biomedical Sciences* 43, no. 2 (June 2012): 379-91, https://doi.org/10.1016/j.shpsc.2011.10.030.

28 Fabrizio Bigotti and David Taylor, "The Pulsilogium of Santorio: New Light on Technology and Measurement in Early Modern Medicine," *Societate Si Politica* 11, no. 2 (2017): 53-113, https://www.ncbi.nlm.nih.gov/pmc/articles/PMC6407692/. 다음도 참고하라. Richard de Grijs and Daniel Vuillermin, "Measure of the Heart: Santorio Santorio and the Pulsilogium," arXiv:1702.05211 [physics.hist-ph], February 17, 2017, http://arxiv.org/abs/1702.05211.

29 Dacome, "Balancing Acts."

30 "Jan Evangelista Purkinje | Czech Physiologist," in *Encyclopedia Britannica*, accessed July 16, 2020, https://www.britannica.com/biography/Jan-Evangelista-Purkinje.

31 여기서 말하는 스위스와 독일의 생리학자는 다음의 자료에서 언급한 헤르만(Hermann)과 루흐징거(Luchsinger)를 말한다. Wolfram Boucsein, *Electrodermal Activity* (New York: Springer Science & Business Media, 2012), 4.

32 Victor Minor, "Ein neues Verfahren zu der klinischen Untersuchung der Schweißabsonderung," *Deutsche Zeitschrift für Nervenheilkunde* 101, no.

1 (January 1, 1928): 302 – 8, https://doi.org/10.1007/BF01652699.

33 Minor, "Ein neues Verfahren."

34 Kuno, *Human Perspiration*, 9.

35 Kuno, *Human Perspiration*, 18.

36 Kuno, *Human Perspiration*, 66. 요즘에는 땀샘 숫자의 하방 한계를 더 낮춰 160 만 개로 보고하는 경우도 있다.

37 Taketoshi Morimoto, "History of Thermal and Environmental Physiology in Japan: The Heritage of Yas Kuno," *Temperature: Multidisciplinary Biomedical Journal* 2, no. 3 (July 28, 2015): 310 – 15, https://doi.org/10.1080 /23328940.2015.1066920. 나는 앞서 언급했던 쿠노의 연구 1956년 재판 버전만 읽을 수 있었음을 밝힌다.

38 군대에 소속된 많은 과학자가 땀을 연구해왔고 현재도 연구 중이다. 미 육군 나틱 병사시스템센터(US Army Natic Soldier System Center)도 그 사례다. 이 과학 자들과 인터뷰를 하고 이 센터도 방문해보려고 요청해봤지만 성사되지 않았다.

39 Edward Frederick Adolph, *Physiology of Man in the Desert* (New York: Interscience, 1947), 10.

40 Adolph, *Physiology of Man*, 14.

41 Rick Lovett, "The Man Who Revealed the Secrets of Sweat," *New Scientist*, accessed July 15, 2020, https://www.newscientist.com/article/mg20227061- 500-the-man-who-revealed-the-secrets-of-sweat/.

42 Adolph, *Physiology of Man*, 214.

43 "Research Ethics Timeline," National Institute of Environmental Health Sciences, accessed July 22, 2020, https://www.niehs.nih.gov/research/ resources/bioethics/timeline/index.cfm.

44 Richard R. Gonzalez et al., "Sweat Rate Prediction Equations for Outdoor Exercise with Transient Solar Radiation," *Journal of Applied Physiology* 112, no. 8 (April 15, 2012): 1300 – 10, https://doi.org/10.1152/ japplphysiol.01056.2011.

45 Adolph, *Physiology of Man*, 4.

46 Lovett, "Secrets of Sweat."

47 슈나이더가 내게 이 연구를 해보라고 했다. 그녀와 실험 참가자들은 연구를 위해 방사능 추적자가 들어 있는 물을 마셨다.

48 Lindsay B. Baker, "Physiology of Sweat Gland Function: The Roles of Sweating and Sweat Composition in Human Health," *Temperature* 6, no. 3 (July 3, 2019): 211 – 59, https://doi.org/10.1080/23328940.2019.1632145.

49 Lovett, "Secrets of Sweat."

50 다음의 자료를 비롯한 많은 자료를 보면 흑인들은 광산 속에서 육체노동에 배정된 반면 백인들은 흑인을 감독하는 역할을 맡았다. Suzanne M. Schneider, "Heat Acclimation: Gold Mines and Genes," *Temperature: Multidisciplinary Biomedical Journal* 3, no. 4 (September 27, 2016): 527 – 38, https://doi.org /10.1080/23328940.2016.1240749. 다음의 자료도 참고하라. "인력은 노동조합을 결성해서 감독 역할로 고용된 백인 귀족 노동자들로 이뤄진 반면 육체노동은 대부분 흑인 이민자에 의해 이루어졌다." Jock McCulloch, *South Africa's Gold Mines and the Politics of Silicosis* (Woodbridge, UK: James Currey, 2012).

51 Schneider, "Heat Acclimation."

52 Schneider, "Heat Acclimation."

53 Matthew John Smith, "'Working in the Grave': The Development of a Health and Safety System on the Witwatersrand Gold Mines 1900 – 1939" (master's thesis, Rhodes University, 1993).

54 다음의 자료에 따르면 광부들은 여전히 이런 방식으로 광산에 내려가고 있다. Matthew Hart, "A Journey Into the World's Deepest Gold Mine," *Wall Street Journal*, December 13, 2013, Personal Finance, https://www.wsj.com/ articles/a-journey-into-the-world8217s-deepest-gold-mine-1386951413; and Duncan Mitchell, telephone interview by the author, August 28, 2018.

55 미첼, 저자와의 전화 인터뷰.

56 Jock McCulloch, "Dust, Disease and Politics on South Africa's Gold Mines," *Adler Museum Bulletin*, June 2013, https://www.wits.ac.za/media/ migration/files/cs-38933-fix/migrated-pdf/pdfs-4/Adler%20Bulletin%20 June%202013.pdf.

57 Hart, "A Journey."

58 베네딕트 윌렛 빌라카지는 〈금광 속에서(Ezinkomponi)〉라는 시를 써서 *Zulu Horizons* (Johannesburg: Wits University Press, 1973)에 발표했다.

59 "South Africa Allows Silicosis Class Action Against Gold Firms," Reuters, May 13, 2016, https://www.reuters.com/article/us-safrica-gold-silicosis-

idUSKCN0Y40Q2.

60 정확한 수치를 얻기가 쉽지 않았다. M. J. Martinson, "Heat Stress in Witwatersrand Gold Mines," *Journal of Occupational Accidents* 1, no. 2 (January 1, 1977): 171 – 93, https://doi.org/10.1016/0376-6349(77)90013-X, Schneider, "Heat Acclimation," and Smith, "'Working in the Grave,'" 이 자료를 살펴보면 비트바테르스란트 최초의 열사병 사망은 1924년에 보고되었고, 1931년이 되어서는 92건 이상의 열사병 사망이 추가로 보고됐다. 1956~1961년에는 사망자가 47명 나왔다. 나는 이 자료와 다른 열사병 치사율을 이용해서 매년 10건 정도의 열사병 사망이 있었던 것으로 추정했다. 그러면 1924년부터 1960년대 중반(이때부터 열사병 예방을 위한 새로운 열적응 조치가 시작됐다)까지 약 40년 동안 400건 정도의 사망이 발생했다고 볼 수 있다.

61 이런 연구자로는 1927~1963년까지 랜드 마인스 주식회사(Rand Mines Ltd)에서 근무했던 알도 드레오스티(Aldo Dreosti)와 요하네스버그 광산상공회의소 (Chamber of Mines)의 인간과학연구소(Human Science Laboratory)에서 일했던 키릴 윈덤(Cyril Wyndham)을 들 수 있다. 윈덤이 동료 N. B. 스트라이덤(N. B. Strydom)과 함께 쓴 논문은 오늘날까지도 열적응 연구에서 언급되고 있다. 인간과학연구소에서 수행한 연구에 대해 더 자세히 살펴보고 싶다면 다음 자료를 참고하라. Cyril H. Wyndham, "Adaptation to Heat and Cold," *Environmental Research* 2 (1969): 442 – 69.

62 Martinson, "Heat Stress in Witwatersrand Gold Mines." 마티슨(Martison)은 5번 표에서 남아프리카공화국의 금광에서 1968~1973년에 20명이 열사병으로 사망했다고 지적했다. 이것은 연평균 사망자 수 3~4명에 해당하는 것으로 광산에서의 연평균 열사병 사망자 수 10명보다 낮은 수치다.

63 Schneider, "Heat Acclimation." 미첼, 저자와의 전화 인터뷰.

64 Schneider, "Heat Acclimation."

65 Schneider, "Heat Acclimation."

66 Bill Whitaker, "What Lies at the Bottom of One of the Deepest Holes Ever Dug by Man?," *60 Minutes,* CBS News, August 4, 2019, https://www.cbsnews. com/news/south-africa-gold-mining-what-lies-at-the-bottom-of-one- of-the-deepest-holes-ever-dug-by-man-60-minutes-2019-08-04/.

67 Michael N. Sawka, "Heat Acclimatization to Improve Athletic Performance in Warm-Hot Environments," *Sports Science Exchange* 28, no. 153 (2015):

7. And Sébastien Racinais et al., "Heat Acclimation," in *Heat Stress in Sport and Exercise—Thermophysiology of Health and Performance*, ed. Julien D. Périard and Sébastien Racinais (Basel: Springer International, 2019), https://doi.org/10.1007/978-3-319-93515-7.

68 Racinais et al., "Heat Acclimation."

69 이 문장이 의심스러운 사람이 있다면 미국 국립보건원에 나오는 사람 연구의 윤리적 쟁점에 관한 연대표를 자세히 들여다보라. 등골이 오싹할 것이다. "Research Ethics Timeline," National Institute of Environmental Health Sciences. 2020년 7월 22일 기준. https://www.niehs.nih.gov/research/resources/bioethics/timeline/index.cfm. 그리고 아직 읽지 않은 사람이 있다면 당장 다음의 책도 읽어보기를 권한다. Rebecca Skloot, *The Immortal Life of Henrietta Lacks* (New York: Broadway Books, 2011). 2010년 뉴욕 크라운에서 처음 출간되었다.

70 E. S. Sundstroem, "The Physiological Effects of Tropical Climate," *Physiological Reviews* 7, no. 2 (April 1, 1927): 320–62, https://doi.org/10.1152/physrev.1927.7.2.320.

71 Sundstroem, "Physiological Effects of Tropical Climate."

72 Kuno, *Human Perspiration*, 3.

73 Jacobus Benignus Winsløw, *An Anatomical Exposition of the Structure of the Human Body*, 4th ed., corrected, trans. G. Douglas (London: R. Ware, J. Knapton, S. Birt, T. and T. Longman, C. Hitch and L. Hawes, C. Davis, T. Astley, and R. Baldwin, 1756).

74 Eugene Cernan and Donald A. Davis, *The Last Man on the Moon: Astronaut Eugene Cernan and America's Race in Space* (New York: St. Martin's, 2007).

75 "Idioms, What Do They Mean?," The Cellar, accessed July 15, 2020, https://cellar.org/showthread.php?t=23318&page=3.

76 "Gene Cernan, Last Astronaut on the Moon, Dies at 82," *Tribune News Services*, accessed July 15, 2020, https://www.chicagotribune.com/nation-world/ct-gene-cernan-dead-20170116-story.html.

77 Cernan and Davis, *The Last Man on the Moon*.

CHAPTER 2

이 장은 조사하고 글을 쓰면서 가장 재미있고 즐거웠던 부분이다. 함께 대화를 나눠준 캐스린 다우스만(Kathrin Dausmann), 야나 캄베로프, 대니엘 레베스크, 덩컨 미첼, 블레어 울프에게 감사드린다.

1   Roger L. Gentry, "Thermoregulatory Behavior of Eared Seals," *Behaviour* 46, no. 1/2 (1973): 73-93, https://www.jstor.org/stable/4533520.

2   Gentry, "Thermoregulatory Behavior of Eared Seals."

3   Bernd Heinrich, *Why We Run: A Natural History* (New York: HarperCollins, 2009).

4   Heinrich, *Why We Run*.

5   Heinrich, *Why We Run*.

6   Duncan Mitchell et al., "Revisiting Concepts of Thermal Physiology: Predicting Responses of Mammals to Climate Change," in "Linking Organismal Functions, Life History Strategies and Population Performance," ed. Dehua Wang, special feature, *Journal of Animal Ecology* 87, no. 4 (July 2018): 956-73, https://doi.org/10.1111/1365-2656.12818.

7   Mitchell et al., "Revisiting Concepts of Thermal Physiology."

8   Kathleen R. Smith et al., "Colour Change on Different Body Regions Provides Thermal and Signalling Advantages in Bearded Dragon Lizards," *Proceedings of the Royal Society B: Biological Sciences* 283, no. 1832 (June 15, 2016), https://doi.org/10.1098/rspb.2016.0626. Kathleen R. Smith et al., "Color Change for Thermoregulation versus Camouflage in Free-Ranging Lizards," *American Naturalist* 188, no. 6 (December 2016), https://doi.org/10.1086/688765.

9   Mitchell et al., "Revisiting Concepts of Thermal Physiology."

10 Julia Nowack et al., "Variable Climates Lead to Varying Phenotypes: 'Weird' Mammalian Torpor and Lessons from Non-Holarctic Species," *Frontiers in Ecology and Evolution* 8 (2020), https://doi.org/10.3389/fevo.2020.00060.

11 John Bradford, "Torpor Inducing Transfer Habitat for Human Stasis to Mars," NASA, August 7, 2017, http://www.nasa.gov/content/torpor-inducing-transfer-habitat-for-human-stasis-to-mars.

12 Edith J. Mayorga et al., "Heat Stress Adaptations in Pigs," *Animal Frontiers* 9, no. 1 (January 3, 2019): 54–61, https://doi.org/10.1093/af/vfy035.

13 Natalie J. Briscoe et al., "Tree-Hugging Koalas Demonstrate a Novel Thermoregulatory Mechanism for Arboreal Mammals," *Biology Letters* 10, no. 6 (June 2014), https://doi.org/10.1098/rsbl.2014.0235.

14 Terence J. Dawson et al., "Thermoregulation by Kangaroos from Mesic and Arid Habitats: Influence of Temperature on Routes of Heat Loss in Eastern Grey Kangaroos (*Macropus giganteus*) and Red Kangaroos (*Macropus rufus*)," *Physiological and Biochemical Zoology* 73, no. 3 (May 2000): 374–81, https://doi.org/10.1086/316751.

15 Eric Krabbe Smith et al., "Avian Thermoregulation in the Heat: Resting Metabolism, Evaporative Cooling and Heat Tolerance in Sonoran Desert Doves and Quail," *Journal of Experimental Biology* 218, no. 22 (November 1, 2015): 3636–46, https://doi.org/10.1242/jeb.128645. 주머니가 없는 새들도 목 펄럭임을 사용할 수 있다는 점을 알아두자.

16 Robert C. Lasiewski and George A. Bartholomew, "Evaporative Cooling in the Poor-Will and the Tawny Frogmouth," *Condor* 68, no. 3 (1966): 253–62, https://doi.org/10.2307/1365559. 논문에서 언급하고 있는 이 속도는 새의 체온이 섭씨 42.5도로 올라갔을 때의 속도라는 점을 알아두자.

17 Glenn E. Walsberg and Katherine A. Voss-Roberts, "Incubation in Desert-Nesting Doves: Mechanisms for Egg Cooling," *Physiological Zoology* 56, no. 1 (1983): 88–93, http://www.jstor.org/stable/30159969.

18 Walsberg and Voss-Roberts, "Incubation in Desert-Nesting Doves."

19 이 논문에서 설명하는 실험을 진행하는 동안 사막의 온도는 섭씨 45도였다. 하지만 월스버그의 말로는 섭씨 49도까지 올라가는 경우도 흔하다고 한다.

20 Walsberg and Voss-Roberts, "Incubation in Desert-Nesting Doves."

21 Krabbe Smith et al., "Avian Thermoregulation in the Heat."

22 Neil F. Hadley, Michael C. Quinlan, and Michael L Kennedy, "Evaporative Cooling in the Desert Cicada: Thermal Efficiency and Water/Metabolic Cost," *Journal of Experimental Biology* 159 (1991): 269–83.

23 William A. Buttemer, "Effect of Temperature on Evaporative Water Loss of the Australian Tree Frogs *Litoria caerulea* and *Litoria chloris*," *Physiological*

Zoology 63, no. 5 (1990): 1043 − 57, https://www.jstor.org/stable/30152628; and Mohlamatsane Mokhatla, John Measey, and Ben Smit, "The Role of Ambient Temperature and Body Mass on Body Temperature, Standard Metabolic Rate and Evaporative Water Loss in Southern African Anurans of Different Habitat Specialisation," *PeerJ* 7 (2019), https://doi.org/10.7717/peerj.7885.

24 Yana G. Kamberov et al., "Comparative Evidence for the Independent Evolution of Hair and Sweat Gland Traits in Primates," *Journal of Human Evolution* 125 (December 1, 2018): 99 − 105, https://doi.org/10.1016/j.jhevol.2018.10.008.

25 Yana G. Kamberov et al., "A Genetic Basis of Variation in Eccrine Sweat Gland and Hair Follicle Density," *Proceedings of the National Academy of Sciences USA*, July 16, 2015, https://doi.org/10.1073/pnas.1511680112.

26 C. M. Scott, D. J. Marlin, and R. C. Schroter, "Quantification of the Response of Equine Apocrine Sweat Glands to Beta2−Adrenergic Stimulation," *Equine Veterinary Journal* 33, no. 6 (November 2001): 605 − 12, https://doi.org/10.2746/042516401776563463.

27 "Physiology of a Thoroughbred," Blinkers On Racing Stable blog, accessed July 16, 2020, https://blinkersonracing.wordpress.com/category/physiology-of-a-thoroughbred/.

28 G. D. Hutson and M. J. Haskell, "Pre−Race Behaviour of Horses as a Predictor of Race Finishing Order," *Applied Animal Behaviour Science* 53, no. 4 (July 1, 1997): 231 − 48, https://doi.org/10.1016/S0168-1591(96)01162-8.

29 놀라울 정도로 많은 연구자가 내가 좋아하는 '소 증발 측정기(bovine evaporation meter)'를 비롯한 온갖 장치를 이용해서 소의 땀 분비량을 측정했다. K. G. Gebremedhin et al., "Sweating Rates of Dairy Cows and Beef Heifers in Hot Conditions," *Trans ASABE* 51 (January 1, 2008), https://doi.org/10.13031/2013.25397. 어떤 연구자는 검은 소와 흰 소의 땀 분비량을 비교해보기도 했다. Roberto Gomes da Silva and Alex Sandro Campos Maia, "Evaporative Cooling and Cutaneous Surface Temperature of Holstein Cows in Tropical Conditions," *Revista Brasileira de Zootecnia* 40, no. 5 (May 2011): 1143 − 47, https://doi.org/10.1590/S1516-35982011000500028.

그리고 포르투갈의 연구자들은 심지어 땀 분비량 측정의 정확도를 개선하기 위
해 새로운 장치를 고안하기도 했다. 이 방법은 소 피부의 털을 깎아서 거기에
벨크로 테이프를 붙이는 방법이다. Alfredo Manuel Franco Pereira et al., "A
Device to Improve the Schleger and Turner Method for Sweating Rate
Measurements," *International Journal of Biometeorology* 54, no. 1 (January
1, 2010): 37 – 43, https://doi.org/10.1007/ s00484-009-0250-3. 나는 150g/
m²h의 높은 땀 분비량을 채택해서 대략적인 계산을 진행했다.

30 이 계산을 위해 나는 땀이 많은 사람이 시간당 2리터의 땀을 흘린다고 추정했다.
이것은 분당 0.033리터, 즉 분당 6.75티스푼에 해당한다.

31 Yoko Saikawa et al., "The Red Sweat of the Hippopotamus," *Nature* 429,
no. 6990 (May 2004): 363, https://doi.org/10.1038/429363a.

32 냉각되는 낙타 혹의 아주 멋진 열화상 이미지는 이 논문을 참고하기 바란다.
Khalid A. Abdoun et al., "Regional and Circadian Variations of Sweating
Rate and Body Surface Temperature in Camels (Camelus dromedarius),"
Animal Science Journal 83, no. 7 (2012): 556?61, https://doi.org/10.1111/
j.1740-0929.2011.00993.x.

33 Knut Schmidt-Nielsen et al., "Body Temperature of the Camel and Its
Relation to Water Economy," *American Journal of Physiology-Legacy
Content* 188, no. 1 (December 31, 1956): 103 – 12, https://doi.org/10.1152/
ajplegacy.1956.188.1.103. Hanan Bouâouda et al., "Daily Regulation of Body
Temperature Rhythm in the Camel (*Camelus dromedarius*) Exposed to
Experimental Desert Conditions," *Physiological Reports* 2, no. 9 (September
2014), https://doi.org/10.14814/phy2.12151.

34 A. O. Elkhawad, "Selective Brain Cooling in Desert Animals: The Camel
(*Camelus dromedarius*)," *Comparative Biochemistry and Physiology Part
A: Physiology* 101, no. 2 (February 1992), https://doi.org/10.1016/0300-
9629(92)90522-r.

35 A. O. Elkhawad, N. S. Al-Zaid, and M. N. Bou-Resli, "Facial Vessels of
Desert Camel (*Camelus dromedarius*): Role inBrain Cooling," *American
Journal of Physiology—Regulatory, Integrative and Comparative
Physiology* 258, no. 3 (March 1, 1990): R602 – 7, https://doi.org/10.1152/
ajpregu.1990.258.3.R602.

CHAPTER 3

이 장은 크리스 캘러위트, 패멀라 돌턴, 요한 룬드스트룀, 매츠 올슨, 조지 프레티, 앙리 세 레티보(친절하게도 레티보는 내 겨드랑이 냄새를 맡고 평가해주기까지 했다)와의 대화 덕분에 가능했다.

1   A. Gordon James et al., "Microbiological and Biochemical Origins of Human Axillary Odour," *FEMS Microbiology Ecology* 83, no. 3 (March 1, 2013): 527−40, https://doi.org/10.1111/1574-6941.12054.

2   Karl Laden, *Antiperspirants and Deodorants*, 2nd ed. (Boca Raton, FL: CRC Press, 1999).

3   Laden, *Antiperspirants and Deodorants*.

4   ASTM E1207-09, *Standard Guide for Sensory Evaluation of Axillary Deodorancy* (West Conshohocken, PA: ASTM International, February 1, 2009), https://doi.org/10.1520/E1207-09.

5   ASTM E1207-09, *Standard Guide*.

6   ASTM E1207-09, *Standard Guide*.

7   ASTM E1207-09, *Standard Guide*.

8   "The B.O. Wheel," *Slate*, March 25, 2009, https://slate.com/technology/2009/03/the-b-o-wheel.html.

9   Thomas Darnstädt et al., "Stasi Methods Used to Track G8 Opponents: The Scent of Terror," *Der Spiegel—International*, May 23, 2007, https://www.spiegel.de/international/germany/stasi-methods-used-to-track-g8-opponents-the-scent-of-terror-a-484561.html.

10 Darnstädt et al., "Stasi Methods."

11 Darnstädt et al., "Stasi Methods."

12 James et al., "Microbiological and Biochemical Origins."

13 Takayoshi Fujii et al., "A Newly Discovered *Anaerococcus* Strain Responsible for Axillary Odor and a New Axillary Odor Inhibitor, Pentagalloyl Glucose," *FEMS Microbiology Ecology* 89, no. 1 (July 2014): 198−207, https://doi.org/10.1111/1574-6941.12347.

14 James et al., "Microbiological and Biochemical Origins."

15 Xiao-Nong et al., "An Investigation of Human Apocrine Gland Secretion

for Axillary Odor Precursors," *Journal of Chemical Ecology* 18 (July 1992): 1039 – 55, https://doi.org/10.1007/BF00980061.

16 M. Troccaz et al., "Gender-Specific Differences between the Concentrations of Nonvolatile (R)/(S)-3-Methyl-3-Sulfanylhexan-1-Ol and (R)/(S)-3-Hydroxy-3-Methyl-Hexanoic Acid Odor Precursors in Axillary Secretions," *Chemical Senses* 34, no. 3 (December 16, 2008): 203 – 10, https://doi.org/10.1093/chemse/bjn076.

17 Tsviya Olender, Doron Lancet, and Daniel W. Nebert, "Update on the Olfactory Receptor (OR) Gene Superfamily," *Human Genomics* 3, no. 1 (September 1, 2008): 87 – 97, https://doi.org/10.1186/1479-7364-3-1-87.

18 Drupad K. Trivedi et al., "Discovery of Volatile Biomarkers of Parkinson's Disease from Sebum," *ACS Central Science* 5, no. 4 (April 24, 2019): 599, https://doi.org/10.1021/acscentsci.8b00879.

19 Lorenzo Ramirez et al., "Exploring Ovarian Cancer Detection Using an Interdisciplinary Investigation of Its Volatile Odor Signature," *Journal of Clinical Oncology* 36, no. 15 suppl (May 20, 2018): e17524 – e17524, https://doi.org/10.1200/JCO.2018.36.15_suppl.e17524.

20 Mats J. Olsson et al., "The Scent of Disease: Human Body Odor Contains an Early Chemosensory Cue of Sickness," *Psychological Science* 25, no. 3 (January 22, 2014): 817 – 23, https://doi.org/10.1177/0956797613515681.

21 Jasper H. B. de Groot, Monique A. M. Smeets, and Gün R. Semin, "Rapid Stress System Drives Chemical Transfer of Fear from Sender to Receiver," *PLOS ONE* 10, no. 2 (February 27, 2015), https://doi.org/10.1371/journal.pone.0118211; and Pamela Dalton et al., "Chemosignals of Stress Influence Social Judgments," *PLOS ONE* 8, no. 10 (October 9, 2013): e77144, https://doi.org/10.1371/journal.pone.0077144.

22 Annette Martin et al., "Effective Prevention of Stress-Induced Sweating and Axillary Malodour Formation in Teenagers," *International Journal of Cosmetic Science* 33 (February 1, 2011): 90 – 97, https://doi.org/10.1111/j.1468-2494.2010.00596.x.

23 Johanna U. Frisch, Jan A. Hausser, and Andreas Mojzisch, "The Trier Social Stress Test as a Paradigm to Study How People Respond to Threat in Social

Interactions," *Frontiers in Psychology* 6 (February 2, 2015), https://doi.org/10.3389/fpsyg.2015.00014.

24 Jasper H. B. de Groot, Gün R. Semin, and Monique A. M. Smeets, "Chemical Communication of Fear: A Case of Male–Female Asymmetry," *Journal of Experimental Psychology: General* 143, no. 4 (2014): 1515–25, https://doi.org/10.1037/a0035950; and Jasper H. B. de Groot, Gün R. Semin, and Monique A. M. Smeets, "I Can See, Hear, and Smell Your Fear: Comparing Olfactory and Audiovisual Media in Fear Communication," *Journal of Experimental Psychology: General* 143, no. 2 (2014): 825–34, https://doi.org/10.1037/a0033731.

25 Gérard Brand and Jean-Louis Millot, "Sex Differences in Human Olfaction: Between Evidence and Enigma," *Quarterly Journal of Experimental Psychology B: Comparative and Physiological Psychology* 54B, no. 3 (2001): 259–70, https://doi.org/10.1080/02724990143000045.

26 Tom Mangold, *Splashed!: A Life from Print to Panorama* (London: Biteback, 2016).

27 Innocence Project, "In Focus: Eyewitness Misidentification," October 21, 2008, https://www.innocenceproject.org/in-focus-eyewitness-misidentification/.

28 Laura Alho et al., "Nosewitness dentification: Effects of Lineup Size and Retention Interval," *Frontiers in Psychology* 7 (May 30, 2016), https://doi.org/10.3389/fpsyg.2016.00713.

29 Dustin J. Penn et al., "Individual and Gender Fingerprints in Human Body Odour," *Journal of the Royal Society Interface* 4, no. 13 (April 22, 2007): 331–40, https://doi.org/10.1098/rsif.2006.0182.

30 Koh-ichiro Yoshiura et al., "A SNP in the ABCC11 Gene Is the Determinant of Human Earwax Type," *Nature Genetics* 38, no. 3 (March 2006): 324–30, https://doi.org/10.1038/ng1733.

31 Mark Harker et al., "Functional Characterisation of a SNP in the ABCC11 Allele—Effects on Axillary Skin Metabolism, Odour Generation and Associated Behaviours," *Journal of Dermatological Science* 73, no. 1 (January 2014): 23–30, https://doi.org/10.1016/j.jdermsci.2013.08.016.

32 Patrick Süskind, *Perfume: The Story of a Murderer* (New York: Vintage, 2001). 1985년 디오게네스 출판사에서 처음 발간되었으며, 영문판은 1986년 뉴욕 알프레드 A. 노프에서 처음 발간되었다.

CHAPTER 4

냄새에 대한 자신의 취향과 이 주제를 다룬 연구에 대해 내게 말해준 수많은 사람에게 끝없는 감사를 전한다. 특히 페로몬에 관해 놀라운 교과서를 쓴 트리스트럼 와이엇과 인간성 좋은 훌륭한 과학자 조지 프레티에게 감사드린다. 그리고 매츠 올슨, 요한 룬드스트룀, 베티나 파우제, 클라우스 베데킨트와도 정말 좋은 대화를 나누었다.

1 모스크바의 폴리테크닉 박물관(Polytechnic Museum)에서 주최하는 과학 폴리테크닉 축제. "Festival Polytech, 27 – 28 May 2017, Gorky Park," Polytechnic Museum, http://fest.polymus.ru/en/.

2 H. Varendi and R. H. Porter, "Breast Odour as the Only Maternal Stimulus Elicits Crawling Towards the Odour Source," *Acta Paediatrica (Oslo, Norway: 1992)* 90, no. 4 (April 2001): 372 – 75, http://www.ncbi.nlm.nih.gov/pubmed/11332925; and Sébastien Doucet et al., "The Secretion of Areolar (Montgomery's) Glands from Lactating Women Elicits Selective, Unconditional Responses in Neonates," *PLOS ONE* 4, no. 10 (October 23, 2009): e7579, https://doi.org/10.1371/journal.pone.0007579.

3 Tristram D. Wyatt, *Pheromones and Animal Behavior: Chemical Signals and Signatures*, 2nd ed. (New York: Cambridge University Press, 2014), 279, https://doi.org/10.1017/CBO9781139030748.

4 Johan N. Lundström et al., "Maternal Status Regulates Cortical Responses to the Body Odor of Newborns," *Frontiers in Psychology* 4 (2013), https://doi.org/10.3389/fpsyg.2013.00597.

5 Wyatt, *Pheromones and Animal Behavior*, 278 – 79.

6 Ilona Croy, Viola Bojanowski, and Thomas Hummel, "Men Without a Sense of Smell Exhibit a Strongly Reduced Number of Sexual Relationships, Women Exhibit Reduced Partnership Security—A Reanalysis of Previously Published Data," *Biological Psychology* 92, no. 2 (February 1, 2013): 292 –

94, https://doi.org/10.1016/j.biopsycho.2012.11.008.

7   Ann-Sophie Barwich, "A Sense So Rare: Measuring Olfactory Experiences and Making a Case for a Process Perspective on Sensory Perception," *Biological Theory* 9, no. 3 (September 1, 2014): 258–68, https://doi.org/10.1007/s13752-014-0165-z.

8   John P. McGann, "Poor Human Olfaction Is a 19th-Century Myth," *Science* 356, no. 6338 (May 12, 2017), https://doi.org/10.1126/science.aam7263.

9   McGann, "Poor Human Olfaction."

10 Jess Porter et al., "Mechanisms of Scent-Tracking in Humans," *Nature Neuroscience* 10, no. 1 (January 2007): 27–29, https://doi.org/10.1038/nn1819. 엄밀하게 말하면 이 연구가 발표된 시기는 2007년이기 때문에 연구는 그보다 앞선 연도에 이루어졌을 수도 있다.

11 Idan Frumin et al., "A Social Chemosignaling Function for Human Handshaking," *eLife* 4 (March 3, 2015): e05154, https://doi.org/10.7554/eLife.05154.

12 Frumin et al., "A Social Chemosignaling Function."

13 Dustin J. Penn et al., "Individual and Gender Fingerprints in Human Body Odour," *Journal of the Royal Society Interface* 4, no. 13 (April 22, 2007): 331–40, https://doi.org/10.1098/rsif.2006.0182.

14 Yolanda Martins et al., "Preference for Human Body Odors Is Influenced by Gender and Sexual Orientation," *Psychological Science* 16, no. 9 (September 2005): 694–701, https://doi.org/10.1111/j.1467-9280.2005.01598.x.

15 Claus Wedekind et al., "MHCDependent Mate Preferences in Humans," *Proceedings of the Royal Society B: Biological Sciences* 260, no. 1359 (June 22, 1995): 245–49, https://doi.org/10.1098/rspb.1995.0087.

16 Claus Wedekind and Sandra Füri, "Body Odour Preferences in Men and Women: Do They Aim for Specific MHC Combinations or Simply Heterozygosity?," *Proceedings of the Royal Society B: Biological Sciences* 264, no. 1387 (October 22, 1997): 1471–79, https://doi.org/10.1098/rspb.1997.0204. 다음 자료도 참고하라. Craig Roberts et al., "MHC-Correlated Odour Preferences in Humans and the Use of Oral Contraceptives," *Proceedings of the Royal Society B: Biological Sciences* 275, no. 1652

(December 7, 2008): 2715 – 22, https://doi.org/10.1098/rspb.2008.0825.

17 Geoffrey Miller, Joshua M. Tybur, and Brent D. Jordan, "Ovulatory Cycle Effects on Tip Earnings by Lap Dancers: Economic Evidence for Human Estrus?," *Evolution and Human Behavior* 28, no. 6 (November 2007): 375 – 81, https://doi.org/10.1016/j.evolhumbehav.2007.06.002.

18 Shani Gelstein et al., "Human Tears Contain a Chemosignal," *Science* 331, no. 6014 (January 14, 2011): 226 – 30, https://doi.org/10.1126/science.1198331.

19 Katrin T. Lübke et al., "Pregnancy Reduces the Perception of Anxiety," *Scientific Reports* 7, no. 1 (August 23, 2017): 9213, https://doi.org/10.1038/s41598-017-07985-0.

20 이 논문은 1961년에 발표됐다. 봄비콜을 발견한 사람은 아돌프 부테난트(Adolf Butenandt)다. 그는 제2차 세계대전에 나치당에 합류해 다양한 전쟁과학 프로젝트 연구에 참여했다. 그는 성호르몬에 관한 연구로 1939년에 노벨상을 받았고, 나중에는 막스 플랑크 협회(Max Planck Society)의 회장을 맡기도 했다. Adolf Butenandt, Rüdiger Beckmann, and Erich Hecker, "Über den sexual-lockstoff des Seidenspinners, I. Der Biologische Test und die Isolierung des Reinen Sexuallockstoffes Bombykol," *Biological Chemistry* 324, no. Jahresband (January 1, 1961): 71 – 83, https://doi.org/10.1515/bchm2.1961.324.1.71.

21 생물학은 본질적으로 카오스적이다. 예외 없이 항상 진실인 것은 없다. 그렇게 주장하는 과학자가 있다면 아마도 뭔가 팔아먹을 것이 있는 사람일 것이다. 하지만 봄비콜 암컷의 수컷 유혹 능력만큼은 생물학적으로 100퍼센트에 가깝다.

22 Wyatt, *Pheromones and Animal Behavior*, 261.

23 Wyatt, *Pheromones and Animal Behavior*, 296.

24 Alla Katsnelson, "What Will It Take to Find a Human Pheromone?," *ACS Central Science* 2, no. 10 (October 26, 2016): 678 – 81, https://www.ncbi.nlm.nih.gov/pmc/articles/PMC5084077/.

CHAPTER 5

정말 많은 사람이 땀 목욕에 대해 대화를 나눠주었다. 특히 미켈 아란드(Mikkel

Aaland), 리스토 엘로마, 야리 라우카넨, 투오모 사르키코스키, 라세 에릭슨(Lasse Erikson), 롭 케이제르(Rob Keijzer), 파올로 델로모(Paolo Dell'Omo)와의 대화에서 많은 것을 배웠다.

1   Thermen Soesterberg (website), accessed September 1, 2020, https://www. thermensoesterberg.nl/home.

2   Aufguss WM (website), accessed September 1, 2020, https://www.aufguss-wm.com/en/.

3   Michael Zech et al., "Sauna, Sweat and Science—Quantifying the Proportion of Condensation Water versus Sweat Using a Stable Water Isotope (2H/1H and 18O/16O) Tracer Experiment," *Isotopes in Environmental and Health Studies* 51, no. 3 (July 3, 2015): 439–47, https://doi.org/10.1080/10256016.2015.1057136.

4   Zech et al., "Sauna, Sweat and Science."

5   Katriina Kukkonen-Harjula et al., "Haemodynamic and Hormonal Responses to Heat Exposure in a Finnish Sauna Bath," *European Journal of Applied Physiology and Occupational Physiology* 58, no. 5 (March 1, 1989): 543–50, https://doi.org/10.1007/BF02330710.

6   E. Ernst, "Sauna—A Hobby or for Health?," *Journal of the Royal Society of Medicine* 82, no. 11 (November 1989): 639, https://doi.org/10.1177/014107688908201103.

7   그는 1990년에 이 연구를 출간했다. E. Ernst et al., "Regular Sauna Bathing and the Incidence of Common Colds," *Annals of Medicine* 22, no. 4 (January 1990): 225–27, https://doi.org/10.3109/07853899009148930.

8   Ernst et al., "Regular Sauna Bathing."

9   Tanjaniina Laukkanen et al., "Association Between Sauna Bathing and Fatal Cardiovascular and All-Cause Mortality Events," *JAMA Internal Medicine* 175, no. 4 (April 1, 2015): 542, https://doi.org/10.1001/jamainternmed.2014.8187. 내가 이 연구를 지목하는 이유는 수십 년에 걸쳐 남은 남성을 대상으로 이루어졌기 때문이다. 작은 표본 규모로 진행된 여러 연구에서는 상충하는 연구 결과가 나왔다.

10   Y. Ikeda et al., "Repeated Sauna Therapy Increases Arterial Endothelial

Nitric Oxide Synthase Expression and Nitric Oxide Production in Cardiomyopathic Hamsters," *Circulation Journal* 69, no. 6 (June 2005): 722‑29, https://doi.org/10.1253/circj.69.722.

11. 사우나에 대한 과학적 연구에서 상충되는 결과가 나오는 경우가 많았다. 내가 이 논문을 강조한 이유 역시 표본의 규모가 컸기 때문이다. Laukkanen et al., "Association Between Sauna Bathing."

12 Stephen A. Colmant and Rod J. Merta, "Sweat Therapy," *Journal of Experiential Education* 23, no. 1 (June 1, 2000): 31‑38, https://doi.org/10.1177/105382590002300106; and Allen Eason, Stephen Colmant, and Carrie Winterowd, "Sweat Therapy Theory, Practice, and Efficacy," *Journal of Experiential Education* 32, no. 2 (November 1, 2009): 121‑36, https://doi.org/10.1177/105382590903200203.

13 Eason, Colmant, and Winterowd, "Sweat Therapy Theory, Practice, and Efficacy."

14 Eason, Colmant, and Winterowd, "Sweat Therapy Theory, Practice, and Efficacy."

15 "Archaeological Ruins at Moenjodaro," UNESCO World Heritage Centre, accessed July 23, 2020, https://whc.unesco.org/en/list/138/.

16 Brigit Katz, "14th‑Century Steam Bath Found in Mexico City," *Smithsonian Magazine*, accessed July 23, 2020, https://www.smithsonianmag.com/smart-news/14th-century-steam-bath-found-mexico-city-180974049/.

17 Global Wellness Summit, "8 Wellness Trends for 2017—and Beyond," accessed September 1, 2020, https://www.globalwellnesssummit.com/wp-content/uploads/Industry-Research/8WellnessTrends_2017.pdf.

18 Tuomo Särkikoski, *Kiukaan kutsu ja löylyn lumo: Suomalaisen saunomisen vuosikymmeniä* (Helsinki: Gummerus, 2012).

19 "50 Stunning Olympic Moments No31: Paavo Nurmi Wins 5,000m in 1924|Simon Burnton," *Guardian*, May 18, 2012, http://www.theguardian.com/sport/blog/2012/may/18/50-stunning-olympic-moments-paavo-nurmi.

20 Särkikoski, *Kiukaan kutsu ja löylyn lumo*.

21 "What You Need to Know About So-Hot-Right-Now Infrared Spa

Therapy," *Bloomberg*, March 24, 2017, https://www.bloomberg.com/news/articles/2017-03-24/what-you-need-to-know-about-so-hot-right-now-infrared-spa-therapy.

22 Andrew Osborn, "Nikita in Hot Water for Sauna Frolic," *Guardian*, November 30, 2001, http://www.theguardian.com/world/2001/dec/01/russia.andrewosborn.

CHAPTER 6

이 장은 여러 인터뷰를 통해 나왔다. 특히 스티븐 블레이(Stephen Bleay), 시모나 프 랜시스, 얀 할라멕(Jan Halámek), 김자영, 질리언 뉴턴, 존 로저스(John Rogers), 줄 리안 셈피오나토(Juliane Sempionatto), 조지프 왕(Joseph Wang)과의 인터뷰가 많 은 도움이 됐다.

1   R. Bradshaw, N. Denison, and S. Francese, "Implementation of MALDI MS Profiling and Imaging Methods for the Analysis of Real Crime Scene Fingermarks," *Analyst* 142, no. 9 (2017): 1581–90, https://doi.org/10.1039/C7AN00218A.

2   S. Francese, R. Bradshaw, and N. Denison, "An Update on MALDI Mass Spectrometry Based Technology for the Analysis of Fingermarks—Stepping into Operational Deployment," *Analyst* 142, no. 14 (2017): 2518–46, https://doi.org/10.1039/C7AN00569E.

3   Bradshaw, Denison, and Francese, "Implementation of MALDI MS Profiling and Imaging Methods."

4   Peter Jatlow et al., "Alcohol Plus Cocaine: The Whole Is More Than the Sum of Its Parts," *Therapeutic Drug Monitoring* 18, no. 4 (August 1996): 460–64, https://doi.org/10.1097/00007691-199608000-00026.

5   Jatlow et al., "Alcohol Plus Cocaine."

6   Gertrud Hauser, "Galton and the Study of Fingerprints," in *Sir Francis Galton, FRS: The Legacy of His Ideas: Proceedings of the Twenty-Eighth Annual Symposium of the Galton Institute, London, 1991*, ed. Milo Keynes. Studies in Biology, Economy and Society (London: Palgrave Macmillan,

1993), 144－57, https://doi.org/10.1007/978-1-349-12206-6_10.

7   Svante Oden and Bengt von Hofsten, "Detection of Fingerprints by the Ninhydrin Reaction," *Nature* 173 (March 6, 1954): 449－50.

8   스티븐 블레이, 2018년 1월 2일 저자와의 전화 인터뷰.

9   F. Cuthbertson, *The Chemistry of Fingerprints*, AWRE Report No. 013/69 (Aldermaston: UK Atomic Energy Authority, 1969).

10 낭포성 섬유증이 있는 사람의 땀이 소금기가 대단히 많은 이유는 폐에서 제대로 기능하지 못하는 것과 똑같은 염소 이온 세포막수송체(membrane transporter)가 에크린땀샘에서 땀이 땀구멍을 통과할 때 소금 이온을 제대로 회수하지 못하기 때문이다. 그래서 염소의 농도가 평균보다 높아진다. 이것을 보고 의사는 그 사람이 낭포성 섬유증이 있을지도 모른다는 사실을 감지할 수 있다. Avantika Mishra, Ronda Greaves, and John Massie, "The Relevance of Sweat Testing for the Diagnosis of Cystic Fibrosis in the Genomic Era," *Clinical Biochemist Reviews / Australian Association of Clinical Biochemists* 26, no. 4 (November 2005): 135－53, https://www.ncbi.nlm.nih.gov/ pmc/articles/ PMC1320177/.

11 2007년에 세르게이 G. 카자리안(Sergei G. Kazarian)과 동료들이 ATR-FT-IR(attenuated total reflection Fourier transform infrared)을 이용해 지문 속 화학물질의 이미지를 촬영할 것을 처음으로 제안했다. Camilla Ricci et al., "Chemical Imaging of Latent Fingerprint Residues," *Applied Spectroscopy* 61, no. 5 (May 1, 2007): 514－22, https://doi.org/10.1366/000370207780807849. 그 후 MALDI 질량분석법이 더 발전되고 널리 보급된 지문 화학 분석법으로 자리 잡았다. 다음의 자료를 참고하라. Francese, Bradshaw, and Denison, "An Update on MALDI Mass Spectrometry Based Technology."

12 Francese, Bradshaw, and Denison, "An Update on MALDI Mass Spectrometry Based Technology."

13 Francese, Bradshaw, and Denison, "An Update on MALDI Mass Spectrometry Based Technology."

14 François duc de La Rochefoucauld et al., *Innocent Espionage: The La Rochefoucauld Brothers' Tour of England in 1785* (Woodbridge, UK: Boydell & Brewer, 1995).

15 Walter White, *A Month in Yorkshire* (London: Chapman & Hall, 1861).

16 "10 of the Funniest Quotes Ever Written About Sheffield," *Sheffield Telegraph*, January 18, 2018, https://www.sheffieldtelegraph.co.uk/read-this/10-funniest-quotes-ever-written-about-sheffield-439032.

17 George Orwell, *The Complete Works of George Orwell: Novels, Memoirs, Poetry, Essays, Book Reviews & Articles: 1984, Animal Farm, Down and Out in Paris and London, Prophecies of Fascism...* (e-artnow, 2019).

18 Simon Price, "Why Sheffield?," *Guardian*, April 24, 2004, https://www.theguardian.com/music/2004/apr/24/popandrock2.

19 Duncan Sayer, *Ethics and Burial Archaeology* (London: Bloomsbury, 2017).

20 "National Centre for Popular Music—Projects," Nigel Coates, accessed July 8, 2020, https://nigelcoates.com/projects/project/national_centre_for_popular_music.

21 "Rotting Chicken Shows Food Emissions Role," BBC News, accessed July 8, 2020, https://www.bbc.com/news/av/science-environment-34937844/rotting-chicken-shows-food-emissions-role.

22 "Rotting Chicken Shows Food Emissions Role."

23 Jan Havlicek and Pavlina Lenochova, "The Effect of Meat Consumption on Body Odor Attractiveness," *Chemical Senses* 31, no. 8 (October 1, 2006): 747–52, https://doi.org/10.1093/chemse/bjl017.

24 Francese, Bradshaw, and Denison, "An Update on MALDI Mass Spectrometry Based Technology."

25 Crystal Huynh et al., "Forensic Identification of Gender from Fingerprints," *Analytical Chemistry* 87, no. 22 (November 17, 2015): 11531–36, https://doi.org/10.1021/acs.analchem.5b03323.

26 Huynh et al., "Forensic Identification of Gender."

27 Huynh et al., "Forensic Identification of Gender."

28 Amy Harmon, "Defense Lawyers Fight DNA Samples Gained on Sly," *New York Times*, April 3, 2008, Science, https://www.nytimes.com/2008/04/03/science/03dna.html.

29 테네시대학교 녹스빌 캠퍼스의 법학과 교수 멜라니 베일러(Melanie Baylor)는 이렇게 적었다. "누군가가 자신의 쓰레기 혹은 자신의 생물학적 물질에 대한 통

제권을 유지하려는 노력 없이 공공에 노출된 상태로 내버려두었다면, 생물학적이든 아니든 그 쓰레기에 관한 한 미 헌법 수정조항 제4조에 따르는 보호의 권리를 모두 상실한다." 다음의 자료를 참고하라. Melanie D. Wilson, "DNA—Intimate Information or Trash for Public Consumption?," SSRN Scholarly Paper (Rochester, NY: Social Science Research Network, August 31, 2009), https://papers.ssrn.com/abstract=1465043.

30 Val Van Brocklin, "How Surreptitious DNA Sampling Is Knocking on the Supreme Court's Door," *PoliceOne*, July 29, 2015, https://www.policeone.com/legal/articles/how-surreptitious-dna-sampling-is-knocking-on-the-supreme-courts-door-Aa9RMYXdJbCmYrX2/.

31 은밀한 DNA 표본 채취에 더해서 사생활 옹호론자들은 법의학자들이 범죄 현장에서 나온 DNA를 가지고 DNA 가계도 데이터베이스에서 가족관계를 검사하려고 할 때 생길 수 있는 사생활 침해에 대해서도 우려한다. 지문 데이터베이스를 소급해 화학적 지문 분석을 하는 것에 대한 사생활 침해 우려는 덜한 편이다. 데이터베이스에 들어간 내용이 화학적 정보가 빠져 있는 디지털 지문 이미지이기 때문이다. 하지만 저장소에 보관된 지문이 찍힌 어떤 범죄 현장의 물건이라도 소급해서 분석할 수 있다.

32 Amay J. Bandodkar et al., "Wearable Sensors for Biochemical Sweat Analysis," *Annual Review of Analytical Chemistry* 12, no. 1 (June 12, 2019): 1–22, https://doi.org/10.1146/annurev-anchem-061318-114910.

33 Catherine Offord, "Will the Noninvasive Glucose Monitoring Revolution Ever Arrive?," *Scientist*, October 12, 2017, https://www.the-scientist.com/news-analysis/will-the-noninvasive-glucose-monitoring-revolution-ever-arrive-30754.

34 "L'Oréal Unveils Prototype of First-Ever Wearable Microfluidic Sensor to Measure Skin pH Levels," L'Oréal, January 7, 2019, https://mediaroom.loreal.com/en/loreal-unveils-prototype-of-first-ever-wearable-microfluidic-sensor-to-measure-skin-ph-levels/.

35 엄밀하게 따지면 FDA가 2001년에 만 18세 이상의 성인을 대상으로 승인하고, 2002년에 만 7~17세 아동을 대상으로 승인했다. "Summary of Safety and Effectiveness Data—GlucoWatch," FDA, August 26, 2002, https://www.accessdata.fda.gov/cdrh_docs/pdf/P990026S008b.pdf.

36 "Summary of Safety and Effectiveness Data—GlucoWatch."

37 "Summary of Safety and Effectiveness Data—GlucoWatch."

38 "Summary of Safety and Effectiveness Data—GlucoWatch."

39 Offord, "Will the Noninvasive Glucose Monitoring Revolution Ever Arrive?"

40 Offord, "Will the Noninvasive Glucose Monitoring Revolution Ever Arrive?"

41 "포도당을 피부 밖으로 뽑아내는 데 필요한 전류는 피부에 발적과 작열감(심지어
   는 물집)을 일으킬 수 있는 수준이었다. 그리고 그 정확도는 신뢰성 있게 사용할
   수 있는 수준이 아니었고, 심지어 혈당치가 낮아졌음을 알리는 경고로 사용하기에
   도 부족했다." 당뇨 산업 컨설턴트 존 스미스(John L. Smith)가 다음 책에서 적은
   내용이다. The Pursuit of Noninvasive Glucose, 5th ed., 2017, https://www.
   researchgate.net/publication/317267760_The_Pursuit_of_Noninvasive_
   Glucose_5th_Edition. 다음의 자료도 참고하길 바란다. Offord, "Will the
   Noninvasive Glucose Monitoring Revolution Ever Arrive?"

42 Offord, "Will the Noninvasive Glucose Monitoring Revolution Ever Arrive?"

43 The Diabetes Research in Children Network (DirecNet) Study Group,
   "Accuracy of the GlucoWatch G2 Biographer and the Continuous Glucose
   Monitoring System During Hypoglycemia. Experience of the Diabetes
   Research in Children Network (DirecNet)," Diabetes Care 27, no. 3 (March
   2004): 722-26, https://www.ncbi.nlm.nih.gov/pmc/articles/PMC2365475/.

44 David Kliff, "The Return of the 'GlucoWatch,'" Diabetic Investor (blog), July
   22, 2013, https://diabeticinvestor.com/the-return-of-the-glucowatch-2/.

45 Offord, "Will the Noninvasive Glucose Monitoring Revolution Ever Arrive?"

46 Donato Vairo et al., "Towards Addressing the Body Electrolyte Environment
   via Sweat Analysis: Pilocarpine Iontophoresis Supports Assessment of
   Plasma Potassium Concentration," Scientific Reports 7, no. 1 (September
   18, 2017): 11801, https://doi.org/10.1038/s41598-017-12211-y.

47 E. A. Cavalheiro et al., "Long-Term Effects of Pilocarpine in Rats: Structural
   Damage of the Brain Triggers Kindling and Spontaneous Recurrent
   Seizures," Epilepsia 32, no. 6 (December 1991): 778-82, https://doi.
   org/10.1111/j.1528-1157.1991.tb05533.x.

48 존 A. 로저스, 2019년 2월 10일 저자와의 전화 인터뷰.

49 Bandodkar et al., "Wearable Sensors for Biochemical Sweat Analysis."

50 "About Us," SCRAM Systems, accessed July 9, 2020, https://www.scramsystems.com/our-company/about-us/.

51 John D. Roache et al., "Using Transdermal Alcohol Monitoring to Detect Low-Level Drinking," *Alcoholism, Clinical and Experimental Research* 39, no. 7 (July 2015): 1120–27, https://doi.org/10.1111/acer.12750.

52 "What Is the SCRAM CAM Bracelet and How Does It Work?," SCRAM Systems, December 11, 2018, https://www.scramsystems.com/scram-blog/what-is-scram-cam-bracelet-how-does-it-work/.

53 "Counties Augmenting Roadside Checkpoints, Media Campaigns With 24/7 Monitoring to Curb Drunk Drivers," SCRAM Systems, accessed July 9, 2020, https://www.scramsystems.com/media-room/counties-augmenting-roadside-checkpoints-media-campaigns-with-24-7-monitori/.

54 스크램 시스템스의 쇼나 루소비크, 2020년 5월 14일 팩트 체커 알라 카츠넬손과의 이메일 교환 내용.

55 John Eligon, "Not Just for the Drunk and Famous: Ankle Bracelets That Monitor Alcohol," *New York Times*, May 30, 2010, https://www.nytimes.com/2010/05/31/nyregion/31ankle.html.

56 Courtney Rubin, "Michelle Rodriguez Complains About Ankle Bracelet," People.com, February 21, 2007, https://people.com/celebrity/michelle-rodriguez-complains-about-ankle-bracelet/.

57 Rubin, "Michelle Rodriguez."

58 로저스, 저자와의 전화 인터뷰.

CHAPTER 7

많은 사람이 친절하게도 시간을 할애해주었다. 특히 앤디 블로, 타마라 휴버틀러, 하인다넬, 유진 래버티, 앨런 매커빈, 마이클 피커링(Michael Pickering), 마이우르 란코르다스(Mayur Rancordas), 시셀 톨로스, 그 외 많은 분에게 감사드린다.

1 Chris Ip, "On the Nose | Engadget," *Engadget* (blog), October 26, 2018, https://www.engadget.com/2018-10-26-on-the-nose-sissel-tolaas-detroit-exhibition.html.

2   Roman Kaiser, "Headspace: An Interview with Roman Kaiser," *Future Anterior* 13, no. 2 (2016): 1-9.

3   이 치즈 분자 때문에 톨로스는 땀 표본을 이용해 치즈를 만들어볼 생각을 하게 됐다. 우리 피부에 사는 수조 마리의 미생물을 떠올리며 톨로스는 그 치즈 냄새를 만들어내는 세균을 이용해서 진짜 치즈를 만들 수는 없을지 궁금해졌다. 그녀는 예술가와 명사들에게 땀 표본을 요청해서 마크 저커버그(Mark Zuckerberg)의 겨드랑이 땀, 한스 울리히 오브리스트(Hans Ulrich Obrist)의 이마 땀 같은 표본을 받아서 이를 우유에 넣었다. 최고의 결과는 데이비드 베컴(David Beckham)으로부터 나왔다. 그의 땀에 전 스니커즈 운동화에서 림버거 치즈(Limburger cheese)가 만들어진 것이다.

4   "Artificial Perspiration 2," Pickering Test Solutions, accessed July 7, 2020, https://www.pickeringtestsolutions.com/artificial-perspiration2/.

5   픽커링 랩스 최고경영자 마이클 피커링, 2007년 3월 12일 저자와의 전화 인터뷰.

6   픽커링, 저자와의 전화 인터뷰.

7   저자가 2019년 5월 9일 레베카 스미스와 이메일로 서신 교환한 내용.

8   Klara Midander et al., "Nickel Release from Nickel Particles in Artificial Sweat," *Contact Dermatitis* 56, no. 6 (June 15, 2007): 325-30, https://doi.org/10.1111/j.1600-0536.2007.01115.x.

9   Sarah Everts, "Pseudo Sweat," *Newscripts* (blog), March 26, 2007, https://cen.acs.org/articles/85/i13/Newscripts.html.

10 스미스, 저자와의 서신.

11 스미스, 저자와의 서신.

12 Criterion Collection, *Vive le tour—Refueling*, accessed December 11, 2017, https://www.youtube.com/watch?v=2nLxAKwtBb4.

13 Criterion Collection, *Vive le tour—Refueling*.

14 Timothy Noakes, *Waterlogged: The Serious Problem of Overhydration in Endurance Sports* (Champaign, IL: Human Kinetics, 2012), xiii.

15 Noakes, *Waterlogged*.

16 타마라 휴버틀러, 2018년 2월 8일 저자와의 전화 인터뷰.

17 휴버틀러, 저자와의 전화 인터뷰.

18 Christie Aschwanden, *Good to Go: What the Athlete in All of Us Can Learn from the Strange Science of Recovery* (New York: W. W. Norton, 2019), 46.

19 J. Batcheller, "Disorders of Antidiuretic Hormone Secretion," *AACN Clinical Issues in Critical Care Nursing* 3, no. 2 (1992): 370–78, https://doi.org/10.4037/15597768-1992-2009.

20 "Gatorade Company History," Gatorade, accessed July 7, 2020, http://www.gatorade.com.mx/company/heritage.

21 Noakes, *Waterlogged*, xvii.

22 Noakes, *Waterlogged*, xvii.

23 앨런 매커빈, 2017년 12월 22일 저자와의 전화 인터뷰.

24 C. Heneghan et al., "Forty Years of Sports Performance Research and Little Insight Gained," *BMJ* 345 (July 18, 2012): e4797, https://doi.org/10.1136/bmj.e4797.

25 글락소스미스클라인(GlaxoSmithKline)이라는 한 제조업체만 연구자들에게 루코제이드라는 탄수화물 함유 스포츠음료 제품에 관한 주장을 뒷받침하는 데 사용된 포괄적인 실험 참고 문헌을 제공했다. 이 논문에서는 다음과 같이 지적하고 있다. "선도적인 스포츠음료의 다른 제조업체에서는 포괄적인 참고 문헌을 제공하지 않았고, 체계적인 리뷰가 없는 상황에서 우리는 이 논문에서 제기한 방법론적 이유가 다른 모든 스포츠음료에도 적용되리라 추정했다." Heneghan et al., "Forty Years of Sports Performance Research."

26 Heneghan et al., "Forty Years of Sports Performance Research."

27 Mark Kurlansky, *Salt: A World History* (Toronto: Vintage Canada, 2002).

28 Lindsay B. Baker, "Sweating Rate and Sweat Sodium Concentration in Athletes: A Review of Methodology and Intra/Interindividual Variability," *Sports Medicine* 47 (2017): 111–28, https://doi.org/10.1007/s40279-017-0691-5.

29 Baker, "Sweating Rate and Sweat Sodium Concentration."

30 알란 매커빈과의 전화 인터뷰. 2020년 7월 31일 줌(Zoom)을 통한 팩트체커와의 후속 확인.

31 S. M. Shirreffs and R. J. Maughan, "Whole Body Sweat Collection in Humans: An Improved Method with Preliminary Data on Electrolyte Content," *Journal of Applied Physiology* 82, no. 1 (January 1, 1997): 336–41, https://doi.org/10.1152/jappl.1997.82.1.336.

32 Donato Vairo et al., "Towards Addressing the Body Electrolyte Environment

via Sweat Analysis: Pilocarpine Iontophoresis Supports Assessment of Plasma Potassium Concentration," *Scientific Reports* 7, no. 1 (2017): 11801, https://doi.org/10.1038/s41598-017-12211-y.

33 휴버틀러, 저자와의 전화 인터뷰.

34 Aschwanden, *Good to Go*, 35 -36.

35 Aschwanden, *Good to Go*.

CHAPTER 8

이 장은 많은 대화와 인터뷰에서 도움을 받았다. 그중에서도 이자벨 샤조(Isabelle Chazot), 장 케를레오, 로린 매니겔, 외제니 브리오, 세실리아 벰비브레(Cecilia Bembibre), 도나 빌라크(Donna Bilak), 필리프 발터(Philippe Walter)와의 대화와 인터뷰가 큰 도움이 됐다.

1 Constance Classen, David Howes, and Anthony Synnott, *Aroma: The Cultural History of Smell* (London: Routledge, 1994); Alain Corbin, *The Foul and the Fragrant* (New York: Berg, 1986).

2 Katherine Ashenburg, *The Dirt on Clean: An Unsanitized History* (New York: North Point Press, 2007).

3 코빈(Corbin)이 《악취와 향기(The Foul and the Fragrant)》에서 묘사했듯이 우리는 기분 좋은 냄새를 '냄새 상자(smell boxes)'에 담는다.

4 *Lintel from the Tomb of Païrkep with Bas-Relief Sculpture: Making Lily Perfume*, règne de Psammétique II?(—589 avant J.-C.), 26e dynastie 595, calcaire, H. 0.29 m; W. 1.1 m; D. 0.08 m, règne de Psammétique II?(—589 avant J.-C.), 26e dynastie 595, Louvre, https://www.louvre.fr/en/oeuvre-notices/lintel-tomb-pairkep-bas-relief-sculpture-making-lily-perfume.

5 Classen, Howes, and Synnott, *Aroma*.

6 Classen, Howes, and Synnott, *Aroma*.

7 Malcolm Moore, "Eau de BC: The Oldest Perfume in the World," *Telegraph*, March 21, 2007, https://www.telegraph.co.uk/news/worldnews/1546277/Eau-de-BC-the-oldest-perfume-in-the-world.html.

8 Eugene Rimmel, *The Book of Perfumes*, 5th ed. (London: Chapman &

Hall, 1867), https://archive.org/details/bookofperfumes00rimm/page/84/mode/2up/search/egyptian+unguents.

9   Classen, Howes, and Synnott, *Aroma*.

10 2018년 1월 16일 오스모테크 향수박물관에서 장 케를레오와의 대면 인터뷰.

11 Jean Kerléo, "Un Parfum Romain: Le Parfum Royal." 이 원고는 미출간 상태다.

12 Peter Burne, *The Teetotaler's Companion: Or, A Plea for Temperance* (London: Arthur Hall, 1847).

13 오리지널 오드콜로뉴는 1709년 콜로뉴에서 이탈리아 이민자 출신의 향수 제조 업자인 지오반니 마리아 파리나(Giovanni Maria Farina)가 발명했다. 이 향수 는 빠르게 인기를 얻어 콜로뉴라는 도시 이름이 향기 있는 추출물이나 에센스 오일을 알코올, 물과 섞은 제품을 상징하는 이름으로 자리 잡게 됐다. "Original Eau de Cologne Celebrates 300 Years | DW | 13.07.2009," *Deutsche Welle* (blog), July 13, 2009, https://www.dw.com/en/original-eau-de-cologne-celebrates-300-years/a-4475632.

14 Eugénie Briot, "From Industry to Luxury: French Perfume in the Nineteenth Century," *Business History Review* 85, no. 2 (2011): 273-94, https://doi.org/10.1017/S0007680511000389.

15 "Perfume," in *Encyclopedia Britannica*, accessed July 10, 2020, https://www.britannica.com/art/perfume.

16 Briot, "From Industry to Luxury."

17 Briot, "From Industry to Luxury."

18 Henry B. Heath, *Source Book of Flavors*. AVI Sourcebook and Handbook Series (New York: Van Nostrand Reinhold, 1981).

19 Patricia de Nicolaï, "A Smelling Trip into the Past: The Influence of Synthetic Materials on the History of Perfumery," *Chemistry Biodiversity* 5, no. 6 (June 2008): 1137-46, https://doi.org/10.1002/cbdv.200890090.

20 Luca Turin and Tania Sanchez, *Perfumes: The A-Z Guide* (New York: Penguin Books, 2009).

21 Briot, "From Industry to Luxury."

22 Briot, "From Industry to Luxury."

23 Briot, "From Industry to Luxury."

CHAPTER 9

인터뷰를 해준 크리스 캘러위트, 카리 카스테일, 아리안 렌즈너(Ariane Lenzner), 줄리앤 시불카에게 특히 감사드린다.

1 "Odorono Company 1925 – 1936. Account Histories," Box 33, JWT Corporate Archives records, Hartman Center for Marketing Advertising and History, David M. Rubenstein Rare Book & Manuscript Library, Duke University, accessed May 8, 2012.

2 "Odorono Company 1925 – 1936. Account Histories."

3 줄리앤 시불카, 2012년 4월 28일 저자와의 전화 인터뷰.

4 Katherine Ashenburg, *The Dirt on Clean: An Unsanitized History*, (New York: North Point Press, 2007).

5 Abby Slocomb and Jennie Day, Deodorizing Perspiration Powder, US Patent Office 279195 (New Orleans, Louisiana, filed December 26, 1882, and issued June 12, 1883).

6 Sam Clayton, Improved Medical Compound, US Patent Office 52032 (South Amboy, New Jersey, n.d.).

7 Henry Blackmore, Formaldehyde Product and Process of Making Same, US Patent Office 795757 (Mount Vernon, New York, filed September 4, 1904, and issued July 25, 1905); and Armand Gardos, Treated Stocking, US Patent Office 1219451 (Cleveland, Ohio, filed October 4, 1915, and issued March 20, 1917).

8 Henry D. Bird, Improved Compound for Cleansing the Human Body from Offensive Odors, US Patent Office 64189 (Petersburg, Virginia, issued April 20, 1867).

9 Bird, "Improved Compound."

10 George T. Southgate, Deodorant Composition, US Patent Office 1729752 (Forest Hills, New York, filed February 23, 1926, and issued October 29, 1929).

11 Southgate, "Deodorant Composition."

12 다음에 나와 있는 1905년 상표 문서에 따르면 '멈'이라는 제품명은 1888년에 사용되기 시작했다. "MUM Trademark-Registration Number 0072837-Serial

Number 71038770: Justia Trademarks," 2020년 1월 12일에 접속. http://tmsearch.uspto.gov/bin/showfield?f=doc&state=4806:al8z5u.10.1.

13 Karl Laden, *Antiperspirants and Deodorants*, 2nd ed. (Boca Raton, FL: CRC Press, 1999).

14 Laden, *Antiperspirants and Deodorants*.

15 20세기 초 쿨린 광고. 사라 에버츠의 '빈티지 광고 모음집(Sarah Everts's Collection of Vintage Advertisements)'

16 쿨린은 적어도 1900~1917년까지 운영되었던 세면용품 제조업체 쿨린 컴퍼니(Coolene Company)에서 나온 제품이었다. 이 회사는 1904년에 제품의 특허를 얻었다. Harry G. Lord, Bottle, United States 777477A (1904년 8월 30일에 특허 신청, 1904년 12월 13일에 특허 승인), https://patents.google.com/patent/US777477/en.

17 쿨린 광고.

18 "Odorono Company 1925 – 1936. Account Histories."

19 "Sidney Ralph Bernstein Company History Files, 1873 – 1964," n.d., Box 5, JWT Corporate Archives records, Hartman Center for Marketing Advertising and History, David M. Rubenstein RareBook & Manuscript Library, Duke University, accessed May 9, 2012.

20 제임스 웹 영은 1974년에 광고 명예의 전당에 올랐다. "Members: James Webb Young, 1886–1973, Inducted 1974," Advertising Hall of Fame, accessed July 12, 2020, http://advertisinghall.org/members/member_bio.php?memid=826.

21 "Odorono Company 1925 – 1936. Account Histories."

22 Laden, *Antiperspirants and Deodorants*.

23 Council on Pharmacy and Chemistry and the Association Laboratory, "Propaganda for Reform: ODORO-NO," *Journal of the American Medical Association* LXII, no. 1 (January 3, 1914): 54, https://doi.org/10.1001/jama.1914.02560260062031.

24 Council on Pharmacy and Chemistry and the Association Laboratory, "Propaganda for Reform."

25 Council on Pharmacy and Chemistry and the Association Laboratory, "Propaganda for Reform."

26 "Odorono Company 1925 – 1936. Account Histories."

27 "Odorono Company 1925 – 1936. Account Histories."

28 Juliann Sivulka, "Odor, Oh No! Advertising Deodorant and the New Science of Psychology, 1910 to 1925," in *Proceedings of the 13th Conference on Historical Analysis & Research in Marketing*, ed. Blaine J. Branchik (CHARM Association, 2007), 212 – 20.

29 Sivulka, "Odor, Oh No!" 구체적으로 말하면 1918년에 판매량 증가 속도가 정체되어 그 원인을 찾기 위한 조사가 이루어졌다. 그리고 1919년에는 영에게 압박이 가해졌다.

30 "Odorono Company 1925 – 1936. Account Histories."

31 이 광고는 여러 곳에서 볼 수 있다. Sivulka, "Odor, Oh No!"

32 Sivulka, "Odor, Oh No!"

33 "Odorono Company 1925 – 1936. Account Histories."

34 "Odorono Company 1925 – 1936. Account Histories."

35 1932년에 에즈라 윈터(Ezra Winter)라는 화가와 결혼한 이후로 이름은 파트리샤 윈터(Patricia Winter)로 바뀌었지만 에드나 파트리샤 머피(Edna Patricia Murphey)의 사업가로서의 삶은 계속 이어졌다. "화장품 업계의 거물이라는 경력을 뒤로하고 그녀는 현역에서 물러나 이번에는 농부로 재탄생했다. 그녀는 허브의 제국을 건설한 후 1950년대에 맥코믹 스파이시스(McCormick Spices)에 팔았다." Jessica Helfand, "Ezra Winter Project: Chapter Four," *Design Observer*, November 30, 2016, http://designobserver.com/feature/ezra-winter-project-chapter-four/33818.

36 Helfand, "Ezra Winter Project: Chapter Four."

37 "Odorono Company 1925 – 1936. Account Histories."

38 "Odorono Company 1925 – 1936. Account Histories."

39 카리 카스테일. 2012년 7월 3일 저자와의 전화 인터뷰.

40 "Odorono Company 1925 – 1936. Account Histories."

41 "Odorono Company 1925 – 1936. Account Histories."

42 "Top-Flite Advertisement in Life Magazine," *Life*, 1935, p. 43, https://books.google.ca/books/content?id=et9GAAAAMAAJ&pg=RA11-PA43&img=1&zoom=3&hl=en&sig=ACfU3U0WnB4IBYKPjS1xLQzB71wiHiDF3w&ci=45%2C19%2C897%2C1243&edge=0.

43 카스테일, 저자와의 전화 인터뷰.

44 카스테일, 저자와의 전화 인터뷰.

45 Chris Welles, "Big Boom in Men's Beauty Aids: Not by Soap Alone," *Life*, August 13, 1965, https://books.google.ca/books?id=MVMEAAAAMBAJ&pg =PA39&dq=deodorant+special+vocabulary+1965&hl=en&sa=X&ved=2ahU KEwiIj4f298rqAhVCmXIEHQTvCZ8Q6AEwAHoECAUQAg#v=onepage&q& f=false.

46 Welles, "Big Boom in Men's Beauty Aids."

47 Welles, "Big Boom in Men's Beauty Aids."

48 Welles, "Big Boom in Men's Beauty Aids."

49 M. Shahbandeh, "Size of the Global Antiperspirant and Deodorant Market 2012–2025," Statista, accessed July 14, 2020, https://www.statista.com/ statistics/254668/size-of-the-global-antiperspirant-and-deodorant-market/.

50 Laden, *Antiperspirants and Deodorants*.

51 Jules B. Montenier, Astringent Preparation, US Patent Office 2230083 (Chicago, Illinois, filed December 18, 1939, and issued January 28, 1941).

52 Jules B. Montenier, Unitary Container and Atomizer for Liquids, US Patent Office 2642313 (Chicago, Illinois, filed October 27, 1947, and issued June 16, 1953).

53 Vintage Fanatic, *Stopette Spray Deodorant Commercial 1952*, accessed May 11, 2019, https://www.youtube.com/watch?v=w1Q1rVV5wsk.

54 Vintage Fanatic, *Stopette Spray Deodorant*.

55 Carl N. Andersen, Aluminum Chlorohydrate Astringent, US Patent Office 2492085 (New York, filed May 6, 1947, and issued December 20, 1949).

56 Laden, *Antiperspirants and Deodorants*.

57 오늘날 시장에 나와 있는 조제약만큼이나 효과가 강한 땀억제제 중 상당수가 산성이 더 강한 용액과 구식의 염화알루미늄 성분을 고집하는 이유도 이 때문이다. "Odorono Company 1925–1936. Account Histories."

58 "Death Notice: Helen Barnett," *New York Times*, April 17, 2008, https:// archive.nytimes.com/query.nytimes.com/gst/fullpage-9F05E0D9103AF934 A25757C0A96E9C8B63.html.

59 "Death Notice: Helen Barnett," *New York Times*. 실제로 특허를 취득한 사

람은 브리스틀-마이어스 컴퍼니(Bristol-Myers Company)의 법적 양도인인 랠프 헨리 토머스(Ralph Henry Thomas)였다. Dispenser, US Patent Office 2749566 (Rahway, New Jersey, 1952년 9월 4일에 특허 신청, 1956년 6월 12일에 특허 승인).

60 Anthony Ramirez, "All About/Deodorants; The Success of Sweet Smell," *New York Times*, August 12, 1990, Business Day, https://www.nytimes.com/1990/08/12/business/all-about-deodorants-the-success-of-sweet-smell.html.

61 Laden, *Antiperspirants and Deodorants*, 9–12.

62 Lyle D. Goodhue and William N. Sullivan, Dispensing Apparatus, US Patent Office 2331117A (filed October 3, 1941, and issued October 5, 1943), https://patents.google.com/patent/US2331117/en.

63 Laden, *Antiperspirants and Deodorants*.

64 "The Dangers That Come in Spray Cans," *Changing Times: Kiplinger's Personal Finance*, August 1975, https://www.google.ca/search?tbm=bks&hl=en&q=Changing+Times%2C+%E2%80%9CThe+company+discovered%2C+and+told+FDA%2C+that+monkeys+exposed+to+the+sprays+developed+inflamed+lungs.%E2%80%9D

65 "The Dangers That Come in Spray Cans"; and Laden, *Antiperspirants and Deodorants*, 9–12.

66 Norwegian Scientific Committee for Food Safety, *Risk Assessment of the Exposure to Aluminium Through Food and the Use of Cosmetic Products in the Norwegian Population*. VKM Report 2013 (Oslo: Norwegian Food Safety Authority, 2013), 24, 61.

67 Maged Younes et al., "Re-Evaluation of Aluminium Sulphates (E 520–523) and Sodium Aluminium Phosphate (E 541) as Food Additives," *EFSA Journal* 16, no. 7 (2018): e05372, https://doi.org/10.2903/j.efsa.2018.5372.

68 우리가 미량의 알루미늄이 들어 있는 음식을 먹으면 그 금속의 상당 부분은 바로 장을 통과해서 대변으로 빠져나온다. 하지만 미량의 알루미늄이 혈류로 흡수되면 주로 콩팥을 통해 소변으로 빠져나간다. "Public Health Statement: Aluminum," Agency for Toxic Substances and Disease Registry, September 2008, https://www.atsdr.cdc.gov/ToxProfiles/tp22-c1-b.pdf; Rianne de Ligt et

al., "Assessment of Dermal Absorption of Aluminum from a Representative Antiperspirant Formulation Using a 26Al Microtracer Approach," *Clinical and Translational Science* 11, no. 6 (November 2018): 573–81, https://doi.org/10.1111/cts.12579; Calvin C. Willhite et al., "Systematic Review of Potential Health Risks Posed by Pharmaceutical, Occupational and Consumer Exposures to Metallic and Nanoscale Aluminum, Aluminum Oxides, Aluminum Hydroxide and Its Soluble Salts," *Critical Reviews in Toxicology* 44, suppl. 4 (October 2014): 1–80, https://doi.org/10.3109/10408444.2014.934439.

69 Norwegian Scientific Committee for Food Safety, *Risk Assessment of the Exposure to Aluminium*, 17.

70 Norwegian Scientific Committee for Food Safety, *Risk Assessment of the Exposure to Aluminium*, 11.

71 Allen C. Alfrey, Gary R. LeGendre, and William D. Kaehny, "The Dialysis Encephalopathy Syndrome," *New England Journal of Medicine* 294, no. 4 (January 22, 1976): 184–88, https://doi.org/10.1056/NEJM197601222940402; and "Dialysis Dementia," *British Medical Journal* 2, no. 6046 (November 20, 1976): 1213–14, https://doi.org/10.1136/bmj.2.6046.1213.

72 Willhite et al., "Systematic Review of Potential Health Risks."

73 Alzheimer's Association (USA), "Myths About Alzheimer's Disease," Alzheimer's Disease and Dementia, accessed July 13, 2020, https://alz.org/alzheimers-dementia/what-is-alzheimers/myths.

74 Scientific Committee on Consumer Safety, *Opinion on the Safety of Aluminium in Cosmetic Products* (Luxembourg: European Commission, March 4, 2020), https://ec.europa.eu/health/sites/health/files/scientific_committees/consumer_safety/docs/sccs_o_235.pdf.

75 첫 번째 연구는 2001년에 나왔다. R. Flarend et al., "A Preliminary Study of the Dermal Absorption of Aluminium from Antiperspirants Using Aluminium-26," *Food and Chemical Toxicology* 39, no. 2 (February 2001): 163–68, https://doi.org/10.1016/S0278-6915(00)00118-6. 두 번째 연구는 프랑스 보건당국의 요구에 따라 알랭 피노(Alain Pineau), 올리비에 쥐라르(Olivier Guillard)와 동료들에 의해 진행되었고 다음의 자료에 발표되었다. Alain

Pineau et al., "In Vitro Study of Percutaneous Absorption of Aluminum from Antiperspirants Through Human Skin in the Franz TM Diffusion Cell," *Journal of Inorganic Biochemistry* 110 (May 2012): 21 - 26, https://doi.org/10.1016/j.jinorgbio.2012.02.013. 그리고 마지막으로 유럽연합 소비자 안전과학위원회(SCCS)에서도 자체적으로 연구를 의뢰해 다음의 자료에 발표 됐다. Scientific Committee on Consumer Safety, *Opinion on the Safety of Aluminium in Cosmetic Products* (Luxembourg: European Commission, March 4, 2020) (이 연구의 첫 부분은 다음의 자료에 발표됐다. de Ligt et al., "Assessment of Dermal Absorption of Aluminum"). 1958년에도 절개된 피부 를 통한 알루미늄의 침투에 관한 연구가 하나 있었지만 구할 수 없었다. 그리고 그 연구자들이 그 이후에 일어나는 알루미늄의 체내 축적(body burden)을 측정하 려 시도했었다는 증거도 찾을 수 없었다. 또한 체내 축적을 측정하는 것이 목표였 다고 해도 당시의 분석 장치가 그것을 평가할 만큼 민감도가 좋았는지는 회의적이 다. 다음의 자료를 참고하라. I. H. Blank, J. L. Jones, and E. Gould, "A Study of the Penetration of Aluminum Salts into Excised Skin," *Proceedings of the Scientific Section of the Toilet Goods Association* 29 (1958): 32 - 35.

76 독일 연방 위험 평가 연구소(German Federal Institute for Risk Assessment)의 알루미늄 분석실장 아리안 렌즈너. 2018년 12월 4일 저자와의 대면 인터뷰.

77 R. Flarend et al., "A Preliminary Study."

78 R. Flarend et al., "A Preliminary Study."

79 이 연구의 결과가 다음에 나오는 2011년 보고서에 담겨 있다. French Health Products Safety Agency, *Risk Assessment Related to the Use of Aluminum in Cosmetic Products*, October 2011, https://www.ansm.sante.fr/var/ansm_site/storage/original/application/bfd7283f781cd5ce7d59c151c714ba32.pdf.

80 Pineau et al., "In Vitro Study."

81 Pineau et al., "In Vitro Study." 이후의 수정 연구에서는 원래 이 연구에 참여 했던 저자 아홉 명 중 네 명이 저자 목록에서 빠졌다는 점도 주목할 만하다. 이것 은 대단히 드문 일이다. Alain Pineau et al., "Corrigendum to 'In Vitro Study of Percutaneous Absorption of Aluminum from Antiperspirants Through Human Skin in the Franz™ Diffusion Cell' [J Inorg Biochem 110 (2012) 21 - 26]," *Journal of Inorganic Biochemistry* 116 (November 2012): 228, https://doi.org/10.1016/j.jinorgbio.2012.05.014. 유럽연합 소비자안전과학위원

회에서는 이 연구를 '제한적'이라 말하며 '다른 많은 문제점'에 대해서도 지적했다. Scientific Committee on Consumer Safety, *2014 Opinion on the Safety of Aluminium in Cosmetic Products* (Luxembourg: European Commission, March 2014).

82 Pineau et al., "In Vitro Study."

83 French Health Products Safety Agency, *Risk Assessment*.

84 Norwegian Scientific Committee for Food Safety, *Risk Assessment of the Exposure to Aluminium*, 17.

85 *Aluminium-Containing Antiperspirants Contribute to Aluminium Intake* (Berlin: Federal Institute for Risk Assessment, 2014).

86 이 위원회는 유럽연합에 "소비자 안전, 공공의료, 환경과 관련된 정책과 제안을 준비할 때 필요한 과학적 조언"을 제공하는 일을 담당하고 있다.

87 Scientific Committee on Consumer Safety, *2014 Opinion on the Safety of Aluminium in Cosmetic Products* (Luxembourg: European Commission, March 2014).

88 Scientific Committee on Consumer Safety, *Opinion on the Safety of Aluminium in Cosmetic Products* (Luxembourg: European Commission, March 4, 2020).

89 Scientific Committee on Consumer Safety, *Opinion on the Safety of Aluminium in Cosmetic Products* (Luxembourg: European Commission, March 4, 2020).

90 크리스 캘러워트, 2018년 8월 13일 저자와의 대면 인터뷰.

91 *Fighting Against Smelly Armpits: Chris Callewaert at TEDxGhent*, 2013, video, https://www.youtube.com/watch?v=9RIFyqLXdVw.

92 A. Gordon James et al., "Microbiological and Biochemical Origins of Human Axillary Odour," *FEMS Microbiology Ecology* 83, no. 3 (2013): 527-40, https://doi.org/10.1111/1574-6941.12054; and Chris Callewaert et al., "Characterization of Staphylococcus and Corynebacterium Clusters in the Human Axillary Region," *PLOS ONE* 8, no. 8 (August 12, 2013): e70538, https://doi.org/10.1371/journal.pone.0070538.

93 RadioLab, "The Handshake Experiment | Only Human," WNYC Studios, accessed July 14, 2020, https://www.wnycstudios.org/podcasts/

onlyhuman/episodes/handshake-experiment.

94 Chris Callewaert, Jo Lambert, and Tom Van de Wiele, "Towards a Bacterial Treatment for Armpit Malodour," *Experimental Dermatology* 26, no. 5 (2017): 388-91, https://doi.org/10.1111/exd.13259.

95 캘러워트, 저자와의 대면 인터뷰.

96 Julia Scott, "My No-Soap, No-Shampoo, Bacteria-Rich Hygiene Experiment," *New York Times Magazine*, May 25, 2014, https://www.nytimes.com/2014/05/25/magazine/my-no-soap-no-shampoo-bacteria-rich-hygiene-experiment.html.

97 Laden, *Antiperspirants and Deodorants*.

98 Laden, *Antiperspirants and Deodorants*.

99 Lucy McRae, *Swallowable Parfum*, 2011, video, https://vimeo.com/27005710.

100 Lucy McRae, "How Can Technology Transform the Human Body?," 2012, https://www.ted.com/talks/lucy_mcrae_how_can_technology_transform_the_human_body/transcript.

101 McRae, "How Can Technology Transform."

CHAPTER 10

이 장의 상당 부분은 다한증이 있는 사람들과의 대화와 서신 왕래 덕분에 가능했다. 특히 미켈 비에르가르드, 캐스 포드, 마리아 토머스, 브랜든 우다드(Brandon Woodard), 알렉스 블린 그리고 1,000명이 넘는 ETS 페이스북 지지 모임 회원들에게 감사드린다. 그리고 ETS의 역사와 임상에 관해 대화를 나눠준 크리스토프 시크와 존 랑겐펠트에게도 감사드린다.

1 Shiri Nawrocki and Jisun Cha, "The Etiology, Diagnosis, and Management of Hyperhidrosis: A Comprehensive Review: Etiology and Clinical Work-Up," *Journal of the American Academy of Dermatology* 81, no. 3 (2019): 657-66, https://doi.org/10.1016/j.jaad.2018.12.071.

2 Shiri Nawrocki and Jisun Cha, "The Etiology, Diagnosis, and Management of Hyperhidrosis: Therapeutic Options," *Journal of the American Academy*

of Dermatology 81, no. 3 (2019): 669-80, https://doi.org/10.1016/j.jaad.2018.11.066.

3   Henning Hamm et al., "Primary Focal Hyperhidrosis: Disease Charac-teristics and Functional Impairment," *Dermatology* 212, no. 4 (2006): 343-53, https://doi.org/10.1159/000092285.

4   Charles Dickens, *David Copperfield*, 무삭제판, CreateSpace Independent Publishing Platform.

5   Nawrocki and Cha, "The Etiology, Diagnosis, and Management of Hyperhidrosis: Etiology and Clinical Work-Up."

6   Nawrocki and Cha, "The Etiology, Diagnosis, and Management of Hyperhidrosis: Etiology and Clinical Work-Up."

7   Nawrocki and Cha, "The Etiology, Diagnosis, and Management of Hyperhidrosis: Etiology and Clinical Work-Up."

8   Nawrocki and Cha, "The Etiology, Diagnosis, and Management of Hyperhidrosis: Etiology and Clinical Work-Up."

9   Nawrocki and Cha, "The Etiology, Diagnosis, and Management of Hyperhidrosis: Etiology and Clinical Work-Up."

10   Nawrocki and Cha, "The Etiology, Diagnosis, and Management of Hyperhidrosis: Etiology and Clinical Work-Up."

11   Kevin Y. C. Lee and Nick J. Levell, "Turning the Tide: A History and Review of Hyperhidrosis Treatment," *JRSM Open* 5, no. 1 (2014): 2042533313505511, https://doi.org/10.1177/2042533313505511.

12   M. Hashmonai and D. Kopelman, "History of Sympathetic Surgery," *Clinical Autonomic Research* 13 (2003): i6-i9 https://doi.org/10.1007/s10286-003-1103-5.

13   Anastas Kotzareff, "Résection partielle de tronc sympathique cervical droit pour hyperhidrose unilatérale," *Revue medicale de la Suisse Romande* 40 (1920): 111-13.

14   Alfred W. Adson, Winchell McK. Craig, and George E. Brown, "Essential Hyperhidrosis Cured by Sympathetic Ganglionectomy and Trunk Resection," *Archives of Surgery* 31, no. 5 (1935): 794-806, https://doi.org/10.1001/archsurg.1935.01180170119008.

15 Adson, Craig, and Brown, "Essential Hyperhidrosis Cured."

16 Hashmonai and Kopelman, "History of Sympathetic Surgery."

17 *Hyperhidrosis HealthTalk Featuring Dr. John Langenfeld*, 2018, video, https://www.youtube.com/watch?v=NEReytT2kOg.

18 랑겐펠트는 다한증 환자 지지 모임에서 ETS 수술에 대해 회의적으로 생각한다는 얘기를 듣고 깜짝 놀랐다. 2020년 10월 8일 줌 인터뷰에서 그는 이렇게 말했다. "심각한 보상성 다한증 문제로 저를 찾아오는 사람이 너무 많았다면 저는 수술을 중단했을 겁니다." 그리고 ETS 수술의 장기적 결과에 대해 추가적인 조사가 필요할 것 같다고 덧붙였다.

19 Antti Malmivaara et al., "Effectiveness and Safety of Endoscopic Thoracic Sympathectomy for Excessive Sweating and Facial Blushing: A Systematic Review," *International Journal of Technology Assessment in Health Care* 23, no. 1 (2007): 54–62, https://doi.org/10.1017/S0266462307051574.

20 Malmivaara et al., "Effectiveness and Safety of Endoscopic Thoracic Sympathectomy."

21 José Ribas Milanez de Campos et al., "Quality of Life, Before and After Thoracic Sympathectomy: Report on 378 Operated Patients," *Annals of Thoracic Surgery* 76, no. 3 (September 2003): 886–91, https://doi.org/10.1016/S0003-4975(03)00895-6.

22 "(1) ETS (Endoscopic Thoracic Sympathectomy): Side-Effects, Awareness, & Support | Facebook," accessed January 17, 2021, https://www.facebook.com/groups/334039357095989.

23 Tommy Nai-Jen Chang et al., "Microsurgical Robotic Suturing of Sural Nerve Graft for Sympathetic Nerve Reconstruction: A Technical Feasibility Study," *Journal of Thoracic Disease* 12, no. 2 (February 2020): 97–104, https://doi.org/10.21037/jtd.2019.08.52.

24 Nawrocki and Cha, "The Etiology, Diagnosis, and Management of Hyperhidrosis: Therapeutic Options."

25 "Oral Medications—International Hyperhidrosis Society | Official Site," accessed April 25, 2019, https://sweathelp.org/hyperhidrosis-treatments/medications.html.

26 Nawrocki and Cha, "The Etiology, Diagnosis, and Management of

Hyperhidrosis: Therapeutic Options." 일인칭 시점으로 묘사된 놀라운 이야기는 다음의 자료를 참고하라. Scott Keneally, "Sweat and Tears," *New York Times*, December 7, 2011, Fashion, https://www.nytimes.com/2011/12/08/fashion/sweat-and-tears-first-person.html.

27 Nawrocki and Cha, "The Etiology, Diagnosis, and Management of Hyperhidrosis: Therapeutic Options."

28 Hobart W. Walling, "Clinical Differentiation of Primary from Secondary Hyperhidrosis," *Journal of the American Academy of Dermatology* 64, no. 4 (2011): 690–95, https://doi.org/10.1016/j.jaad.2010.03.013.

29 Mark K. Chelmowski and George L. Morris III, "Cyclical Sweating Caused by Temporal Lobe Seizures," *Annals of Internal Medicine* 170, no. 11 (2019): 813–14, https://doi.org/10.7326/L18-0425.

30 J. F. C. Hecker, *The Epidemics of the Middle Ages*, 3rd ed., trans. B. G. Babington (London: Trübner, 1859), http://wellcomelibrary.org/item/b2102070x.

31 Hecker, *Epidemics of the Middle Ages*.

32 Paul Heyman, Leopold Simons, and Christel Cochez, "Were the English Sweating Sickness and the Picardy Sweat Caused by Hantaviruses?," *Viruses* 6, no. 1 (2014): 151–71, https://doi.org/10.3390/v6010151.

33 John Caius, *A Boke, or Counseill against the Disease Commonly Called the Sweate, or Sweatyng Sicknesse. Made by Ihon Caius Doctour in Phisicke. Very Necessary for Euerye Personne, and Muche Requisite to Be Had in the Handes of al Sortes, for Their Better Instruction, Preparacion and Defence, against the Soubdein Comyng, and Fearful Assaultying of the-Same Disease* (London: Richard Grafton,printer to the kynges maiestie, 1552), http s://wellcomelibrary.org/item/b21465290#?c=0&m=0&s=0&cv=0&z=-1.1388%2C-0.0829%2C3.2776%2C1.6584. 다음의 자료를 참고하라. Hecker, *Epidemics of the Middle Ages*.

34 Hecker, *Epidemics of the Middle Ages*.

35 Caius, *A Boke*.

36 Caius, *A Boke*.

37 Caius, *A Boke*.

38 Hecker, *Epidemics of the Middle Ages*.

39 Hecker, *Epidemics of the Middle Ages*.

40 Hecker, *Epidemics of the Middle Ages*.

41 《중세의 전염병》에서 헤커는 배수비오산이 1506년에 화산 폭발을 일으켰다고 주
    장했는데 나도, 팩트 체크 담당자도 이 부분은 확인할 수 없었다. 따라서 화산이
    실제로 일어났을 수도 있고 헤커가 화산 폭발에 대해 잘못된 정보를 갖고 있었을
    수도 있다.

42 Hecker, *Epidemics of the Middle Ages*.

43 M. Taviner, G. Thwaites, and V. Gant, "The English Sweating Sickness,
    1485 – 1551: A Viral Pulmonary Disease?," *Medical History* 42, no. 1 (1998):
    96 – 98.

44 Heyman, Simons, and Cochez, "English Sweating Sickness and the Picardy
    Sweat."

45 Heyman, Simons, and Cochez, "English Sweating Sickness and the Picardy
    Sweat."

46 Heyman, Simons, and Cochez, "English Sweating Sickness and the Picardy
    Sweat."

47 Henry Tidy, "Sweating Sickness and Picardy Sweat," *British Medical Journal*
    2, no. 4410 (July 14, 1945): 63 – 64.

48 *Electric Man: France's Got Talent 2016—Week 5*, 2016, video, https://www.
    youtube.com/watch?v=QPD0qnPBVX4.

49 *Biba Struja* (*Battery Man*), documentary directed by Dusan Cavic and
    Dusan Saponja (Ciklotron d.o.o., This and That Productions, 2012).

50 *Biba Struja* (*Battery Man*).

51 *Electric Man: France's Got Talent 2016—Week 5*.

52 Mehdi Sadaghdar, *Electrical Tricks of Biba Struja the Battery Man*,
    YouTube, ElectroBOOM, 2016, video, https://www.youtube.com/watch?v
    =Lh6Ob1HFC6k.

53 *Biba Struja* (*Battery Man*).

54 *Biba Struja* (*Battery Man*).

55 Holm Schneider et al., "Prenatal Correction of X-Linked Hypohidrotic
    Ectodermal Dysplasia," *New England Journal of Medicine* 378, no. 17 (2018):

1604 – 10, https://doi.org/10.1056/NEJMoa1714322.

56 Antonio Regalado, "In a Medical First, Drugs Have Reversed an Inherited Disorder in the Womb," *MIT Technology Review*, April 25, 2018, https://www.technologyreview.com/s/611015/in-a-medical-first-drugs-have-reversed-an-inherited-disorder-in-the-womb/.

57 Regalado, "In a Medical First."

58 Schneider et al., "Prenatal Correction."

59 Schneider et al., "Prenatal Correction."

60 Regalado, "In a Medical First."

61 Regalado, "In a Medical First."

62 Regalado, "In a Medical First."

CHAPTER 11

르네 단카우세(Renée Dancause), 미셸 헌터(Michelle Hunter), 재닛 와그너, 조너선 월포드, 루시 휘트모어 등 대화를 나눠준 과학자, 보존 담당자, 큐레이터들에게 큰 감사 의 마음을 전한다.

1 Sarah Everts, "Saving Space Suits," *C&EN*, May 9, 2011.

2 Leah Crane, "Cosmic Couture: The Urgent Quest to Redesign the Spacesuit," *New Scientist*, January 3, 2018, https://www.newscientist.com/article/mg23731591-100-cosmic-couture-the-urgent-quest-to-redesign-the-spacesuit/.

3 Anna Hodson, "The Pits of Despair? A Preliminary Study of the Occurrence and Deterioration of Rubber Dress Shields," in *The Future of the 20th Century: Collecting, Interpreting and Conserving Modern Materials: 2nd Annual Conference, 26 – 28 July 2005*, ed. Cordelia Rogerson and Parl Garside (London: Archetype, 2006).

4 A. Hernanz, "Spectroscopy of Historic Textiles: A Unique 17th Century Bodice," in *Analytical Archaeometry: Selected Topics*, ed. G. M. Edwards and P. Vandenabeele (London: Royal Society of Chemistry, 2012).

5 Melanie Sanford and Margaret Ordonez, "The Identification and Removal

of Deodorants, Antiperspirants, and Perspiration Stains from White Cotton Fabric," in *Strengthening the Bond: Science & Textiles*, ed. Virginia J. Whelan and Henry Francis du Pont (Philadelphia: North American Textile Conservation Conference, 2002), 119–31.

6   Sanford and Ordonez, "Identification and Removal."

7   Jessie Firth, "Re: Media Request: Conservation of Sweat Stains on Textiles," email, February 2, 2012.

8   Sanford and Ordonez, "Identification and Removal."

9   Sarah Everts, "Conserving Canada's Valuables," *Artful Science* (blog), May 23, 2011, https://cenblog.org/artful-science/2011/05/23/conserving-canada's-valuables/.

10   Sanford and Ordonez, "Identification and Removal."

11   *Fabric Preservation and the Application of Fake Sweat*, video, 2009, https://www.youtube.com/watch?v=7AJQKMYAltQ.

나와 세상을 새롭게 감각하는 지적 모험

땀의 과학

제1판 1쇄 발행 | 2022년 7월 7일
제1판 2쇄 발행 | 2022년 8월 1일

지은이 | 사라 에버츠
옮긴이 | 김성훈
펴낸이 | 오형규
펴낸곳 | 한국경제신문 한경BP
책임편집 | 김종오
교정교열 | 김순영
저작권 | 백상아
홍보 | 이여진 · 박도현 · 하승예
마케팅 | 김규형 · 정우연
디자인 | 지소영
본문 디자인 | 디자인 현

주소 | 서울특별시 중구 청파로 463
기획출판팀 | 02-3604-590, 584
영업마케팅팀 | 02-3604-595, 583   FAX | 02-3604-599
H | http://bp.hankyung.com   E | bp@hankyung.com
F | www.facebook.com/hankyungbp
등록 | 제 2-315(1967. 5. 15)

ISBN 978-89-475-4834-2   03400